Wissen für die Praxis

Bisher sind erschienen:

Burgkart	Praktische Schafhaltung
Gottschalk, Alps, Rosenberger	Rinderzucht und Rinderhaltung
Rieder	Dauergrünland
Estler, Knittel, Zeltner	Bodenbearbeitung aktuell
Renius	Traktoren
Abelein	Praktische Hühnerhaltung

Karl Theodor Renius

Traktoren

Technik und ihre Anwendung

Zweite, durchgesehene Auflage

VERLAGSUNION AGRAR

BLV Verlagsgesellschaft München
DLG Verlag Frankfurt (Main)
Landwirtschaftsverlag Münster-Hiltrup
Österreichischer Agrarverlag Wien
Agrarverlag Wirz-Grafino Bern

CIP-Kurztitelaufnahme der Deutschen Bibliothek

Renius, Karl Theodor:
Traktoren: Technik u. ihre Anwendung / Karl Theodor Renius. – 2., durchges. Aufl. – München: BLV Verlagsgesellschaft; Frankfurt/ (Main): DLG-Verlag; Münster-Hiltrup: Landwirtschaftsverlag; Wien: Österreichischer Agrarverlag; Bern: Agrarverlag Wirz-Grafino, 1987.
(Wissen für die Praxis)
ISBN 3-405-13146-4

Bildnachweis

Alle nicht aufgeführten Abb. stammen vom Autor
Fa. Aebi: 15; Alsing: 4; Auernhammer: 27; Batel: 190; Fa. Brown Boveri (BBC): 101; Fa. Behr: 179; Fa. Bosch: 102, 103, 104, 224; Fa. International Harvester: 53, 108, 115, 158, 163a, 165, 217; Fa. Daimler-Benz: 16, 194a, 194b; Fa. J. Deere: 52, 81, 90, 110, 164, 173, 225; Fa. Deutz-Fahr (KHD): 47, 50, 56, 66, 79, 80, 82, 111, 123, 166, 175, 189; Dupuis: 184; Fa. Elsbett Konstruktion: 117, 118; Fischer (Landmaschinenkunde, Ulmer 1928): 8; Fa. Fendt: 9, 57, 146, 147, 163b, 176, 202; Fa. Fiat: 177; Fa. Ford: 3; Fa. Fritzmeier: 193a, 193b; Garbers: 200; Golisch: 38, 39; Fa. Grammer: 185, 186; GTZ: 17, 18; Hammerle (USA): 116; Hardegen (FAL): 191; Harms: 220; Heidt: 192; Hesse: 216; Janssen (FAL): 178; Kahrs: 198; Fa. Kühnle, Kopp & Kausch (KKK): 99; Kühne (Handbuch d. Landmaschinentechnik I, Springer 1930): 1, 7; Kunze: 83, 201; Kutzbach: 35; Lober: 207; Fa. LUK: 144; Magnus: 174; Fa. MAN: 100; Martiny (Die Motorpflüge, Krayn 1917): 5; Fa. Massey Ferguson: 13; Matthews (U. K.): 187; Matthies: 196, 197; Fa. MWM: 109; Fa. Reimers KG: 161; Olfe/Schön (FAL): 19; Fa. Schäffer: 14; Fa. Schlüter: 12, 78; Schwanghart: 60, 62; Söhne: 28, 30, 34, 41, 42, 43, 44, 45, 46, 55; Steinkampf (FAL): 37, 74, 75, 77; Fa. Stock (1910): 2; Taylor (NTML, USA): 48; Fa. Voith: 148; Fa. Walterscheid: 209, 210, 230; Fa. Weiste: 208; Wenner: 20, 21; Witte (FAL): 188; Fa. ZF: 72, 93, 145, 151–154 (teilw.), 155, 162.

Zeichnungen: Ingo Bolling, Gerald Ernst, Josef Ernst, Richard Kehl, Alex Kraus, Heribert Reiter, Verfasser

Satz und Druck: Rombach Druckhaus KG, Freiburg i. Br.
Bindung: Conzella, Urban Meister, München

Printed in Germany · ISBN 3-405-13146-4

Inhaltsverzeichnis

Geleitwort

Wer sich als Landwirt mit Maschinen auskennt, hat bessere Chancen.
Gute Darstellungen der Technik und ihrer Anwendung sind daher stets willkommen. Bei Traktoren herrschte seit Jahren diesbezüglich ein Nachholbedarf. Es ist deshalb sehr zu begrüßen, daß der auf diesem Gebiet erfahrene und bekannte Autor sich der Mühe unterzog, dieses längst fällige Buch zu schreiben.
Besonders freut es mich festzustellen, daß die vielgestaltige Technik in lesbarer Form dargestellt wird und daß man darüber hinaus viele nützliche Tips für die praktische Anwendung findet.
Die Deutsche Landwirtschafts-Gesellschaft (DLG) ist der Technik eng verbunden. Seit über 100 Jahren arbeitet sie an der immer aktuellen Aufgabe, die praktischen Landwirte mit den neuen technischen Möglichkeiten zu konfrontieren und ihnen bei der Beurteilung des technischen Angebotes zu helfen. Daher begrüße ich dieses Buch sehr als Brückenschlag zwischen Technik und Landwirtschaft und wünsche ihm einen guten Erfolg.

Josef Ertl
Bundesminister a. D.
Präsident der
Deutschen Landwirtschafts-Gesellschaft

Vorwort

»Denn wie die Sprache ein Werkzeug des Geistes ist, so ist umgekehrt auch das Werkzeug eine Sprache des Geistes. Man muß nur die Keilschrift lesen können, in der es zu uns spricht.«

Max Eyth – Ingenieur, Dichter und Landtechnik-Pionier, Gründer der Deutschen Landwirtschaftsgesellschaft (aus seinem Vortrag »Poesie und Technik«, gehalten auf der VDI-Hauptversammlung am 6. Juni 1904 zu Frankfurt am Main).

Etwa die Hälfte der landwirtschaftlichen Maschineninvestitionen entfallen auf Traktoren. Ihr wirtschaftlicher Einsatz verlangt von allen, die mit dieser Schlüsselmaschine zu tun haben, möglichst gute Kenntnisse der inzwischen hochentwickelten Technik und ihrer praktischen Anwendung. Dazu soll dieses Buch beitragen. In Anbetracht des Mangels an modernen Gesamtdarstellungen wendet es sich bewußt an eine weitgespannte Zielgruppe vom technisch interessierten Landwirt bis zum Entwicklungsingenieur, Forscher oder Manager, der seinen Gesamtüberblick verbessern möchte.
Der Buchinhalt entstand aus langjährigen eigenen Industrieerfahrungen mit Traktoren. Er wurde durch Vorlesungen vorbereitet, die der Verfasser auf diesem Gebiet seit 1975 an der RWTH Aachen gehalten hat und seit 1982 an der TU München hält. Bezüge auf wichtige Veröffentlichungen zu Einzelfragen ermöglichen bei Bedarf ein entsprechend vertieftes Studium: 257 Literaturstellen werden dafür in eckigen Klammern zitiert, im Anhang aufgeführt und durch eine Zusammenstellung der Traktornormen ergänzt.
Danken möchte der Verfasser all denjenigen, die ihn durch Material und fachliche Anregungen unterstützt haben. Die BLV-Verlagsgesellschaft hat durch ihre kooperative Betreuung eine Zielgruppe ermöglicht, die etwas über den üblichen Rahmen dieser Buchreihe hinausgeht. Besonders dankt der Verfasser seiner Familie – ebenso auch seinen Mitarbeitern, die ihm während einiger anstrengender Monate durch Geduld und Verständnis die Arbeit erleichterten.
Ihnen – dem Leser – wünscht der Verfasser nun eine lohnende Lektüre und Freude an diesem Buch. Eventuelle Anregungen zur Weiterentwicklung des Inhalts werden gern entgegengenommen.

Prof. Dr.-Ing. K. Th. Renius
Ordinarius für Landmaschinen
an der Technischen Universität München

1 Bedeutung, Historie, Bauarten und Wirtschaftlichkeit des Traktors

1.1 Wirtschaftliche Bedeutung

Der Wohlstand unserer hochentwickelten Industriegesellschaft mit den früher nicht für möglich gehaltenen sozialen Absicherungen konnte sich nur auf der Basis einer gesunden und zunehmend produktiven Land- und Forstwirtschaft entwickeln. Die Arbeitsproduktivität konnte in den letzten 200 Jahren etwa um den Faktor 50 gesteigert werden [1].

Noch um 1800 wurde in Deutschland die Mehrheit aller arbeitenden Menschen für die Nahrungsmittelerzeugung benötigt, um 1950 arbeitete nur noch jeder vierte in der Land- und Forstwirtschaft und heute ernährt bei uns ein Landwirt etwa 50 Menschen.

Dieser wirklich bemerkenswerte Fortschritt setzte viele Arbeitskräfte frei für Industrie, Handwerk, Handel und Dienstleistungen und er war damit ganz besonders auch ein Eckpfeiler für unseren Wirtschaftsaufschwung nach dem Zweiten Weltkrieg. Die Produktivitätssteigerung erreichte man im wesentlichen durch drei Faktoren:

- Mechanisierung
- Düngung
- Züchtung

Die Mechanisierung hat dabei mit Abstand am meisten gebracht. Von allen Maschinen kommt nun hier dem landwirtschaftlichen Traktor die größte wirtschaftliche Bedeutung zu. In der Bundesrepublik Deutschland gibt es heute (1985) etwa 1,6 Mio. Traktoren. Davon sind etwa die Hälfte älter als 14 Jahre und werden deswegen meist weniger intensiv genutzt als die neueren Maschinen, welche im übrigen auch durch ihre höheren durchschnittlichen Motorleistungen den Löwenanteil der Arbeiten verrichten.

Statistisch gesehen entspricht die Gesamtzahl der neueren Traktoren relativ genau der Gesamtzahl aller in der Landwirtschaft arbeitenden Vollarbeitskräfte. Diese Übereinstimmung ist wohl nicht zufällig: Der Traktor kann als Basismaschine des Landwirts gelten, die in Verbindung mit angebauten bzw. angehängten Geräten fast alle Feldarbeiten erledigt, mit Anhängern schwere Transporte durchführt und auch auf dem Hof eine ganze Reihe von Arbeiten wahrnehmen kann.

Die Nennleistung der gekauften Traktoren ist in der Bundesrepublik Deutschland seit etwa 1954 ständig gestiegen auf heute etwa das vierfache (1985).

Dieser Trend war notwendig für unser Wirtschaftswachstum und er wird sich fortsetzen – wenn auch wegen der Begrenzung durch die vorhandene Agrarstruktur mit relativ geringeren Zuwächsen. Vergleicht man den Leistungsbesatz verschiedener Volkswirtschaften miteinander, so kann man zeigen, daß der Lebensstandard um so höher liegt, je mehr Traktorleistung (z. B. in kW) je Arbeitskraft zur Verfügung steht [1]. Nordamerika erreicht hier den höchsten Wert, wobei die dortigen sehr großen Flächen die Entwicklung sehr großer Maschinen begünstigten.

In der ganzen Welt werden pro Jahr ca. 1,6 Mio. Traktoren hergestellt (Schätzung für 1985), davon etwa die Hälfte in den für den Westen weitgehend geschlossenen Märkten des Ostblocks. Der weltweite Bestand an Traktoren ist nicht genau bekannt, er dürfte grob etwa 25 Mio. Einheiten betragen (ohne Kleinsttraktoren).

Westeuropa nimmt mit einer Produktionskapazität von etwa 400 000 Maschinen pro Jahr eine international führende Rolle im Traktorenbau ein und ist wegen der gesättigten eigenen Märkte auf einen aktiven Export angewiesen. Je erfolgreicher eine Firma hier ist, desto größere Stückzahlen kann sie auflegen und desto günstigere Preise wird sie dem Landwirt einräumen können. Daneben werden auch die Arbeitsplätze durch erfolgreichen Export sicherer, weil sich regionale Absatzeinbrüche durch die größere Anzahl und Vielfalt der Märkte besser kompensieren lassen. Schließlich ist dieser Export auch zum Ausgleich der deutschen Handelsbilanz erwünscht und so als ein insgesamt sehr bedeutsamer Wirtschaftsfaktor anzusehen, der kräftige Unterstützung verdient.

1.2 Historische Entwicklung

Die allerersten Anfänge des Traktors gehen auf die Nutzung der Dampfkraft zurück [2]. Diese hielt etwa um die Mitte des vorigen Jahrhunderts in Europa, den USA und in Rußland Einzug in die Landwirtschaft – in Deutschland insbesondere als »Lokomobile« zum stationären Antrieb von Dreschmaschinen [3, 4].

Als ein besonderer Meilenstein dieses Aufbruchs in das Zeitalter der technisierten Landwirtschaft kann die zweite Londoner Weltausstellung 1862 angesehen werden. Man bot hier Dampflokomobilen mit zusätzlichem Fahrantrieb an – wegen der hohen Preise und Gewichte hatten sie jedoch wenig Erfolg. Für ganze 8 PS bei 5 atü Dampfdruck war eine solche Maschine 7,5 Tonnen schwer – also fast eine Tonne pro PS! Für den stationären Betrieb kam man mit leichteren Konzepten aus – dort setzte man sie in bemerkenswerten Stückzahlen ein.

1.2.1 Frühphasen der Traktorenentwicklung

Etwas vereinfacht erkennt man weltweit die folgenden drei Entwicklungslinien:

- **Mitteleuropa:** Etwa ab 1860 Aufkommen von *Seilzugdampfpflügen,* von England ausgehend für die Großflächenbodenbearbeitung **(Bild 1).** Förderung durch den Dichter-Ingenieur MAX EYTH (1836–1906) [5]. 1907 bis etwa 1925 Einsatz von *Motortragpflügen* (Pionier: R. STOCK) **(Bild 2).** Erst danach Durchbruch des Radtraktors, ab 1922 erste Dieselmotoren, ab 1934 Niederdruck-Luftreifen. Die Serienproduktion von Radtraktoren wird Ende der 20er Jahre bei Deutz, Hanomag und Lanz eingeführt.
- **USA:** Etwa ab 1860 Einsatz von *Radtraktoren* mit *Dampfantrieb.* Die Dampfmaschine wird später durch den Verbrennungsmotor ersetzt. Schon ab 1917 *Fließband-Massenproduktion* des berühmten »Fordson«-Traktors in leichter Blockbauweise **(Bild 3).** Dieselmotoren erst spät. Niederdruck-Luftreifen ab 1933.
- **UdSSR:** Um 1900 Einsatz von *Kettentraktoren* mit *Dampfantrieb.* Dampfmaschine später durch den Verbrennungsmotor ersetzt.

Aus der frühen deutschen Pionierzeit der **Dampfpflüge** steht z. B. eine Fowler-Dampflokomotive (Nr. 12 137, 1909) seit 1967 vor der M.-EYTH-Schule in Kirchheim/Teck (die zweite Maschine des Satzes steht im gleichen Ort bei der Firma Rau). M. EYTH wurde in Kirchheim/Teck geboren, trat 1861 in die Dienste der Firma Fowler ein und setzte die Dampfpflugtechnik in vielen Ländern der Welt durch – allerdings immer nur in Verbindung mit sehr großen Flächen und damit für einen vergleichsweise kleinen Anteil der Gesamtfläche.

M. EYTH wurde auch durch andere Pioniertaten zum europäischen »Vater der Landtechnik«: So gründete er 1885 die Deutsche Landwirtschaftsgesellschaft (DLG) [6] und betätigte sich ebenso aktiv im Verein Deutscher Ingenieure (VDI).

Der erste Dampfpflugsatz kam 1869 nach Deutschland, und er konnte pro Jahr eine Fläche von ca. 100–400 ha bearbeiten. Bald wurde das Zweimaschinensystem gegenüber dem Einmaschinensystem bevorzugt (Bild 1). Die Dauerleistung je Maschine lag bei etwa 50–180 PS. Die Daten des erwähnten »Kirchheimer Dampfpflugsatzes« lauten z. B.:

175 PS bei 350 Umdrehungen je Minute und 13 atü Dampfdruck, Maschinengewicht je 17 t, Flächenleistung 14 ha am Tag, Tagesverbrauch ca. 4 Tonnen Kohle und etwa 10 000 Liter Wasser.

Mindestens vier Mitarbeiter waren notwendig. Wegen des großen Kapital- und Personaleinsatzes wurden auch in der Blütezeit der Dampfpflüge nur etwa 5 % der deutschen Ackerfläche bearbeitet. Hierfür gab es zum Beispiel in Preußen um 1914 746 Dampfpflugsätze. Die Bayern wollten nicht nachstehen und setzten ebenfalls diese Technik gezielt ein – bei der bekannten Dampfpflug-Genossenschaft Regensburg bis 1965. Ein Dampfpflug-Satz aus diesem Bestand wurde vollständig restauriert **(Bild 4)** und steht (einsatzfähig) in Landshut-Schönbrunn.

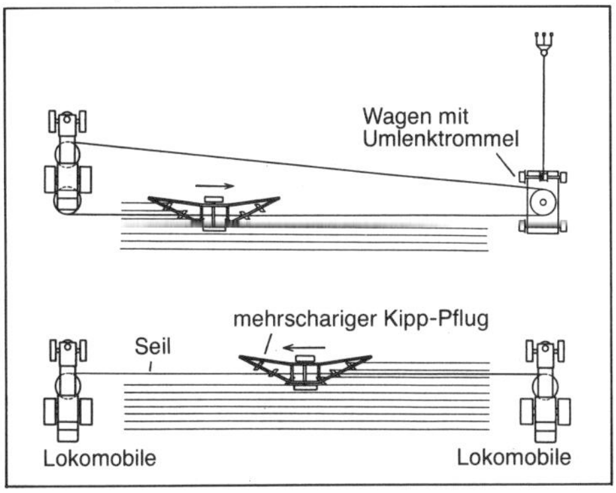

Bild 1 Einsatz der Dampfpflugtechnik in Form von Ein- oder Zweimaschinensystemen. Arbeitsgeschwindigkeit etwa 5–10 km/h (schlupflos!). Einmaschinensystem nicht erfolgreich wegen der umständlichen Umlenkstation [7].

Bild 2 Der Motortragpflug Bauart Stock 1911 (28 PS) war richtungweisend in Deutschland bis Mitte der zwanziger Jahre.

Bild 3 Der »Fordson«-Radtraktor der Ford Motor Company, USA 1917, begründet die geschlossene Blockbauweise. Wegen des niedrigen Preises in vielen hunderttausend Exemplaren gebaut. Ca. 20 PS bei 1000/min aus einem Vierzylinder-Viertakt-Ottomotor, Betriebsgewicht (Feldausführung) 1360 kg. Drei Vorwärtsgänge, Endantrieb über ein Schneckengetriebe, Radstand 1605 mm.

Bild 4 Eine der beiden in Schönbrunn renovierten Lokomobilen zieht den ca. 5 t schweren Kipp-Pflug bei einer Demonstration 1982 in die Arbeitsstellung.

1.2.2 Traktorenentwicklung nach 1900

Der von R. Stock auf Anregung seines Mitarbeiters K. Gleiche 1907/08 geschaffene **Motortragpflug,** von dem sich einer der ersten Prototypen im Deutschen Museum in München befindet, nutzte fast das ganze Maschinengewicht zur Traktion und benötigte nur noch eine Arbeitskraft **(Bild 5).** Auch die Anschaffungskosten waren sehr viel geringer, und so trat dieses Prinzip einen regelrechten Siegeszug an und wurde von vielen Firmen nachgebaut, die größten Maschinen mit bis zu 80 PS Leistung. Trotz der langjährigen Erfolge des Tragpfluges arbeitete man an der Fortentwicklung der Radtraktoren – z. T. auch an Kettentraktoren [8]: Deutz, Fahr, Fendt, Güldner, Hanomag, Kramer, Lanz-Aulendorf, Lanz-Mannheim, Linke-Hoffmann, MAN, Pöhl, Primus, Ritscher, Stock und andere.

Den ersten großen Durchbruch beim **Radtraktor** erreichte jedoch die Firma Ford/USA mit dem ab 1917 gebauten »Fordson«-Traktor **(Bild 6),** der bei ca. 20 PS Dauerleistung nur noch ca. 1300 kg wog – dank der zum ersten Mal konsequent ausgeführten geschlossenen **Blockbauweise.** Dieser »Leichtbau« führte in Verbindung mit der Fließband-Massenproduktion zu einem sensationell geringen Verkaufspreis – mehrere hunderttausend Maschinen wurden gebaut! Der Traktor erwies sich auch für Deutschland als geeignet, trotz des weniger vorbildlichen Schneckengetriebe-Endantriebes (Leistungsverluste, Verschleiß).

Mit dem Jahr 1921 kündigte sich ein großer deutscher Durchbruch im Traktorenbau an: Die Firma Lanz stellte ihren ersten »Bulldog« mit damals nur 12 PS vor – ebenfalls in Blockbauweise, aber mit einem ganz ungewöhnlichen Einzylindermotor nach dem **Zweitakt-Glühkopfprinzip** [9], mit Rohöl zu betreiben! Die ersten Maschinen hatten kein Schaltgetriebe – erst später baute man Vorwärtsgänge ein. Der Rücklauf mußte zunächst noch durch geschicktes »Umschaukeln« des Motors (Drehrichtungsumkehr) »geschaltet« werden. 1926 startete man bei Lanz die Fließbandfertigung mit dem 28-PS-»Großbulldog« (7230 Stück bis 1931). Die Nachteile der Verdampfungskühlung baute man durch den ab 1929 angebotenen »Kühlerbulldog« ab (30 PS, später auch 38-PS-Varianten) **(Bild 7).** Von diesem Konzept verkaufte man bis 1935 11 500 Maschinen – Lanz-Traktoren gingen in alle Welt!

Die Schwachstellen des Lanz-Bulldog bestanden im wesentlichen im hohen Kraftstoffverbrauch, in den Erschütterungen und im relativ hohen Gewicht. Hier setzten die Wettbewerber an – so z. B. die Firma Hanomag mit dem sog. »WD-Radschlepper« 1924 **(Bild 8).** Nach dem erfolgreichen Vorbild von Ford trieb ein Vierzylinder-Viertakt-Ottomotor in Blockbauweise das Fahrzeug über ein Dreiganggetriebe an – hier nun allerdings ohne ein Schneckengetriebe. Je nach Treibstoff erreichte man etwa 28–32 PS bei einem Einsatzgewicht von etwa 2000 kg. Ab 1931 stellt man auf noch sparsamere **Dieselmotoren** um und nutzte die in der Welt führende Rolle Deutschlands auf diesem Gebiet. Parallel zu Hanomag entwickelte Deutz den sog. »MTZ-Schlepper«, der 1927 mit einem 27-PS-Zweizylinder-Dieselmotor herauskam und auch erhebliche Stückzahlen erreichte.

Straßenluftreifen erleichterten ab 1929 vor allem die Transporte (z. B. bei Lanz). Erst der **Niederdruck-Luftreifen** brachte den Durchbruch für alle Arbeiten – in den USA ab 1933 (Firestone), in Deutschland ab 1934 (Continental/Lanz).

Der erste europäische **Kleindieseltraktor** erschien 1930 von der damals noch fast unbekannten Firma Fendt **(Bild 9).** Das erste »Dieselroß« hatte 6 PS (später 9 und 12 PS). Die größten Stückzahlen erreichte bei den Kleintraktoren der 1936 von Deutz herausgebrachte »Bauernschlepper« mit Luftbereifung **(Bild 10).** Dieser »Elfer Deutz« war so erfolgreich, daß man ihn auch nach dem Zweiten Weltkrieg fast unverändert weiterbaute und damit erheblich zur Mechanisierung kleinerer Betriebe beitrug. Der charakteristische Zwischenachs-Mähwerksantrieb wurde bald in dieser Form allgemein Stand der Technik, und auch die gute Transporteignung trug dazu bei, das Zeitalter des Universaltraktors einzuleiten, der die Zugtiere bald vollständig ersetzte.

Bild 5 Motorpflug Bauart Stock um 1914 mit motorischer Tiefeneinstellung.

Bild 6 Grundaufbau des »Fordson«-Traktors USA 1917. Heutige Standardtraktoren haben immer noch ein ähnliches Konzept – bis auf den Schneckengetriebe-Endantrieb, der sich weniger bewährte.

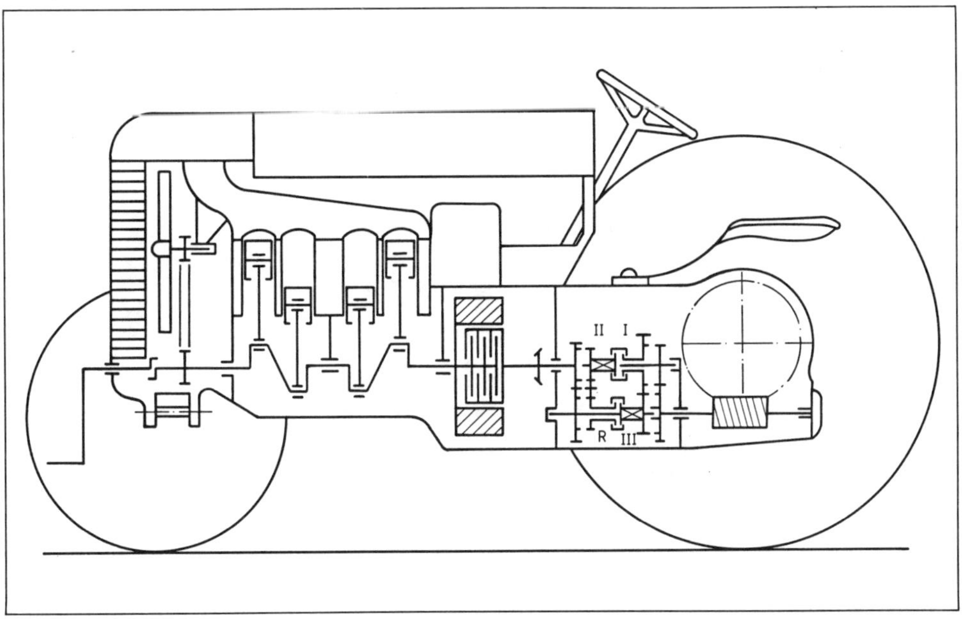

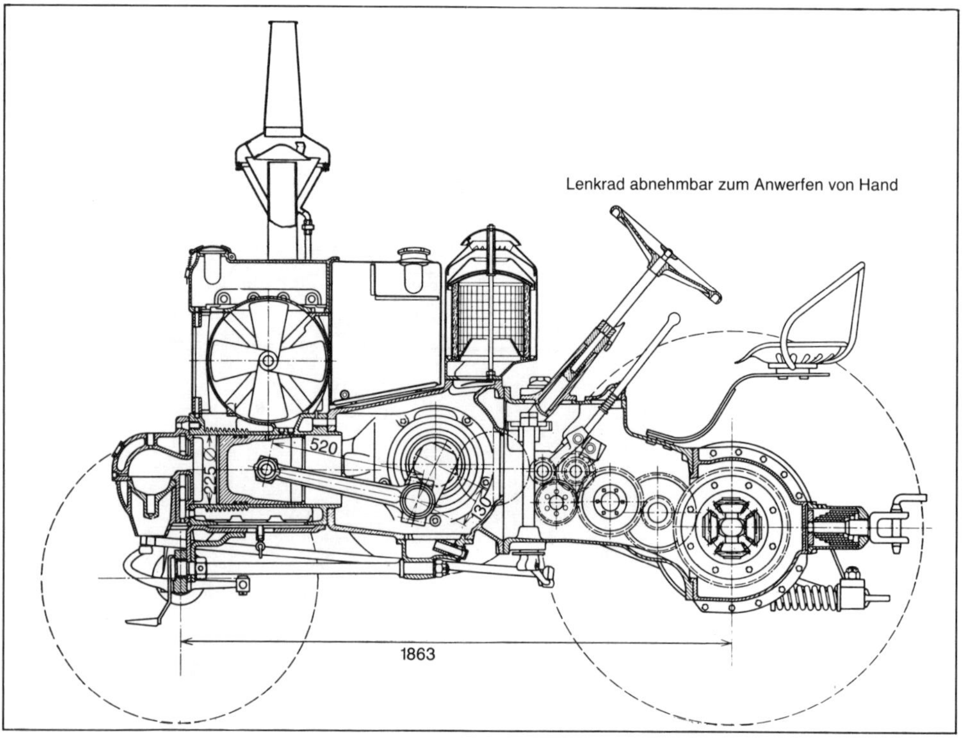

Bild 7 Radtraktor Bauart Lanz »Kühlerbulldog« 1929. Geschlossene Blockbauweise mit Einzylinder-Zweitakt-Glühkopfmotor, 30 PS bei 500/min, Quergetriebe mit 3 Vorwärtsgängen bis 5,6 km/h und Rücklauf, Gewicht ca. 2650 kg. Dieses Konzept erreichte den Durchbruch und weltweiten Erfolg. Der 100000. Bulldog lief 1942 vom Band.

Bild 8 Hanomag »WD-Radschlepper« (später auch »R28«) 1924. Je nach Treibstoff 28 bzw. 32 PS bei 1100 bzw. 1200/min, Blockbauweise mit Vierzylinder-Viertakt-Ottomotor (ab 1931 Umstellung auf Dieselmotoren), 3 Vorwärtsgänge bis ca. 8 km/h, Gewicht in Feldausführung ca. 2000 kg [10].

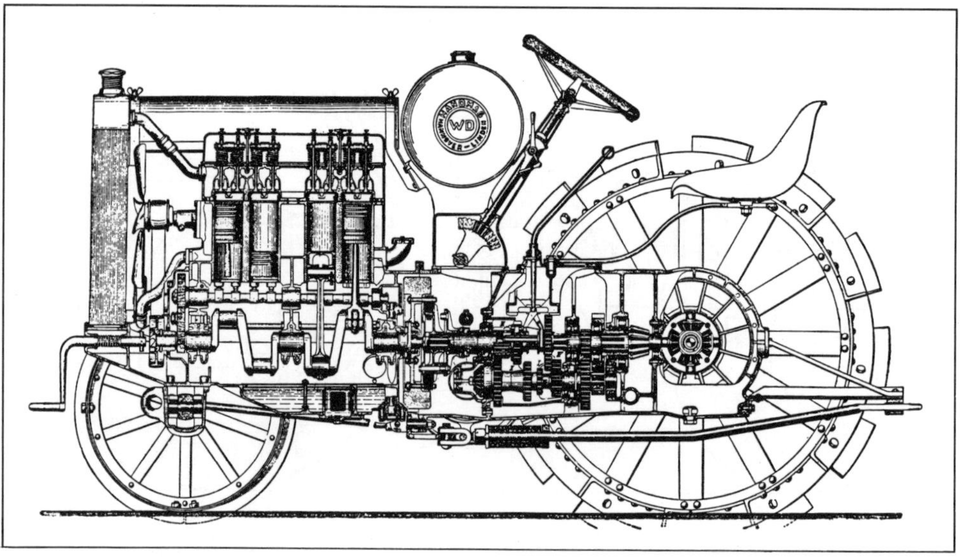

Bild 9 Erster europäischer Diesel-Kleinschlepper 1930, von H. FENDT für kleinere Betriebe. Leistung zuerst 6 PS, später 9 und 12 PS. Fahrunabhängiger Mähwerksantrieb und Anbaupflug, Mähwerk und Pflug abnehmbar. Bis 1936 wurden 273 Maschinen gebaut.

Bild 10 Deutz Bauernschlepper 1936, 11 PS (»Elfer Deutz«), 3 Gänge bis 8 km/h. Nach dem Kriege weitergebaut mit Luftkühlung und 5 Gängen, Blockbauweise mit längsgeteiltem Getriebegehäuse. Insgesamt in mehreren 10000 Einheiten gebaut.

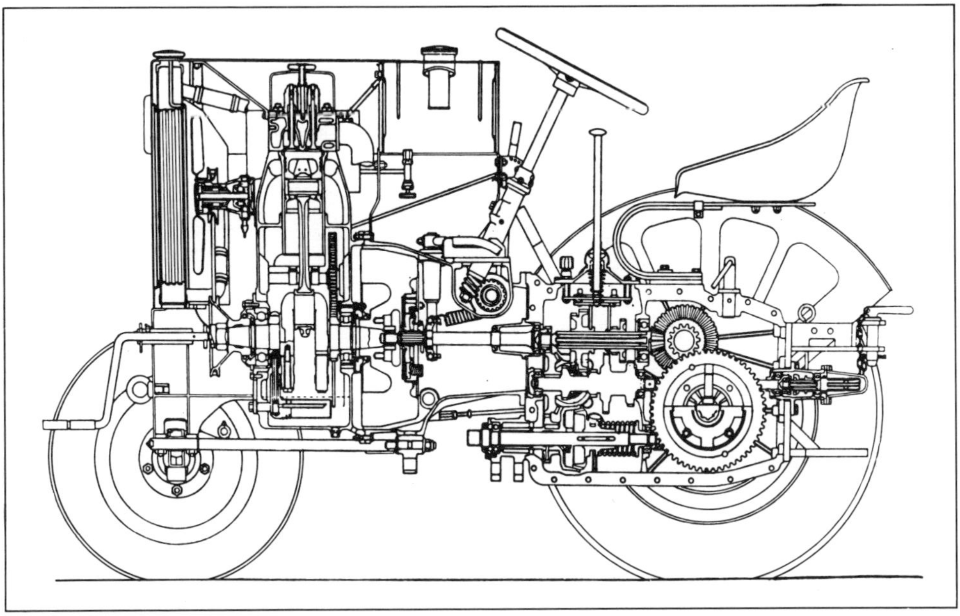

1.2.3 Mechanisierungswelle nach 1950

Die fünfziger Jahre waren durch eine beispiellose Mechanisierungswelle gekennzeichnet mit höchsten jährlichen Zulassungszahlen nahe an 100000. Freigesetzte Arbeitskräfte wurden begierig von der wieder aufstrebenden Industrie aufgenommen und so trug die rasch mechanisierte Landwirtschaft auf doppelte Weise zum bekannten *Wirtschaftswunder* bei.

Die Traktortechnik mußte sich zunächst sehr stark an dem großen Bestand der vorhandenen Pferdezuggeräte orientieren, bevor man dann spezielle Traktorgeräte herausbrachte. Auch die weitere Traktorentwicklung brachte noch eine Fülle von Fortschritten – **Bild 11** zeigt hierzu beispielhaft den Zeitabschnitt 1958–1983 [11] mit den folgenden **Entwicklungsschwerpunkten** des Durchschnitt-Standardtraktors:

- Nennleistung etwa 3½mal höher
- Integrierter Allradantrieb (über 60 %)
- Leiser, bequemer Fahrerplatz
- Vielstufige Synchrongetriebe
- Verdoppelte Höchstgeschwindigkeit
- Frontkraftheber und Frontzapfwelle

Einen zusammenfassenden Gesamtüberblick über die Historie des Traktors mit noch weiteren Daten zeigt **Tab. 1.**

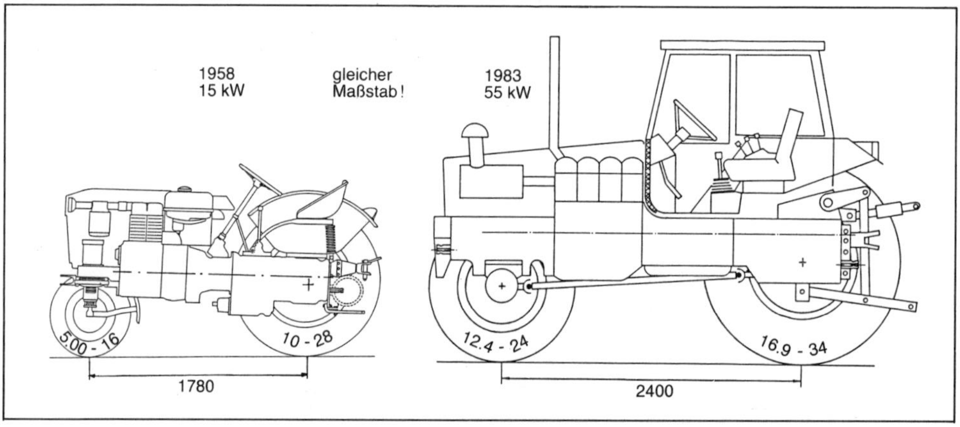

Bild 11 Typische Entwicklung des Standardtraktors nach dem 2. Weltkrieg in der Bundesrepublik Deutschland. Links Durchschnittstraktor 1958 mit ca. 15 kW, rechts typischer Mittelklassetraktor Jahrgang 1983 (50–60 kW).

Tabelle 1: Übersicht zur historischen Entwicklung des Traktors

Vor 1900: Dampfpflüge mit Seilzug (etwa ab 1860), Rad- und Kettentraktor mit Dampfantrieb; erste Umstellungen auf Verbrennungskraftmaschinen kurz vor 1900.

1907: Erster Stock-Motortragpflug, ab 1910 produziert, bis ca. 1925 richtungsweisend (Borsig, Hanomag, MAN, Pöhl u. a.).

1917: Berühmter »Fordson«-Radtraktor 20 PS (Ford/USA). Leichte Blockbauweise und Fließbandfertigung ermöglichen extrem niedrigen Verkaufspreis. Marktanteil in USA bis 1928 teilweise weit über 50 %. Traktor in vielen hunderttausend Exemplaren gebaut. Blockbauweise bis heute vorherrschend.

1918: Pöhl-Radtraktor 35 PS, Vierzylinder-Motor, leichte Rahmenbauweise, noch Schneckenendantrieb.

1918: Erste Zapfwelle, USA.

1920: Erster Nebraska-Test (USA).

1921: Erster Lanz-Bulldog 12 PS. Zweitakt-Glühkopf-Rohölmotor, kein Schaltgetriebe, 6030 Stück bis 1929.

1922: Erster Einspritz-Dieselmotor im Traktor Benz-Sendling (PROSPER L'ORANGE) [12].

1923: Lanz-Ackerbulldog 12 PS, erster Traktor mit Vierradantrieb und Knicklenkung, kein Schaltgetriebe. 723 Stück bis 1926.

1924: Hanomag »WD-Radschlepper« (auch »R28«) mit 28–32 PS. Geschlossene Blockbauweise. Noch 4-Zylinder-Ottomotor und Eisenreifen – sonst aber seiner Zeit voraus.

1925: Erster Motormäher, Kramer 4 PS

1925: H. FERGUSON meldet hydraulischen Kraftheber mit Dreipunktgestänge und Regelung zum Patent an.

1926: Erster Deutz-Dieseltraktor Typ MTH.

1926: Lanz-Bulldog wird auf Großserienfertigung umgestellt.

1927: Anbaumähwerk am Standardtraktor.

1927: Erste Zapfwellennorm (ASAE/USA).

1929: Erste Straßenluftreifen für Traktoren.

1930: Erster europäischer Diesel-Kleintraktor »Dieselroß« von Fendt 6 PS (später 9 und 12 PS), Mähantrieb fahrunabhängig.

1930: Erste fahrunabhängige Zapfwelle bei Oliver-Hart-Parr (USA), erster dokumentierter Nebraska-Test aber erst 1947.

1931: Traktorbestand in USA 1 Mio., Deutschland 16000.

1932: Erste Niederdruck-Luftreifen (Firestone) versuchsweise in den USA. 1933 neutrale Vergleichsversuche (USA: Universität Nebraska, Deutschland: H. Meyer/Bornim). Serieneinführung in USA ab 1933, in Deutschland ab 1934 (Continental).

1936: Deutz »Bauernschlepper« 11 PS (»Elfer Deutz«), Pionier für die Mechanisierung kleinerer Betriebe.

1936: Erster hydraulischer Kraftheber bei J. Deere in Produktion.

1938: Erste fahrunabhängige Zapfwelle in Europa bei Fendt im »Dieselroß F18«.

1940: Erste deutsche Zapfwellennorm DIN 9611.

1948: Erste luftgekühlte Traktor-Dieselmotoren von Eicher in eigenen Traktoren.

1948: Erster Unimog (25 PS), gebaut bei Boehringer, ab 1951 bei Daimler-Benz, Allradantrieb, 50 km/h, Pritsche.

1949: Extrem sparsamer MAN-Motor: 4-Zylinder mit Direkteinspritzung, eingebaut in Standardtraktoren mit wahlweisem Allradantrieb.

1950: Erster Frontlader bei Ferguson, Hanomag und Baas, Baas bald führend.

1950: Erste Strömungskupplung Bauart Voith im Allgaier Porsche AP 17 (18 PS, Luftkühlung).

1950: Erster luftgekühlter Deutz-Traktor, 15 PS – Einzylinder – Dieselmotor.

1950: Erster Geräteträger in der DDR.

1951: Lanz »Alldog« (12 PS) und »Ruhrstahl« (20 PS), Geräteträger auf DLG-Ausstellung in Hamburg.

1953: Erster Geräteträger von Fendt (12 PS) begründet jahrzehntelange Erfolge.

1954: Erster hydrostatisch angetriebener Versuchstraktor, NIAE (England).

1954: »Torque Amplifier« von IH/USA: erstes Zweistufen-Lastschaltgetriebe.

1956: Deutsche Norm für den Dreipunktanbau beendet »wilde« Phase des Geräteanbaus.

1957: Erste Versuche mit Reimers-Kettenwandlern im Institut für Schlepperforschung der FAL, Braunschweig-Völkenrode.

1958: Ford »Select-O-Speed« – Getriebe: 10 Vorwärtsgänge durchgehend unter Last schaltbar. Großserienproduktion später ausgelaufen.

1959: Pendelschlagtest (Kabine) für neue Traktoren Pflicht in Schweden.

1960: Der letzte von 219253 Lanz-Bulldogs wird produziert.

1962: Regelkraftheber bei fast allen deutschen Traktoren verfügbar.

1963: J. Deere »Power Shift« – Getriebe: 8 durchgehend unter Last schaltbare Vorwärtsgänge. Bis 1982 in ca. 250000 Einheiten in große Traktoren eingebaut.

1965: Erster »Zentralantrieb« der Frontachse durch Same.

1966: ZF-Getriebebaureihe »T 3000« (2 x 6) für schwere Traktoren vieler Firmen. Weitgehend synchronisiert, Allradantrieb. Bis 1985 über 100000 Einheiten gebaut.

1967: Hydrostatischer Antrieb bei IH/USA; hoher Anteil außerlandwirtschaftlich.

1968: Strömungskupplung Voith bei Fendt; rasch steigende Einbaustückzahlen.

1970: Schlüter-Traktoren 130 und 180 PS begründen Marktführung in diesem Bereich.

1970: OECD-Pendelschlagtest (Kabine) für neue Traktoren Pflicht in der Bundesrepublik Deutschland.

1972: Deutz »Intrac« und Daimler-Benz »MB-trac« (DLG Hannover) geben der Landtechnik viele neue Impulse, Serie 1973.

1972: Erste leise Kabine im Nebraska-Test (J. Deere 4430), 82,5 dB(A).

1976: Erste leise Kabinen in Großserie bei deutschen Standardtraktoren (IH und Fendt).

1977: Alle Alttraktoren müssen Umsturzschutz-Vorrichtungen haben.

1980: 40 km/h bei Standardtraktoren (Fendt, Schlüter).

1982: Neue Generation getriebener Frontachsen mit 50° Radeinschlag (ZF/Deere, Deutz-Fahr/Sige)

1.3 Heutige Bauarten

1.3.1 Typische Traktorenbauarten der europäischen Landwirtschaft

Die Vielzahl der heute in Europa gebräuchlichen Traktorenbauarten läßt sich grob in folgende fünf Gruppen einteilen:

- Standardtraktoren
- Frontsitztraktoren
- Mittelsitztraktoren
- Geräteträger
- Sonderausführungen (Weinbau- und Plantagetraktoren).

Von den in **Tab. 2** skizzierten und jeweils kurz beschriebenen 11 typischen Bauarten kommt der Gruppe der **Standardtraktoren** die mit Abstand größte wirtschaftliche Bedeutung zu – bei den Unterbauarten hierzu steht wiederum ein Konzept besonders im Mittelpunkt, der sog. »Universaltraktor«, der inzwischen überwiegend mit Allradantrieb und Komfortkabine ausgestattet wird (2. Bild von oben). Wegen seiner so großen Bedeutung wird er in diesem Buch auch als »Durchschnittstraktor« herangezogen (siehe z. B. Bild 11, Seite 16).

Der *Universaltraktor* soll möglichst alles können und dabei preisgünstig sein – er kann als das universelle Basiswerkzeug des Landwirts gelten, das allerdings immer erst in Verbindung mit passenden Geräten seine Schlagkraft entfaltet.

Frontsitztraktoren und **Mittelsitztraktoren** wurden ursprünglich für eine größere Universalität bei besonders hohem Komfortniveau geschaffen (»Systemtraktor«). Sie haben nun die Entwicklung des Universaltraktors in den vergangenen Jahren derart angeregt und befruchtet, daß die Unterschiede zusammenschmolzen – man denke nur an die heute integrierten Frontanbau-Anschlüsse, die komfortablen Kabinen und den perfektionierten Allradantrieb des Universaltraktors; der dritte Anbauraum ist allerdings als Besonderheit geblieben.

Vergleichsweise wenig Verwandtschaft zum Universaltraktor ist demgegenüber zu beobachten beim **Geräteträger** sowie den **Weinbau-** und **Plantagentraktoren** (bei den letzteren noch am ehesten).

Geräteträger sind ein typisch deutsches Produkt: Weltweit gibt es sie nur bei den Herstellern Fendt (Bundesrepublik Deutschland) und VEB Traktorenwerk Schönebeck (DDR). Ihr wirtschaftlicher Einsatz hängt in ganz besonderer Weise von der Qualität des Gerätesystems ab.

Weinbautraktoren müssen vor allem kompakt sein – insbesondere hinsichtlich Baubreite, um zwischen den Rebenreihen fahren zu können. Der Trend geht zwar zu etwas größeren Reihenweiten im Interesse einer einfacheren Mechanisierung – dieses kann jedoch wegen der Langlebigkeit der Kulturen nur langsam fortschreiten.

Wie man erkennt, stellen schon die allgemein üblichen Bauarten eine verhältnismäßig große Vielfalt dar, die der Industrie eine rationelle Entwicklung und Fertigung nicht leichtmacht.

Dieses ist der Hauptgrund dafür, daß eine weitere Spezialisierung der Bauarten (wie vom Landwirt zuweilen gewünscht) aus wirtschaftlichen Gründen nur noch begrenzt möglich ist.

Tabelle 2: Traktorenbauarten der europäischen Landwirtschaft (Größenverhältnisse etwa maßstäblich!)

Bauform	Charakterisierung
	**Standardtraktoren:** Fahrerplatz hinten, Blockbauweise, Fahrwerk ungefedert, Achsschenkellenkung vorn, Pendelachse vorn, große Stückzahlen *kleiner, einfacher Universaltraktor* ca. 20–40 kW, häufig noch Hinterradantrieb, einfache Komponenten, für leichte Frontlader vorbereitet, mittlere bis große Stückzahlen
	*Universaltraktor der Hauptbauart* ca. 40–110 kW, ab 60 kW fast nur noch Allradantrieb, Vielstufen-Synchrongetriebe, Komfortkabine, Frontanbauanschlüsse, große Hydraulikhubkräfte, größte Stückzahl aller Bauarten
	*klassischer europäischer Zugtraktor* ca. 100–130 kW, kleinste Stückzahlen auch darüber, immer Allradantrieb, Komfortkabine mit Sonderausstattung, Getriebe z. T. mit Lastschaltung, Rückfahreinrichtungen, kaum Frontlader, geringe Stückzahlen
	*Zugtraktor mit gleich großen Reifen* kleine Stückzahlen im oberen Leistungsbereich, Allradantrieb, Schwerpunkt weit vorn, Allradbremsung, sehr gute Traktion – weniger gute Wendigkeit, Komfortkabine mit Sonderausstattung, Rückfahreinrichtungen
	**Frontsitztraktoren:** hervorragende Frontsicht, Ladefläche *Konzept Unimog* (Daimler-Benz) Rahmenbauweise mit elastischer Motor-Getriebe-Lagerung, Federung, Allradantrieb, hohe Straßengeschwindigkeit, relativ kleine Reifen, Stückzahl klein
	*Konzept Intrac* (Deutz-Fahr) Blockbauweise mit Hilfsrahmen, ungefedert – vom Standardtraktor abgeleitet, bestes Frontsichtfeld aller Bauarten, kleine Stückzahlen
	**Mittelsitztraktor:** gleichgroße Reifen, Ladefläche, relativ breite Kabine, bei großen Leistungen Rückfahreinrichtungen *Konzept MB-trac* (Daimler-Benz) Rahmenbauweise mit Unimog-Komponenten, Vorderachse gefedert, Reifen größer als beim Unimog, mittlere Stückzahlen
	**Geräteträger:** Traktor mit dem größten Anbauraum *Konzept Fendt GT* Antriebssatz mit angebautem Mittelholm – darin Zentraldrehgelenk für Vorderachspendelung, hervorragende Sicht auf alle Anbauräume, große Ladefläche, Frontladeranbau; Hauptgeräte betreffen Bestellung, Pflege, Grünfutterernte, Transporte; kleine bis mittlere Stückzahlen
	**Weinbau- und Plantagentraktoren:** kompakt und sehr schmal, relativ zur Leistung kleine Bereifung – Leistungsabgabe mehr über die Zapfwelle, Fahrkomfort durch Platzmangel geringer als bei den meisten anderen Bauarten *Weinbautraktor mit Achsschenkellenkung vorn* ca. 30–50 kW, Allradantrieb heute überwiegend, kleinste Baubreite ca. 1 m, kleine Stückzahlen
	*Weinbautraktor mit Knicklenkung und Allradantrieb* besonders wendig und sehr zugkräftig – sonst wie oben; jedoch teurer
	*Plantagentraktor* – oft aus Standardtraktor abgeleitet ca. 30–50 kW, Allradantrieb zunehmend, kleinste Breite ca. 1,4 m, Bereifung z. T. noch kleiner als bei den »kleinen Universaltraktoren«, kleine Stückzahlen

1.3.2 Sonstige Traktorenbauarten

Große Zugtraktoren mit Knicklenkung oder Allradlenkung – Diese größten von allen Traktoren mit Motorleistungen von etwa 170–250 kW (in sehr kleinen Stückzahlen auch darüber) werden nur mit Allradantrieb bei gleich großen Reifen gebaut und für die Großflächenbearbeitung eingesetzt **(Bild 12).** In Europa ist ihre Bedeutung wegen zu kleiner Flächen und begrenzender Verkehrsvorschriften (Abmessungen!) gering geblieben. Erhebliche Stückzahlen werden vor allem in den *Großflächenmärkten* USA, Canada, Australien und in den sozialistischen Ländern des Ostens eingesetzt – häufig mit Zwillingsbereifung.

Die *Geräte* hängt man vorwiegend an und benötigt daher keine besonders großen Hydraulikhubkräfte, jedoch große Kurzzeitölströme für die Geräteverstellung. Wegen des überwiegenden Einsatzes für die Bodenbearbeitung hat man auch keine besonders große Gangzahl, und die Zapfwelle – sofern überhaupt vorhanden – ist oft nur für Teillast ausgelegt. Demgegenüber fordert man einen bulligen Motor mit großem »Drehmomentanstieg« sowie ein Höchstmaß an Komfort für den Fahrer.

Kettentraktoren – Diese auch als »Raupenschlepper« bzw. als »Gleiskettentraktor« bezeichnete Bauart **(Bild 13)** hat heute in Europa gegenüber Radtraktoren nur noch sehr geringe Bedeutung durch folgende **Nachteile**:

- Hoher Preis
- Hohe Reparaturkosten (Laufwerk!)
- Eingeschränkte Straßenfahrt (Tieflader)
- Geringer Fahrkomfort
- Verletzung der Fahrbahn beim Lenken (Schervorgänge)

In bestimmten Sonderfällen können folgende **Vorteile** große Bedeutung haben:

- Sehr große Zugkräfte relativ zum Gewicht
- Sehr niedriger, in weiten Grenzen konstruktiv beeinflußbarer Bodendruck
- Besonders gute Geländegängigkeit

Bei Böden geringer Tragfähigkeit kann der Kettentraktor die einzige überhaupt anwendbare Bauform sein. Allerdings ist dabei zu beachten, daß die tatsächlichen Kontaktflächendrücke örtlich infolge Durchdrückens der Führungsrollen größer sein können als der aus Gewicht und Aufstandsfläche berechnete Mittelwert.

Hoftraktoren (»Hoflader«) – Für verschiedenartigste Lade- und Förderarbeiten der Innenwirtschaft entwickelte man in neuerer Zeit (in Konkurrenz zum herkömmlichen Frontlade-Verfahren) sehr kompakte und dadurch wendige Hoftraktoren, mit denen man relativ kleine Durchgänge und Einfahrten, z. B. in alten Ställen, passieren kann **(Bild 14).** Neben dem Laden und Fördern gibt es Geräte für Bauarbeiten, Winterdienst, Kehren usw., deren Bedeutung aber relativ gering blieb. Die Motor-Nennleistungen liegen bei etwa 12–30 kW, die meisten Fahrzeuge haben gleich große Reifen (mit hohen Luftdrücken). Stufenlose hydrostatische Getriebe sind zweckmäßig, aber nicht billig. »Panzerlenkung« bringt höchste Wendigkeit – aber auf festem Boden höheren Reifenverschleiß. Die Knicklenkung vermeidet dieses, bedeutet jedoch etwas geringere Kippsicherheit, d. h. erhöhte Aufmerksamkeit bei Steigungen.

Spezialtraktoren für große Hangneigungen – Standardtraktoren kippen statisch bei ca. 40° Hangneigung (84 % Steigung, siehe Seite 49) – ein für sich betrachtet hoch erscheinender Wert. Praktisch ist er nicht ausnutzbar, weil schon kleinste Unebenheiten sowie geringe Kurvenfahrt diesen Idealwert erheblich reduzieren. Daher hat man für Extremeinsätze dieser Art niedrige Spezialfahrzeuge großer Spurweite mit Allradantrieb entwickelt **(Bild 15).** Sehr breite Reifen mit kleinem Durchmesser erniedrigen nicht nur den Schwerpunkt, sondern schaffen bei geringem Bodendruck eine breite Standfläche und schlucken auch besser die gefährlichen bergseitigen Hindernisse. Der Einsatz bezieht sich vor allem auf die Futter- und Heuernte steiler Wiesenlagen.

Bild 12 Großtaktor mit Allradlenkung Bauart Schlüter »Profi Trac 3500«, Nennleistung 235 kW (320 PS), Leergewicht 12,3 t. Einsatz mit einem 10-Schar-Aufsatteldrehpflug.

Bild 13 Landwirtschaftlicher Kettentraktor Bauart Massey Ferguson »274C«. Nennleistung 46 kW, Vierzylinder-Dieselmotor, Leergewicht ca. 3200 kg, Kettenradstand 1520 mm, Kettenstandardbreite 310 mm, berechneter mittlerer Kontaktflächendruck 1/3 bar. Fahrwerk mit 5 Laufrollen und Kupplungslenkung.

Bild 14 Hoflader Bauart Schäffer »D 25 L«, Nennleistung 21 kW bei 2800/min aus einem 2-Zylinder-Dieselmotor. Stufenloser hydrostatischer Fahrantrieb 0–15 km/h vorwärts und rückwärts, Höhe/Breite = 1,85/1,0 m. Leergewicht ca. 1700 kg, Nennhublast 800 kg, hydrostatische Knicklenkung.

Bild 15 Hangtraktor Bauart AEBI »Terratrac TT 77«. Nennleistung 32 kW, Höhe/Breite = 179/190 cm, Front- und Heckhydraulik, Niederdruck-Breitreifen (4 PR), Leergewicht 1325 kg, sehr niedriger Schwerpunkt.

Forsttraktoren – Man verwendet bei uns aus Kostengründen meist solche Bauarten, die auf landwirtschaftlichen Grundmodellen aufbauen. Neben Standardtraktoren erfreuen sich Konzepte mit vier gleich großen Rädern besonderer Beliebtheit **(Bild 16).**

Die wichtigsten Geräte sind eine leistungsfähige Seilwinde und der sog. Frontpolder zum Rücken und Aufschichten der Stämme. Rückezange, Hebeschleifzug und (im Gebirge) Seilkrananlagen kommen hinzu. Für das Wiederaufforsten setzt man Geräte ein zum Mulchen, zur Bodenbearbeitung, zum Säen, Pflanzen, Düngen und Pflegen – später auch für die Bestandsreduzierung.

Wegen der großen Reaktionskräfte bei vielen heckseitigen Arbeiten benötigt der Forsttraktor ein kräftiges, hydraulisch absenkbares Heckschild. Weitere, über den landwirtschaftlichen Einsatz hinausgehende Anforderungen: nur Allradantrieb, glatte Panzerung der Unterseite, hervorstehende Fahrzeugteile abnehmbar (Kotflügel) oder geschützt (z. B. Lampen, Ventile), große Bauchfreiheit (Stümpfe) und Kippsicherheit, Spezialreifen mit verstärkter Seitenwand und nicht zu hohen Stollen, Schutz der Glasflächen durch Gitter.

Neben den vorgenannten Maschinen entwickelte man in den fünziger Jahren in Nordamerika Spezialtraktoren für das »Bringen«, sog. »Skidder« (Schleifrücker) und »Forwarder« (Bringen von Kurzholz). Diese Konzepte gelangten über Skandinavien auch nach Mitteleuropa und erwiesen sich als sehr leistungsfähig – aber auch teurer in der Anschaffung.

Für ein weiteres Studium kann das unter [13] genannte Werk dienen.

Kleinsttraktoren – Im Gartenbau und für kleine Feldparzellen hatte man früher vielfach Einachstraktoren mit Leistungen bis um 12 kW. Sie sind billig – belasten jedoch den Fahrer körperlich erheblich und man löste sie daher zunehmend durch bequemere, leistungsstärkere, aber leider auch teuere Zweiachstraktoren ab.

Deren technische Entwicklung und Herstellung in sehr großen Stückzahlen wurde zu einer Domäne der Japaner, deren eigene Landwirtschaft eine überwiegend kleinparzellige Struktur mit intensiver Bewirtschaftung aufweist. Beim Kauf bei uns spielt häufig auch der außerlandwirtschaftliche Einsatz im Interesse einer besseren Nutzung eine Rolle. Weitere Hinweise findet man in dem unter [14] genannten Werk.

Traktoren für Entwicklungsländer – Viele Entwicklungsländer können sich immer noch nicht selbst versorgen. Die **Mechanisierung** der Landwirtschaft sollte dort zweckmäßig in Stufen erfolgen, z. B.

- *Stufe 1:* Bessere Geräte für Zugtiere
- *Stufe 2:* Motorischer Antrieb stationärer Anlagen (auch Sonne, Wind, Biogas)
- *Stufe 3:* Einfachtraktor, im Land gebaut
- *Stufe 4:* Einfacher Standardtraktor, in Lizenz gefertigt und angepaßt
- *Stufe 5:* Eigenentwicklung

Die größten Schwierigkeiten bereiten die ersten Stufen – und zwar vor allem wegen folgender **Hindernisse:**

- Kapitalmangel
- Energiemangel
- niedriges Ausbildungsniveau
- mangelnde Infrastruktur
- Motivationsprobleme

Will man von außen helfen, so kommt oft noch mangelndes Vertrauen in die politische Stabilität hinzu. Auch sind gute Entwicklungshelfer sehr knapp.

An einen Traktor gemäß Stufe 3 stellt man folgende **Forderungen:**

- Nennleistung 10–25 kW, Hinterradantrieb, Riemenscheibe, 4–6 Gänge, Transportplattform, sehr robust
- Herstellung im Lande unter Verwendung von Zukaufteilen (z. B. Motor, Getriebe), gegebenenfalls auch Schrotteile
- Sehr niedriger Preis

Zahlreiche von den Industrieländern finanzierte Projekte und auch einige Versuche kleiner Firmen [15] wurden hierzu bekannt. Als ein **Beispiel** dafür kann die Entwicklung des Multitrac gelten: Mit öffentlichen Mitteln erarbeitete die »Deutsche Gesellschaft für Technische Zusammenarbeit (GTZ) GmbH« in Eschborn ein Grundkonzept in vier Alternativen, zwei davon zeigen die **Bilder 17** und **18.**

Technische Einzelheiten wurden 1981 in einer Broschüre der GTZ mitgeteilt [16].

Bild 16 Beispiel für einen Forsttraktor, den man aus einem landwirtschaftlichen Traktor ableitete. Einsatz: Stammholzrücken; Ausrüstung: Doppelseilwinde, Tragbergstütze, Polderschild, Astabweiser mit Seilbruchschutzgitter, geschlossener, glatter Unterbodenschutz.

Bild 17 Prototyp Multitrac I der GTZ (1981). Vorschlag für Entwicklungsländer mit dem Ziel einer weitgehenden lokalen Fertigung. Benzinmotor 18 kW und Vierganggetriebe Bauart VW mit nachgeordnetem Stirnradendantrieb [16].

Bild 18 Prototyp Multitrac IV der GTZ (1981). Vorschlag einer »Trac-Version« für Entwicklungsländer mit dem Ziel einer weitgehend lokalen Fertigung. Dieselmotor 20 kW und Vierganggetriebe Bauart VW mit nachgeordnetem Stirnradendantrieb [16].

1.4 Wirtschaftlichkeit aus Anwendersicht

Die Landwirtschaft ist aus Wettbewerbsgründen gezwungen, den Nutzen pro Arbeitskraft weiter zu steigern. Auch in Zukunft wird die Erhöhung der Arbeitsproduktivität nur durch fortschreitende Mechanisierung, d. h. Vervielfältigung der menschlichen Arbeitskraft, möglich sein. Dem Traktor kommt dabei nach wie vor eine zentrale Rolle zu.

1.4.1 Was tut ein Traktor über das ganze Jahr betrachtet?

In einer wissenschaftlichen Analyse beobachtete man z. B. 30 Vollerwerbsbetriebe der Größe 10–50 ha bei einem Besatz von jeweils zwei Traktoren **(Bild 19)** [17]. Die Auswertung zeigte einige typische Aufgabenteilungen: Der stärkere (meist neuere) *»Ersttraktor«* erledigt vor allem die gesamte Bodenbearbeitung. Typische Spezialitäten des *Zweittraktors* sind Saat, Pflege, Futterwerbung und Frontladen. Weitere Unterschiede des Einsatzes hängen davon ab, ob im Betrieb mehr der Getreideanbau oder der Futterbau vorherrscht.

1.4.2 Wie beurteilt man die Wirtschaftlichkeit eines Traktors?

Wirtschaftlichkeit heißt: Einen gewissen *Nutzen* mit angemessenen *Kosten* erreichen:

- **Nutzen**
  - *Einsatzleistung*
  - *Einsatzmöglichkeiten*
  - Einsatzbereitschaft
  - Komfort, Sicherheit
  - Form, Farbe, Image
- **Kosten**
  - *Anschaffung*
  - Betriebsstoffe
  - Wartung/Reparatur
  - Unterbringung
  - Versicherung
  - *Lohn*

Die **Einsatzleistung** läßt sich vor allem steigern durch höhere Motorleistung, Allradantrieb, richtige Ballastierung (!), gut gestufte und verlustarme Getriebe sowie eine gute Kontrolle von Traktor und Gerät.

Oft nutzt der Fahrer die investierte Schlagkraft viel schlechter aus, als er denkt: Über den Tag gemessene durchschnittliche Motorauslastungen kommen selbst bei schwersten Arbeiten kaum über 60–70 %. Manchmal sind die Geräte zu klein (noch vom letzten, kleineren Traktor) [18], oft würde aber auch eine bessere Fahrerinformation höhere Produktivität bedeuten.

Die **Einsatzmöglichkeiten** hängen vor allem von den installierten Traktorfunktionen ab. Jede davon kostet Geld!

Das Kostenniveau für den Traktor allein (ohne Gerät und Lohn) wird durchschnittlich zu über 50 % durch die **Anschaffungskosten** bestimmt [19]. Die genaue Zusammensetzung der einzelnen Kostenarten hängt von der Auslastung der Maschinen ab **(Bild 20, 21)**. Der durchschnittliche Betrieb hat heute meist zwei aktive Traktoren, die je etwa 300–500 h/Jahr arbeiten. Der Großbetrieb (mit mehr Traktoren) kommt vor allem mit der leistungsstärksten Maschine auf höhere Werte. Vereinzelt erreicht man überbetrieblich bis zu 1500 Stunden.

Die **Maschinenkosten** gliedert man zweckmäßig wie folgt:

- Fest: Zinsen, Versicherung, Unterbringung
- Bedingt veränderlich: Abschreibung, Reparaturen
- Voll veränderlich: Betriebsstoffe

Einzelheiten findet man in einschlägigen Handbüchern [z. B. 20, 21].

In der Zusammensetzung schlagen die Anschaffungskosten (Zinsen, Abschreibung) bei weitem am stärksten durch – für etwa 600 Jahresstunden kann ein Faustwert von etwa 50 % gelten.

Betrachtet man die *gesamten Einsatzkosten,* so kommen Lohnaufwand und Gerätekosten noch hinzu. Der Lohn ist bestimmend und sein Druck bewirkte die enorme Leistungssteigerung der Neutraktoren von 13 kW (18 PS) im Jahre 1954 auf etwa das Vierfache heute (1985). Gleichzeitig wurde auch die Schlagkraft zum Wirtschaftlichkeitsfaktor: Die Arbeitserledigung muß vor allem bei den Bestellarbeiten rechtzeitig möglich sein.

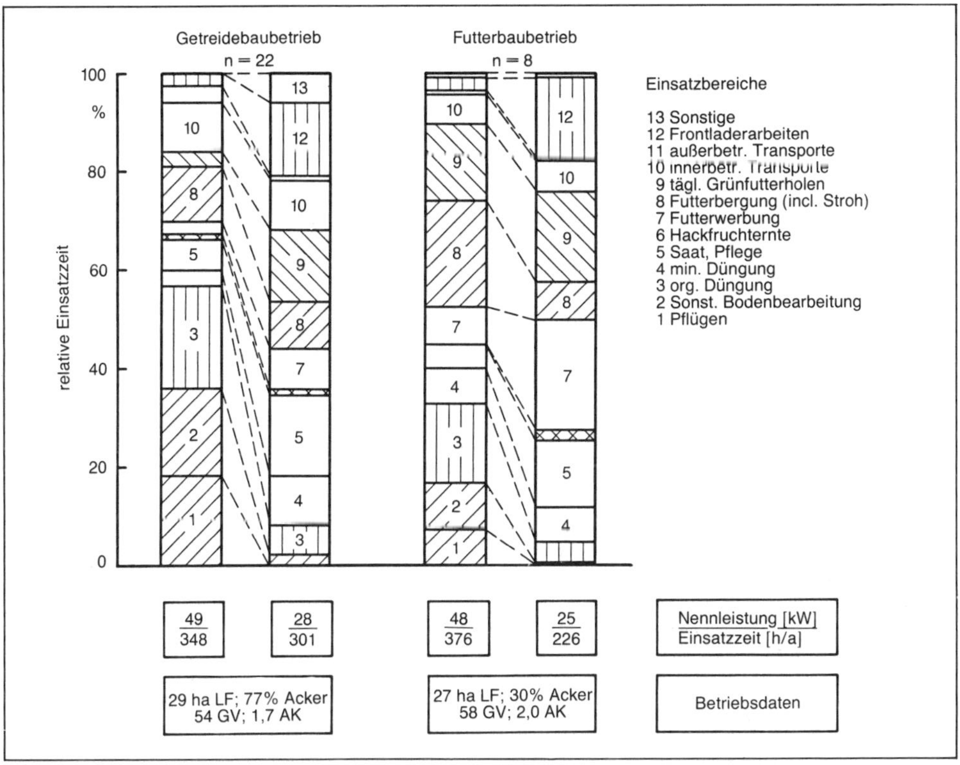

Bild 19 Typische durchschnittliche Verteilung der Traktoreinsatzzeiten auf 2-Traktor-Betrieben, eingeteilt nach Produktionsschwerpunkt Getreide und Futter. Linke Säule jeweils Ersttraktor, rechte Säule Zweittraktor [17].

Bild 20 Jährliche Traktorkosten (ohne Lohn und Gerät) in Abhängigkeit von den jährlichen Betriebsstunden [20].

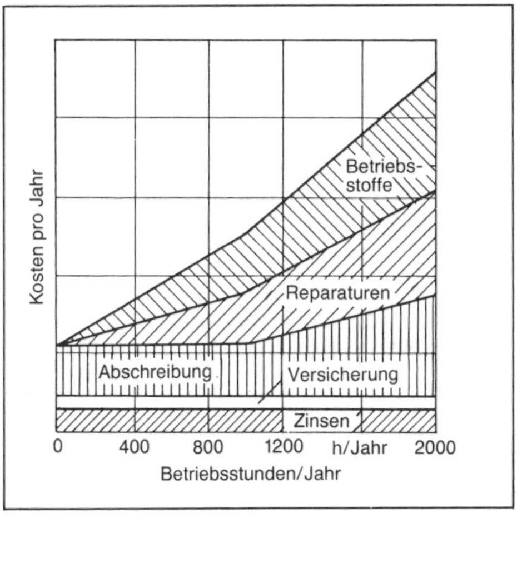

Bild 21 Traktorkosten je Betriebsstunde (ohne Lohn und Gerät) in Abhängigkeit von den jährlichen Betriebsstunden. Oberhalb von etwa 1000 h/Jahr reduzieren sich die Stundenkosten nur noch unwesentlich [20].

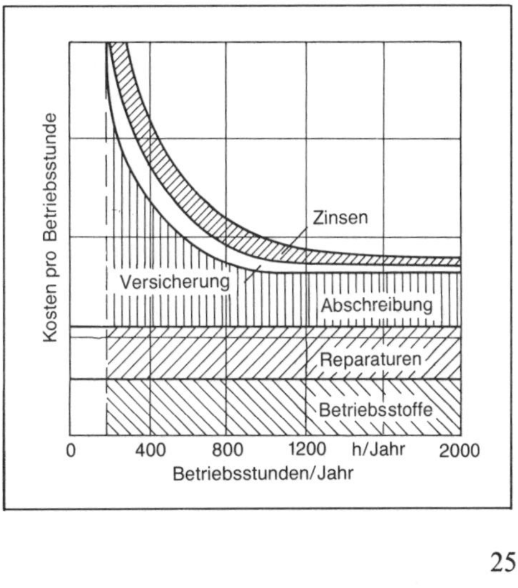

1.5 Wirtschaftlichkeit aus Industriesicht

Grundansatz – Der Erfolg des heutigen Traktors wird aus Herstellersicht im wesentlichen durch die in **Bild 22** genannten Kernpunkte bestimmt, die z. B. zur Gliederung der Marktanforderungen dienen können. Die *Herstellkosten* müssen dabei einen gewinnbringenden Verkauf zulassen (den Preis bestimmt weitgehend der Markt – man muß entsprechend planen).

Kleinhalten der Herstellkosten – Die Haupteinflüsse enthält **Bild 23.** Dem ständigen Rückgang der jährlich verkauften *Stückzahlen* in der Bundesrepublik Deutschland wirkte man durch zunehmenden Export entgegen. Das *Baukastenprinzip* bedeutet, daß man nicht für jeden Typ eine eigene Konstruktion erstellt, sondern mehrere zu einer Traktorfamilie zusammenfaßt **(Tab. 3)**. Die Herstellkosten werden übrigens in erster Linie am Reißbrett bestimmt – eine teuere Konstruktion läßt sich z. B. nicht durch kostengünstige Fertigung »ausgleichen«. Die früher mehr intuitive Arbeit des Konstrukteurs wird daher heute u. a. durch das Prinzip der *Wertanalyse* unterstützt: Man erzeugt in Teamarbeit eine Vielzahl von Lösungen und bewertet sie mit Hilfe der Herstellkosten.

Eine ähnliche Zielrichtung verfolgt der *Leichtbau:* Möglichst wenig Werkstoff verwenden, um Kosten zu sparen – der Traktor wird gleichzeitig durch geringeren Bodendruck und höhere Nutzlast eher wertvoller! Durch moderne Berechnungs- und Erprobungsverfahren konnte man die Werkstoffe immer besser nutzen [22]. Man arbeitet mit »Lastkollektiven«, das sind statistische Zusammenfassungen der gemessenen regellos schwankenden Belastungen.

Neben Planung, Konstruktion und Versuch trägt natürlich auch eine rationelle *Produktion* zu günstigen Herstellkosten bei, die man durch zunehmende Automatisierung erreicht.

Aufteilung der Herstellkosten – Früher standen die *Motorkosten* im Mittelpunkt – heute sieht es völlig anders aus **(Bild 24).** Die für eine gängige Ausstattung abgeschätzten Zahlen weisen aus, daß das *Getriebe* mit Abstand am meisten kostet. Danach kommt der *Mensch:* Für ihn werden inzwischen 15–20 % ausgegeben in Form von Kabine, Hydrolenkung, Hilfskräften für Betätigungen, Schnellkuppler u. a. Erst an dritter Stelle steht heute der *Motor* – nicht mehr weit entfernt davon die Kosten für die *Hydraulik!*

Wie entsteht eine neue Traktorbaureihe? – Warum benötigt man dafür so viel Zeit? Den Anstoß für Neu- und Weiterentwicklungen geben die in **Bild 25** genannten Feststellungen, die ständig als kritische Fragen an die Zukunft zu stellen sind. In früheren Jahren bestimmte vor allem der »Chefkonstrukteur« die Technik eines neuen Traktors. Das ist heute kaum noch möglich infolge völlig veränderter Randbedingungen: Die Traktoren erhalten immer vielfältigere Funktionen, der Umfang der Baureihen wächst ständig, die Variantenzahl (Export!) steigt, Fehlentwicklungen werden immer riskanter.

Dies führt zu einer stärkeren Betonung der **Teamarbeit** mit erheblich verfeinerten Entwicklungsmethoden. Die Anforderungen an Planung, Kommunikation und Koordination steigen dabei umso mehr an, je größer das Unternehmen ist. Notwendige neue Entwicklungsrichtungen müssen viele Jahre vor Einführung erkannt werden. Die technischen Risiken reduziert man daher oft dadurch, daß man statt völliger Neukonstruktion besser bewährte Technik stufenweise fortentwickelt.

Für die notwendige **Wirtschaftlichkeitsberechnung** erstellt man die in **Bild 26** genannten Projektvorarbeiten. Vier ganz unterschiedliche Bereiche des Unternehmens wirken daran mit. Erst danach setzt auf breiter Basis die Entwicklung ein: Durchkonstruktion, Bau eines Prototyps und möglichst frühzeitige Komponentenerprobung. Parallel werden neue Fertigungseinrichtungen geplant, beschafft und ausprobiert – zuletzt durch die sog. *Nullserie.* Bei Serienanlauf sind je nach Projektgröße 2–6 Jahre seit dem Start vergangen!

Tabelle 3: Bewährtes Grundschema für die Struktur einer europäischen Traktorbaureihe (z. B. aus drei Familien)

Familie	I	II	III
Leistungsbereich kW	25–50	45–70	70–130
Stückzahl	mittel	groß	klein
technischer Inhalt	einfach bis mittel	vielfältig	vielfältig, hoher Komfort
Zylinder-Zahl des Motors	3	4	6
Leistungsdifferenzierung	Hubvolumen, Drehzahl	Aufladung, Hubvolumen (Drehzahl)	Aufladung, Hubvolumen (Drehzahl)

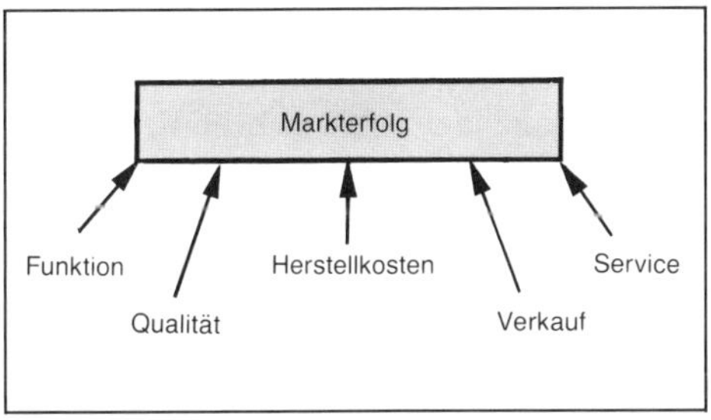

Bild 22 Kernpunkte zur Beurteilung des Markterfolges bei Traktoren.

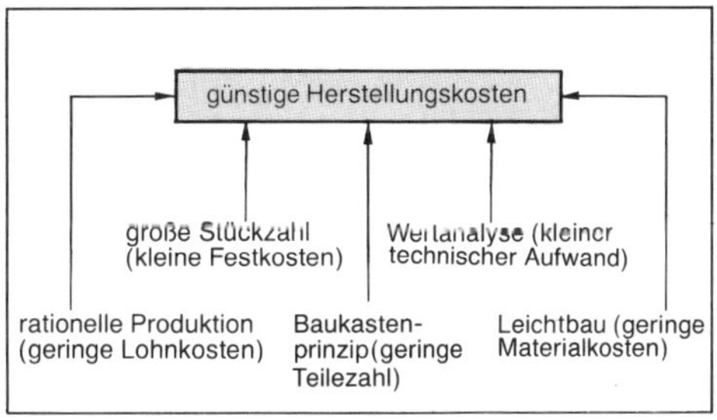

Bild 23 Günstige Einflüsse, um die Herstellungskosten bei Traktoren klein zu halten.

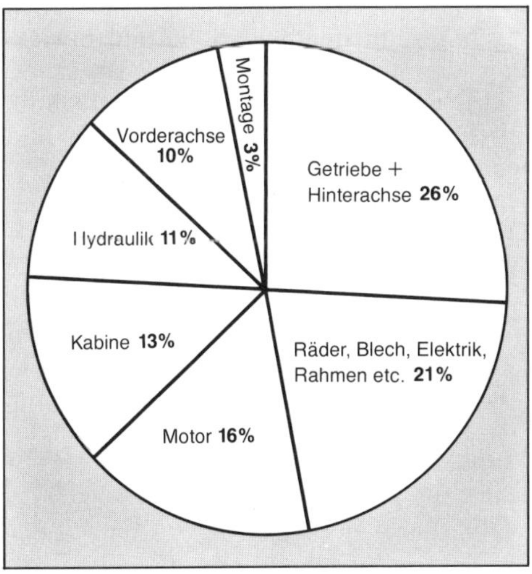

Bild 24 Herstellkosten eines Mittelklassetraktors mit Allradantrieb und Komfortkabine (schematisch).

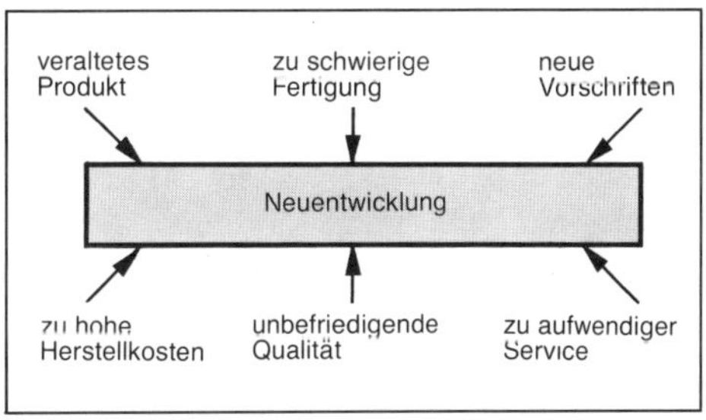

Bild 25 Typische Anstöße für Entwicklungsaktivitäten.

Aufgabe		Abteilung
Definition technischer Inhalt, Vorentwürfe	1	Verkauf Entwicklung
Schätzen von Stückzahlen und Erlösen	2	Verkauf
Herstellkosten nach Entwürfen berechnen	3	Kalkulation Entwicklung
Schätzen der Entwicklungskosten, Sicherstellen der Kapazitäten	4	Entwicklung
Schätzen der Investitionen im Werk	5	Werksplanung

Bild 26 Rechts: Diese 5 Vorstufen einer Projektgründung müssen vor einer Wirtschaftlichkeitsberechnung abgeschlossen sein.

1.6 Kaufgewohnheiten und Marktzahlen

Landwirte kaufen in der Regel nur aus einer gesunden bzw. gesicherten finanziellen Situation heraus neue Maschinen: »Hat der Bauer Geld, hat's die ganze Welt«. Wirtschaftliche Unsicherheiten bewirken das Zurückstellen größerer Investitionen. Nicht gekaufte Traktoren beeinträchtigen das Wohlergehen der Industrie – Arbeitsplätze können dadurch in Gefahr geraten!

Kaufmotive – Grundvoraussetzung ist auch beim Landwirt eine durch Investition erwartete Verbesserung des *Betriebsergebnisses.* Traktoren werden nach Motornennleistung verkauft (in einigen Ländern – so z. B. auch in Nordamerika – nach Zapfwellennennleistung). Daher sei die **Nennleistung** auch hier die Hauptbezugsgröße.

Zur Ermittlung des Kaufverhaltens führt man vor allem Befragungen durch. Eine jüngere Aktion von Weihenstephan aus richtete sich an größere Betriebe und bezog sich auf Traktoren ab 40 kW [18]. **Bild 27** zeigt als ein wichtiges Ergebnis eine charakteristische Leistungsstaffelung der jeweils vorhandenen Traktoren, wobei in Betrieben bis zu 3 Traktoren der leistungsstärkste meist auch der neueste war. Nur bei Großbetrieben mit 4 oder mehr Maschinen schafft man hier und dort auch kleinere Traktoren an (z. B. als Ersatz für veraltete Pflegemaschinen).

Aus diesen und anderen Ergebnissen und Erfahrungen läßt sich verallgemeinern, daß in einer sehr großen Zahl von Fällen *beim Neukauf* »oben aufgestockt« wird (bei Großbetrieben sogar um durchschnittlich 27 kW!). Höhere Nennleistung bedeutet zumindest für die schweren Arbeiten ein Mehr an Arbeitsproduktivität und dieses dürfte die Hauptantriebsfeder dafür sein.

Ein weiteres typisches Käuferverhalten besteht in der Bevorzugung des **Allradantriebs (Bild 28).** Der Allradanteil hat bei den Neuzulassungen in den letzten Jahren die 50 %-Marke weit überschritten. Auch dieser Trend ist durch Kosten-Nutzen-Betrachtungen zu erklären, wenn auch die Vorteile so richtig erst unter ungünstigen Bodenbedingungen hervortreten (sie werden ausführlich in Kap. 3.1, Seite 54 behandelt!).

Den Trend zum Allradantrieb hat übrigens die Industrie auch dadurch unterstützt, daß man die Konzepte konstruktiv vereinfachte bzw. verbilligte und so die Mehrkosten gegenüber dem vorherrschenden Hinterradantrieb verringern konnte.

Tendenzen bei der Traktorleistung – Die *Zulassungsstatistiken* stimmen mit den oben beschriebenen Kaufgewohnheiten im Trend überein **(Bild 29).** Unmittelbar nach dem Zweiten Weltkrieg hatte die durchschnittliche *Nennleistung* bei uns zunächst durch die »Bauernschlepper-Philosophie« etwas abgenommen. Nach 1954 kehrte sich dieser Trend um und führte seither zu einer stetigen Aufwärtsentwicklung der Nennleistung (1985 auf gut das Vierfache). Die exportierten Maschinen waren dem Inlandsmarkt dabei immer etwas voraus. Und noch wesentlich über diesen lagen in dem betrachteten Zeitraum die Nennleistungen (auf die Zapfwelle bezogen) der in den USA verkauften Traktoren.

Der beschriebene Trend läßt sich auch durch die prozentuale Stückzahlentwicklung der einzelnen *Leistungsklassen* verdeutlichen **(Bild 30).** Die im Jahre 1958 im Inland marktbeherrschenden Klassen sind heute praktisch ausgestorben. Klassen größerer Leistung entstanden, wuchsen und nahmen später in der Stückzahl wieder ab (hierin spiegelt sich übrigens der typische Lebenszyklus eines technischen Produkts!). Nach dem Verschwinden der Ein- und Zweizylindertraktoren und einem Rückgang der Dreizylindermodelle erreichen die Vierzylindermaschinen besonders große Stückzahlen. Die Traktorleistungen stiegen bisher im Inland etwa um 1,5 kW je Jahr. Relativ zur absoluten Leistung flachte der Anstieg ab: 1,5 kW auf 15 kW bezogen waren (1958) 10 % – heute sind es unter 3 %.

Alttraktoren – Ihre Zahl ist mit über 1 Mio. sehr groß – ihre Motornennleistungen nach heutigem Niveau niedrig. Es wird kräftig gehandelt. Der Jahresumsatz erreicht die gleiche Größenordnung wie bei Neutraktoren.

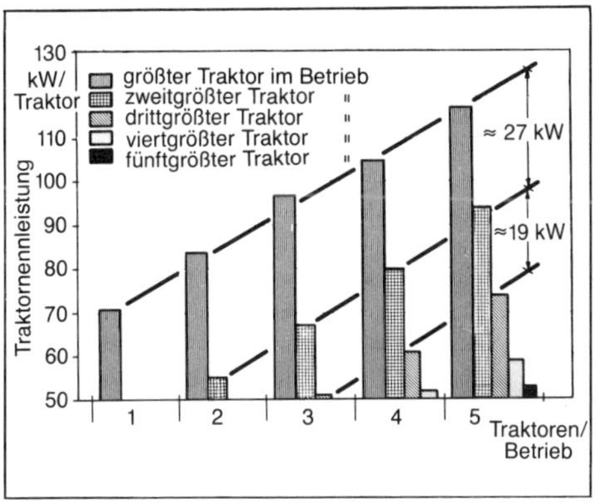

Bild 27 Typische durchschnittliche Leistungsstaffelung des Traktorbesatzes bei größeren Betrieben (Durchschnittsgröße des 1-Traktor-Betriebes 46,4 ha bei 29 % Wald). Traktoren unter 40 kW weggelassen [18].

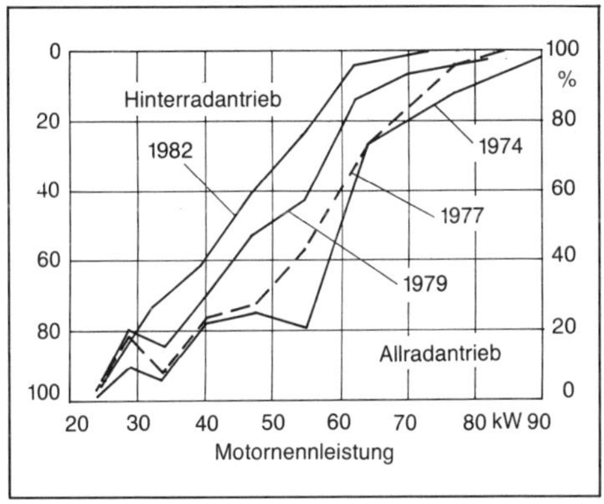

Bild 28 Zunahme des Allradantriebes über der Motornennleistung, gezeigt an den umgesetzten Inlandsstückzahlen deutscher Hersteller. Zu beachten: Zusätzlich stieg auch die Leistung!

Bild 29 Entwicklung der durchschnittlichen Nennleistungen für Neubautraktoren nach dem 2. Weltkrieg für drei bedeutende Märkte. Nennleistungen für die USA gelten für den Zapfwellenstummel (Motornennleistungen grob etwa noch 10 % höher). Seit 1977 in USA Traktoren ≤ 30 kW (Zapfwelle) unberücksichtigt.

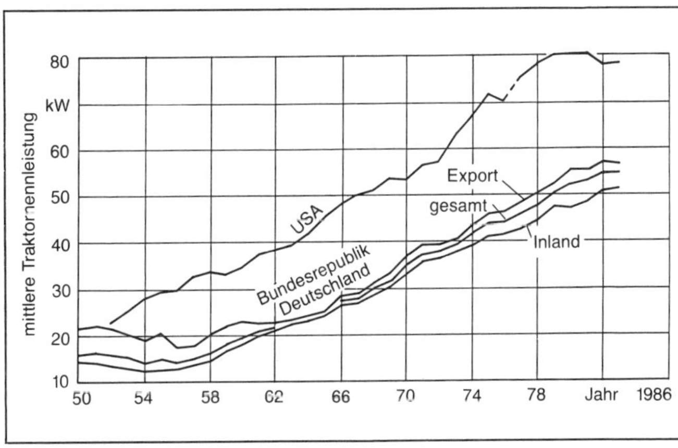

Bild 30 Zeitliche Entwicklung der Traktorstückzahlen nach Leistungsklassen (in kW), gezeigt am Inlandsumsatz deutscher Hersteller (Zulassungszahlen sehr ähnlich).

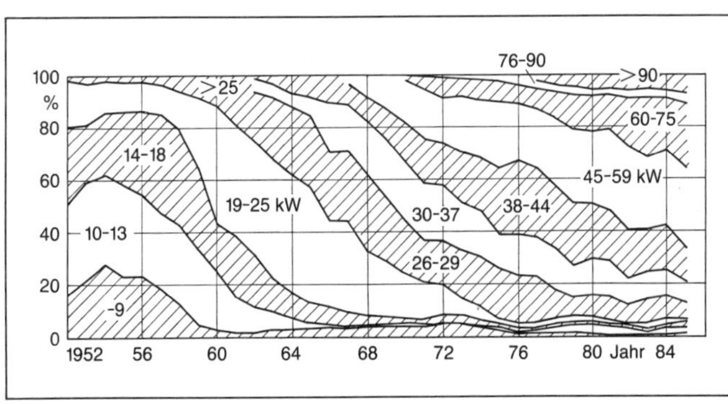

2 Traktormechanik beim Einsatz

2.1 Mechanik des Reifens

Übersicht – Drei typische Betriebsfälle werden in **Bild 31** gezeigt.
Der **gezogene (oder geschobene) Reifen** (a) kommt z. B. als Laufreifen einer nicht getriebenen Traktorfrontachse vor. Die Bodenstützkraft geht hier genau durch die Radachse. Als groben Faustwert für den Rollwiderstand kann man auf dem Acker etwa 10 % der Radlast ansetzen. Große Raddurchmesser sind günstig – ebenso das Benutzen einer schon vorhandenen Spur.
Der **angetriebene Reifen ohne Zugkraft** (b) kommt z. B. bei einem allradgetriebenen Traktor vor, der leer über den Acker fährt mit völlig gleichen Umfangsgeschwindigkeiten an allen Reifen. Das Treibradmoment steht mit der versetzten Bodenstützkraft im Gleichgewicht – es wirkt also nur ein »Rollwiderstandsmoment«.
Der **ziehende Reifen** (c) ist durch die Überlagerung der Zugkraftwirkungen über den Fall b gekennzeichnet.
Kräfte und Momente des ziehenden Reifens – Das Treibradmoment steht nach **Bild 32** im Gleichgewicht mit den Wirkungen der beiden Bodenstützkräfte F_T (horizontal) und F_G (vertikal):

$$M = F_T \cdot r + F_G \cdot f$$

Eine »Radumfangskraft« existiert in Wirklichkeit nicht – kann aber zweckmäßig als Rechenwert aus Radzugkraft und Rollwiderstand gebildet werden:

$$F_U = F_T + F_G \cdot f/r$$

Das Verhältnis f/r wird auch als *Rollwiderstandsbeiwert* ρ (rho) bezeichnet (Praxiswerte siehe unten):

$$\rho = f/r$$

Die Radzugkraft F_T bildet man mit Hilfe des dimensionslosen Triebkraftbeiwertes κ und der Radlast F_G: (Praxiswerte siehe unten):

$$F_T = \kappa \cdot F_G$$

Im Gegensatz zum Rollwiderstand hängt die Radzugkraft bzw. ihr Beiwert κ sehr stark vom sog. Radschlupf ab **(Bild 33):** *Ohne Schlupf gibt es keine Radzugkraft!*
Das Bild veranschaulicht zusätzlich auch den Zusammenhang zwischen Radzugkraft und der gedachten Radumfangskraft.
Definition des Schlupfes – Schon 1952 demonstrierte man [23] das Bodenverhalten unter ziehenden Reifen **(Bild 34):** Bis etwa 10 % Schlupf herrschen Reifen- und Bodenverformungen vor, darüber erfaßt zunehmend ein Abscheren die Kontaktfläche, der Reifen fängt an durchzurutschen.
Der **Schlupf** wird mit i oder σ bezeichnet und wie folgt berechnet:

$$i = \frac{v_0 - v}{v_0} = \frac{s_0 - s}{s_0}$$

v_0 = ideale schlupflose Geschwindigkeit
v = reale Geschwindigkeit
s_0 = idealer schlupfloser Weg
s = realer Weg

Die praktische Bestimmung geschieht zum Beispiel über die Messung des für 10 Radumdrehungen zurückgelegten Weges. Dabei taucht die Frage auf, was man genau unter dem »schlupflosen Zustand« verstehen soll. Näherungsweise benutzt man am besten den Bezugspunkt »Zugkraft null« (kleines Treibradmoment nur für den Rollwiderstand).
Bei sehr ungünstigen Böden arbeitet man besser mit einem Nullschlupfbezug als Mittel aus den Zuständen »Zugkraft null« und »Treibradmoment null«.
Erfahrungswerte – Für den *Rollwiderstandsbeiwert* ρ betragen sie für Geradeausfahrt und normalen Schlupf:
- Gepflügter, sandiger Boden: 0,20–0,30
- Geschälte, normalfeuchte Stoppel: 0,15
- Normalfeuchter Stoppelacker: 0,10
- Fester, trockener Stoppelacker: 0,06
- Beton: 0,015–0,025 (Faustwert 0,02).

Gürtelreifen liegen im Trend jeweils ein wenig günstiger als Diagonalreifen. Schräglauf (z. B. beim Pflügen) und kleine Raddurchmesser erhöhen den Rollwiderstand.
Werte für den *Triebkraftbeiwert* κ zeigt **Bild 35.**
Praktische Schlupfwerte betragen für schwere, langsame Arbeiten 15–20 (25) %.

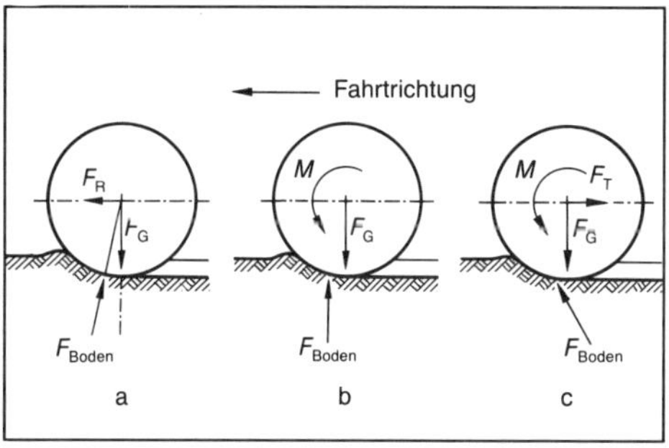

Bild 31 Grundsätzliche Kraftwirkungen am Reifen für die drei wichtigsten Fälle der Praxis: a Reifen gezogen, b Reifen angetrieben ohne Zugkraft, c Reifen ziehend. F_{Boden} resultierende Bodenstützkraft, F_G Radlast, F_R Rollwiderstand, F_T Radzugkraft, M Treibradmoment. Schlupf bei a gering negativ, bei b gering positiv.

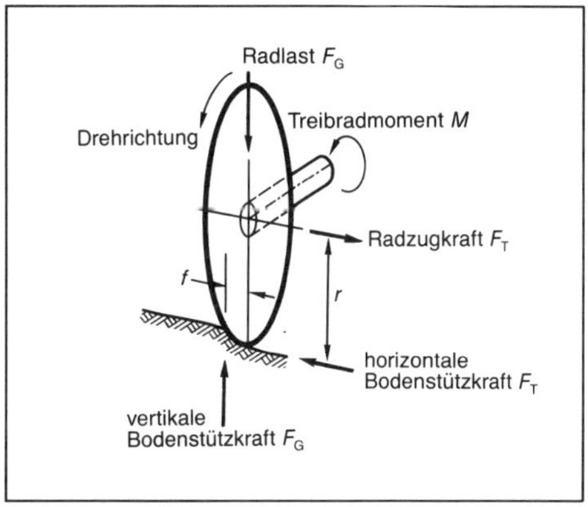

Bild 32 Kraftwirkungen am ziehenden Reifen (vereinfacht, Reibung der Wellenlager vernachlässigt).

Bild 33 Grundsätzliche Abhängigkeit der Radzugkraft (auch »Triebkraft«) vom Radschlupf. Addition des Rollwiderstandes führt zum Rechenwert »Radumfangskraft«. Rollwiderstand steigt etwas über dem Schlupf infolge zunehmender Spurtiefe.

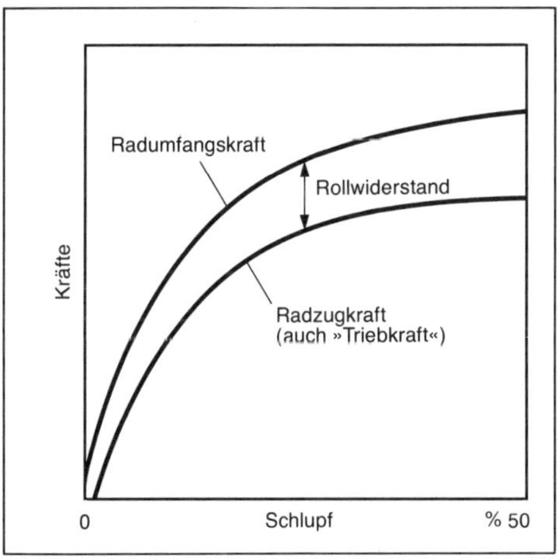

Bild 34 Bodenverformung und Gleiten unter einem Treibradreifen, veranschaulicht durch eingelegte Gipsstränge (I vorher, II beim Überrollen). Scherfläche vergrößert sich mit zunehmendem Schlupf [23] und wächst beim Stollendurchlauf.

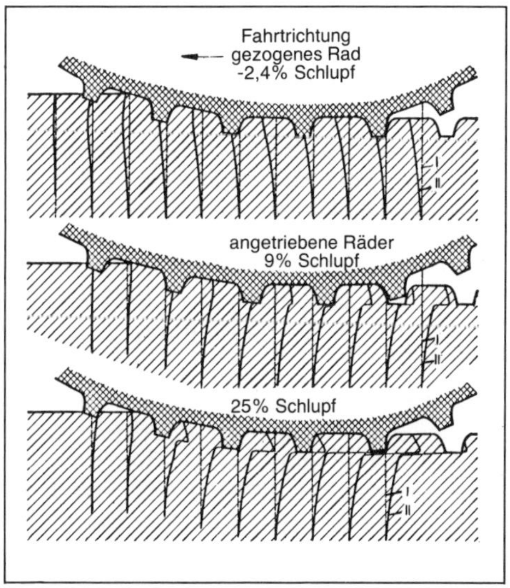

Radwirkungsgrad und Verlustleistungen –

$$\eta = \frac{\text{Radzugleistung}}{\text{Radnabenleistung}} = \frac{\kappa}{\kappa + \rho}\,(1-i)$$

Bild 36 veranschaulicht diese Formel: Die Verluste sind relativ groß – als Faustwert etwa doppelt so groß wie im ganzen Traktorgetriebe! Der höchste Wirkungsgrad liegt bei relativ geringem Schlupf – Faustwert 10 %.

Bei schweren, langsamen Arbeiten (z. B. Pflügen) könnte man 10 % Schlupf meist nur durch extreme Radlasten (Ballast) erreichen: Hoher Aufwand, hohe Bodendrücke und Gefahr der Überschreitung der zulässigen Achslasten. Da der Wirkungsgrad bis etwa 15 % nur wenig abfällt, kann man damit gut leben. Bei schweren Arbeiten mit höherer Fahrgeschwindigkeit (z. B. Eggen mit 10–12 km/h) besteht demgegenüber eher die Gefahr, auf dem linken Wirkungsgradast durch zu hohe Radlasten »herunterzurutschen« [29]. In solchen Fällen bringt geringere Radlast (leichterer Traktor) bessere Zugleistung, obwohl der Schlupf zunimmt! Grund: Die Rollwiderstandsverluste verringern sich mehr, als die Schlupfverluste steigen.

Reifen-Betriebskennlinien wurden im Feld von verschiedenen Forschern aufgenommen [26, 28]. Neben κ, ρ und η enthält **Bild 37** auch die »Teilwirkungsgrade« $(1-i)$ (Schlupf) und $\kappa/(\kappa+\rho)$ (Rollwiderstand). Deren Verlauf zeigt, daß bei kleinem Schlupf die Rollwiderstandsverluste vorherrschen, während erst bei großem Schlupf die Schlupfverluste im Vordergrund stehen.

Weil beide eigentlich unzertrennlich miteinander verknüpft sind, erfordert jede Aufteilung die genaue Definition der **Verlustleistungen.** Nach der *älteren Auffassung* [31] lautet diese:

Schlupfverlustleistung = Radumfangskraft × Verlustgeschwindigkeit.

Die *neuere Auffassung* – dargestellt in [32, 33] – lautet:

Schlupfverlustleistung = Radzugkraft × Verlustgeschwindigkeit

In beiden Fällen erhält man die Verlustgeschwindigkeit (auch »Schlupfgeschwindigkeit«) durch Multiplikation der Nennfahrgeschwindigkeit mit dem Schlupf.

Multipass-Effekt – Darunter versteht man die Verbesserung des Radwirkungsgrades bei mehrmaligem Befahren der gleichen Spur. Vor allem bei der zweiten Überfahrt erhöht sich der Triebkraftbeiwert κ bei gleichzeitiger Verminderung des Rollwiderstandsbeiwertes ρ. Die Summe $\kappa+\rho$ bleibt etwa gleich [34].

Der Effekt ist nicht auf gleichbreite Reifen beschränkt – man kann davon ausgehen, daß er auch beim allradgetriebenen Standardtraktor mit ungleichen Reifen noch einen wesentlichen Nutzen bringt – z. B. mit der Bereifung 14.9-24/16.9-38.

Es darf jedoch nicht verschwiegen werden, daß die Verbesserung der Traktion auf Kosten etwas erhöhter Bodenverdichtung geht. So entstehen insbesondere in »Dauerfahrspuren« beträchtliche Bodendichten – dafür wird allerdings der Rest des Feldes geschont.

Reifenprofilierung und Verschleiß – Moderne **Universalprofile** beruhen auf jahrzehntelangen Erfahrungen der Hersteller und sind kaum noch wesentlich zu verbessern. Wichtig für den jeweiligen Einsatz ist eine möglichst gute »Selbstreinigung«. Eine großzügige Bereifung mit nicht zu stark verschlissenem Profil empfiehlt sich vor allem auf bindigen, schwierigen Böden. Je bindiger der Boden, desto mehr Nutzen ist im übrigen von einer großen Reifenaufstandsfläche zu erwarten.

Der **Reifenverschleiß** wird leider auch wesentlich durch den Straßenbetrieb hervorgerufen. Zur Minderung hat sich bei häufiger Straßenfahrt die Umkehr der Profilrichtung bewährt – die Zugkraftverluste auf dem Akker sind nämlich relativ klein [35].

Wie erreicht man gute Reifentraktion? – Wichtige Regeln sind in **Tab. 4** zusammengefaßt. Luftdruckverstellung und Schlupfkontrolle sind derzeit leider noch sehr unvollkommen. Daraus ergeben sich Ansatzpunkte für noch mögliche technische Verbesserungen.

Tabelle 4: Regeln für effiziente Traktion von Luftreifen

1. Luftdruck so niedrig wie möglich einstellen
2. Großzügige Bereifung wählen
3. Radialreifen bevorzugen
4. Schlupf beobachten, Ziel 10–15 %
5. Hochstollenreifen nur für weichen Boden einsetzen
6. »Multipass-Effekt« anstreben (Spur-in-Spur-fahren)
7. Große Reifendurchmesser vor Reifenbreite bevorzugen
8. Schräglauf vermeiden

Bild 35 Abhängigkeit des Triebkraftbeiwertes vom Schlupf, vereinfacht zu drei typischen Kurvenlagen [24]. Beurteilung schließt Boden und Reifen ein [25–27].

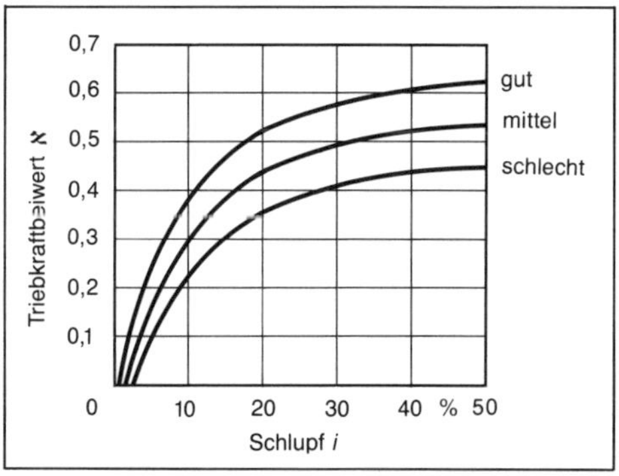

Bild 36 Wirkungsgrad des ziehenden Rades über dem Schlupf für mittelgute Bedingungen. a gibt an, wieviel der Radnabenleistung in Radzugleistung umgesetzt wird, b weist den Energieverlust aus, der durch Rollwiderstand und Schlupf entsteht. Günstigster Betriebspunkt bei ca. 10 % Schlupf.

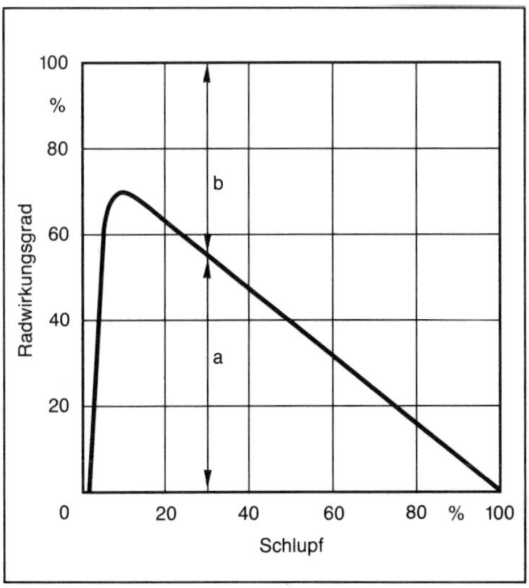

Bild 37 Betriebskennlinien eines Traktor-Treibradreifens unter mittelguten bis guten Traktionsbedingungen, dargestellt über dem Schlupf [aus 30].

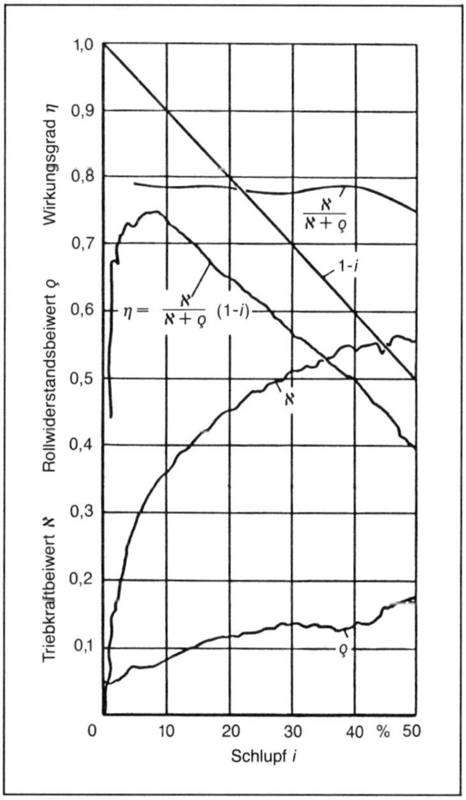

2.2 Bodendruck und Bodenverdichtung

2.2.1 Pflanzenwuchs und Bodenporen

Die Naturstruktur eines Ackerbodens besteht zu etwa 40–50 % des Volumens aus Poren, der Rest ist feste Substanz. Die Poren sind teilweise mit Wasser gefüllt. Durch Bodendruck wird der *Porenanteil* verringert. Optimales Pflanzenwachstum verlangt aus verschiedenen Gründen bestimmte Porenanteile:

$$\text{Porenanteil} = \frac{\text{Porenvolumen (Luft + Wasser)}}{\text{Gesamtvolumen}}$$

Zusätzlich ist auch die *Porengrößenverteilung* wichtig: Günstig sind ausreichende Anteile der Grob- und Mittelporen.
Praktische **Faustwerte des Porenanteils:**
- Frisch gepflügt oder gefräst: 60–65 %
- Gepflügt mit Nachläufer: 50–55 %
- Herbstfurche abgesetzt: 48–52 %
- Optimal für Pflanzenwachstum: 42–48 %
- Grenze für Pflanzenwachstum: 36–43 %

Die unteren Grenzangaben gelten für sehr leichten, die oberen für sehr schweren Boden. Diese Aufstellung zeigt, daß Bodenverdichtung auch positiv sein kann – insbesondere bei der Rückverdichtung nach dem Pflügen im Frühjahr oder für Zwischenfrucht. Wenn es schnell gehen soll, hat der Boden keine Zeit für den natürlichen Setzvorgang. Wird zu wenig rückverdichtet, wachsen die Pflanzen u. U. in den Traktorfahrspuren besser als daneben **(Bild 38)**. Demgegenüber führt zu hohe Bodenverdichtung zum Zurückbleiben der Pflanzen **(Bild 39)**. Eventuelle Probleme werden generell durch Nässe verschärft.

2.2.2 Entstehen des Bodendrucks unter Reifen

Der höchste Boden*druck* tritt immer in der Kontaktfläche auf – jedoch kann die höchste *Verdichtung* tiefer liegen; hierauf wird später eingegangen. Der mittlere **Kontaktflächendruck** läßt sich aus Radlast und Kontaktfläche abschätzen. Wenn der Reifen relativ zur Bodenfestigkeit weich ist und im unteren Luftdruckbereich betrieben wird, gilt auch folgende Regel:

Luftdruck [bar]
\+ Seitenwandstützung [bar]
= mittlerer Kontaktflächendruck [bar]

Faustwerte für die Seitenwandstützung lauten: Diagonalreifen hoher Karkassensteifigkeit 0,5 bar, großer Radialtreibradreifen 0,4 bar, Breitreifen 0,2 – 0,3 bar.
Berechnungsbeispiel: Radialtreibradreifen 18.4R38, Luftdruck 1,0 bar; mittlerer Flächendruck 1,0 + 0,4 = 1,4 bar.
Niedrige Werte erreicht man demnach durch geringen Luftdruck und weiche Seitenwand. Niedrige Werte schonen die obere Bodenschicht und ergeben geringe Spurtiefen, erzeugen ferner bei gleicher Reifenbreite auch geringeren Rollwiderstand **(Bild 40).**
Zur Gesamtbeurteilung des Bodendruckes ist nun auch dessen **Tiefenwirkung** zu betrachten **(Bild 41)** [37–40]. Für drei gängige Böden wurden bei gleichgehaltener Radlast die sog. Linien gleicher »Hauptdruckspannung« ermittelt; für deren räumliche Ausbildung führte man den treffenden Begriff »Druckzwiebeln« ein. In Wirklichkeit erfährt der Boden natürlich in allen denkbaren Richtungen gewisse Spannungen. »Hauptdruckspannung« bedeutet: Größte Druckspannung, die ein richtungsabhängiger Meßfühler anzeigen würde, wenn man mit ihm im Boden alle möglichen Richtungen abtastete. Die drei Darstellungen in **Bild 41** für harten, mittleren und weichen Boden lehren folgendes:
- Die größte Tiefenwirkung des Druckes liegt in der Kontaktflächenmitte.
- Bei hartem Boden reichen die Drücke trotz kleiner Kontaktfläche am wenigsten tief; der Boden reagiert weitgehend elastisch und die Radlast wird sehr gut verteilt.
- Je nachgiebiger der Boden (besonders infolge von Feuchtigkeit), desto tiefer die Spur und desto schlanker die Druckzwiebeln – beide Effekte vergrößern die Tiefenwirkung.

Bild 38 Beispiel für eine »nützliche« Bodenverdichtung durch Traktorreifen nach fehlerhafter Bodenbearbeitung mit zu geringer Rückverdichtung.

Bild 39 Beispiel für eine schädliche Bodenverdichtung unter Fahrspuren in einem Zuckerrübenbestand. Ein hoher Humusanteil mildert derartige Folgen ab.

Bild 40 Einfluß des Luftdrucks auf die Kontaktfläche und Spurtiefe eines Reifens bei Fahrt auf nachgiebigem Ackerboden, veranschaulicht durch das Einzeichnen des jeweiligen gedachten starren Ersatzrades, Prinzip dargestellt nach [36, 38].

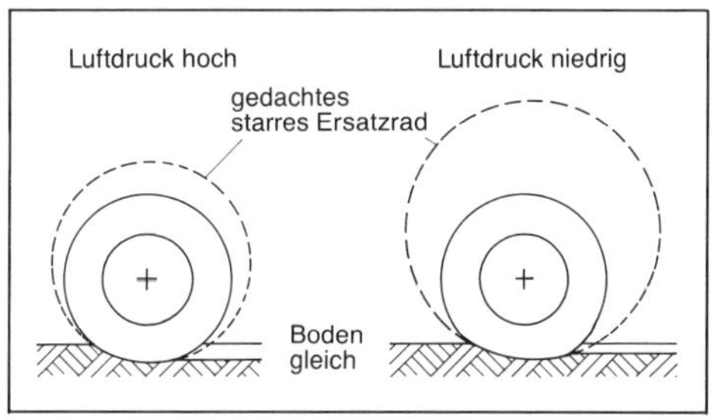

Bild 41 Tiefenwirkung des Bodendruckes, dargestellt durch die Linien gleicher Hauptdruckspannung (in bar) [40]. Für die räumliche Ausbildung wurde der treffende Begriff »Druckzwiebel« eingeführt. Boden: Links extrem hart, Mitte durchschnittlich, rechts naß und weich. Radialreifen 13.6–28 bei jeweils 0,9 bar Luftdruck und 10 kN Radlast.

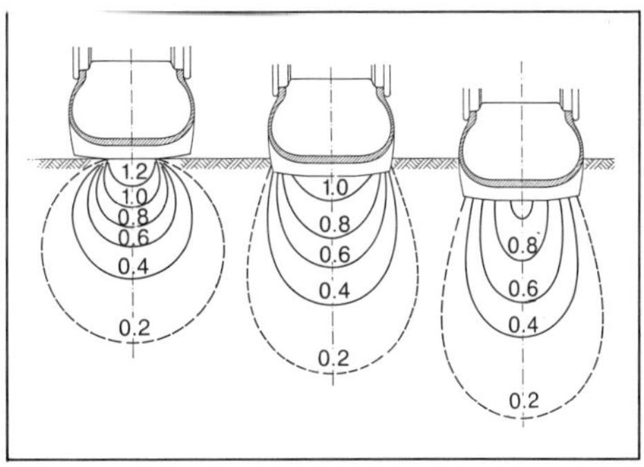

2.2.3 Beurteilen der Bodenverdichtung

Wesen der Bodenverdichtung – Der Verdichtungsgrad hängt nicht nur vom Bodendruck ab, sondern wird insgesamt durch folgende Faktoren bestimmt [40–42]:

- Bodenfeuchtigkeit (dominierend!)
- Bodenart
- Bodendruck
- Grad der Fließverformung
- Bearbeitungszustand
- Ausgangsporenanteil
- Verdichtungsgeschwindigkeit

Das Wesen der Bodenverdichtung wurde in Stempeldruckversuchen veranschaulicht **(Bild 42)** [43]. Aus den Flächeninhalten des eingelegten Gitters läßt sich der Grad der Verdichtung ermitteln **(Bild 43).** Hier erkennt man nun, was schon früher angedeutet wurde: Der kleinste Porenanteil bzw. die größte Dichte des Bodens tritt nicht etwa im Bereich des größten Bodendruckes direkt an der Kontaktfläche auf, sondern liegt deutlich tiefer, und zwar um etwa 60–70 % des Stempeldurchmessers. Dieses Phänomen ist weitgehend auch auf die Vorgänge unter Reifen übertragbar, wie viele Messungen zeigen [44, 45]. Die Erklärung dafür ist, daß unmittelbar unter dem Stempel bzw. Reifen der Boden infolge von Reibung kaum zur Seite fließen kann – er wird weitgehend »statisch« verdichtet. In etwas größerer Tiefe hingegen wird er »plastisch fließend« verdichtet – und das bewirkt eine erhöhte Verdichtung.

Praktisches Abschätzen der Verdichtungswirkung auf das Pflanzenwachstum – Als Basis dienen gemessene Verdichtungen [37], die die Abnahme des Porenanteils in Preßtopfversuchen für verschiedene Böden und Feuchtgrade vermitteln – einen Auszug zeigt **Bild 44**. Der Preßtopfversuch ergibt eine statische Bodenverdichtung ohne Fließen, ahmt daher die Vorgänge unmittelbar unter der sich nicht rollend bewegenden Kontaktfläche nach und gilt daher streng genommen auch nur für nicht angetriebene Reifen. In der Praxis sind – wie schon gezeigt – noch etwas größere Verdichtungen möglich durch zusätzliches Fließen bzw. Scheren.

Die Diagramme des Bildes 44 können auch zum Abschätzen für die Verhältnisse der eigenen Böden dienen. Man geht dabei wie folgt vor:

- Mittleren Kontaktflächendruck bestimmen
- Boden einordnen
- Schnittpunkt markieren zwischen Flächendrucklinie und Feuchte-Vertikale
- Prüfen, ob Porenanteil noch deutlich oberhalb der kritischen Grenzlinie liegt

Beispiel: Treibradreifen 18.4R38 mit 1 bar Luftdruck auf lehmigem Ton (Bild 44) bei 19 % Feuchtigkeit. Der mittlere Kontaktflächendruck beträgt also 1,4 bar, im Diagramm etwa mittig zwischen den Flächendrucklinien 1 bar und 2 bar. Schnittpunkt mit der Feuchtigkeitsvertikalen ergibt den mit einem schwarzen Punkt markierten Betriebspunkt. Ergebnis: Porenanteil zu gering, schädliche Verdichtungen! Diese wären hier nur durch einen sehr großvolumigen Breitreifen auf ein zulässiges Maß reduzierbar. Dazu werden auf S. 58 weitere Informationen mitgeteilt.

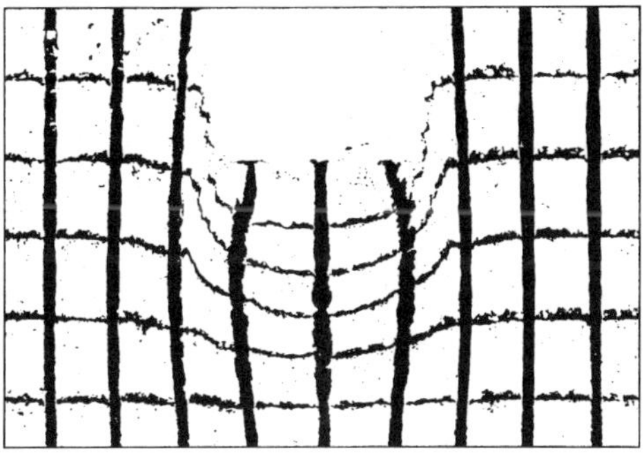

Bild 42 Links: Zum Wesen der Bodenverdichtung: Verformung unter einem Stempel (Durchmesser 76 mm), durch eingelegtes Gitter sichtbar gemacht [43]. Boden: Lehmiger Sand mit 17,8 % Feuchtigkeit bei 48,5 % Ausgangsporenanteil. Höchster Kontaktflächendruck 7 bar. Höchste Verdichtung *nicht* an der Kontaktfläche, sondern tiefer.

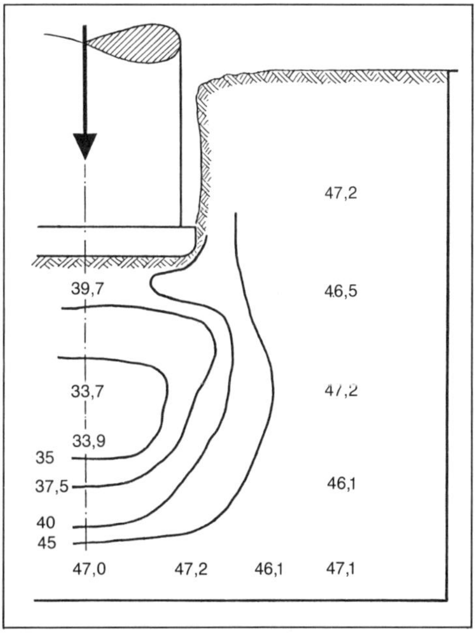

Bild 43 Porenanteile unter einem drückenden Stempel. Auswertung des Druckstempelversuchs von Bild 42. Kleinster Porenanteil (größte Dichte) in etwa 50 mm Tiefe unter der Stempelstirnfläche – das ist etwa 70 % des Stempeldurchmessers. Der Effekt ist im Prinzip auf Reifen übertragbar.

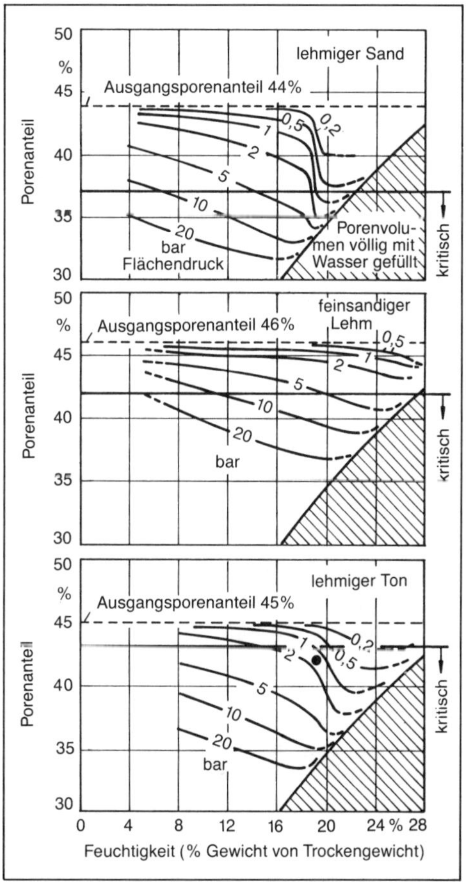

Bild 44 Ergebnisse aus Verdichtungsversuchen (Preßtopf) für drei Böden [nach 37]. Verdichtungsgrenzen bezüglich Pflanzenwuchs gekennzeichnet durch »kritische« Grenzlinien des Porenanteils. Anwendung auf die Bodenverdichtung unter Reifen siehe Text (schwarzer Punkt = Beispiel Traktor).

2.2.4 Verringern der Bodenverdichtung

Einfluß des Maschinengewichts – Häufig wird die Frage gestellt, welcher Einfluß von den stetig gestiegenen Maschinengewichten ausgeht. Hierzu vermittelt **Bild 45** grundsätzliche Aussagen: Das System Reifen – Boden wurde in Stufen »vergrößert« [37]. Den Luftdruck hielt man in allen Fällen gleich – die Radlast stieg um den Faktor 3 ⅓. Trotz gleichen mittleren Kontaktflächendruckes reichen die Druckzwiebeln mit steigender Last immer tiefer hinab.
Fazit: In größerer Tiefe ist der Einfluß der Last auf den Bodendruck größer als der des Kontaktflächendruckes.
Reduzieren des Kontaktflächendruckes – Lohnt sich dann der Versuch, durch größere (teuere) Reifen mit geringem Luftdruck den Kontaktflächendruck zu vermindern? **Bild 46** zeigt dazu die entsprechenden Veränderungen der Druckzwiebeln [38]. Man erkennt eine beträchtliche Verminderung des Druckes in geringer Tiefe, aber nur eine mäßige Verminderung in größerer Tiefe. Der dafür zu erbringende Aufwand ist beträchtlich und er läßt erahnen, daß für eine bodenschonende Bereifung schwerer Fahrzeuge wohl noch mehr Aufwand (= Geld) notwendig sein wird, als mancher heute vermutet. Leider weiß man bisher nur wenig über die genauen Auswirkungen der Tiefendrücke: Sie sind einerseits klein – liegen aber andererseits außerhalb der regelmäßigen Bearbeitung.
Verringern der Bodenverdichtung – Die folgenden Maßnahmen können am ehesten unter heutigen Bedingungen helfen, die Bodenverdichtung zu verringern:

- Nassen Boden möglichst nicht befahren
- Bildung tiefer Spuren vermeiden
- Anzahl der Überfahrten begrenzen
- Großvolumige Reifen wählen
- Luftdruck so niedrig wie nur möglich
- Natürliche Bodenstruktur fördern
- Zwillingsreifen oder Gitterräder verwenden
- Schlupf kontrollieren
- Traktor und Gerät nicht schwerer machen als unbedingt notwendig
- Reifenbreite und Furchenprofil aufeinander abstimmen
- Harmonische Lastverteilung auf die Reifen anstreben
- Möglichst schnell fahren [37, 46]

Bild 47 zeigt hierzu einen Praxiseinsatz, bei dem man die Gefahr der Bodenverdichtung durch folgende Maßnahmen reduzierte: Großzügige Bereifung, Allradantrieb, ausgewogene Achslasten, Kombination von Arbeitsgeräten (weniger Überfahrten), Boden hat eine relativ gute Naturstruktur, keine Pflugsohlenverdichtung. Durch den Einsatz zapfwellengetriebener Bodenbearbeitungsgeräte kann der Traktor leicht sein.
Bild 48 zeigt einen neueren Ansatz der Forschung zur Trennung der Systeme »Boden – Pflanze« und »Fahrzeug – Fahrbahn«. Das Fahrzeug arbeitet im Feld mit 10 m Spurweite (automatische Lenkung). Für Straßenfahrt werden Fahrwerk und Fahrerstand um 90° geschwenkt.
Vorteile (Acker): Keinerlei Bodenstörung durch Befahren, vergleichsweise geringe Bearbeitungsenergie, gute Radwirkungsgrade, gute Voraussetzungen für Automatisierung.
Nachteil: Großer technischer Aufwand für Fahrzeug und Fahrbahn.

Bild 45 Einfluß der Radlast auf die Tiefenwirkung des Bodendrucks, dargestellt durch die Linien gleicher Hauptdruckspannungen (in bar) für mittlere Bodenbedingungen [37]. Luftdruck in allen Fällen 0,82 bar.

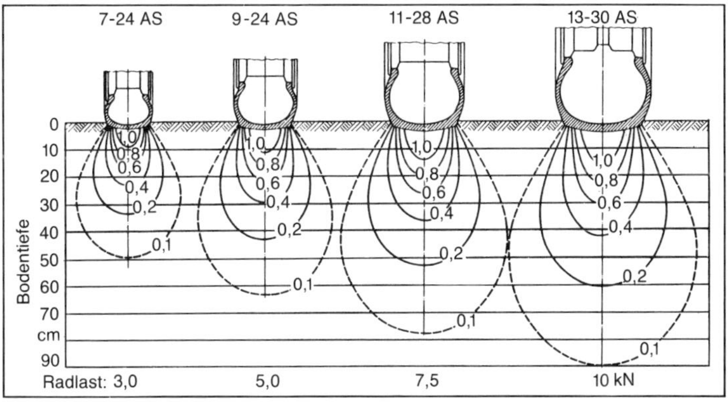

Bild 46 Einfluß eines verminderten Kontaktflächendruckes auf die Tiefenwirkung des Bodendruckes [38]. Linien gleicher Hauptdruckspannungen mit Werten in bar. Radlast in allen Fällen 7 kN.

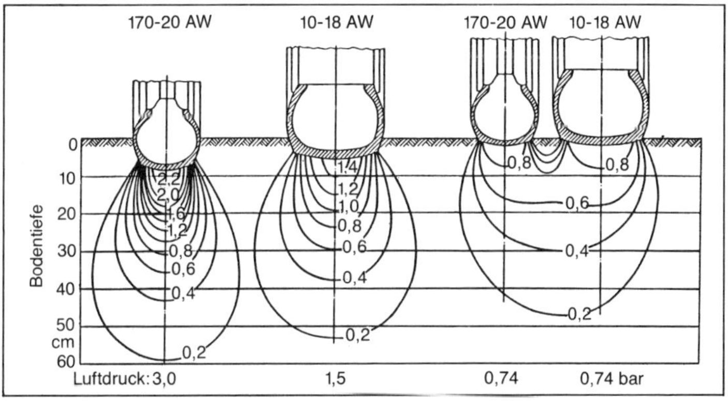

Bild 47 Praktischer Einsatz mit relativ geringer Gefahr der Bodenverdichtung (siehe Text).

Bild 48 Breitspurgeräteträger zur örtlichen Trennung der Systeme »Ackerboden – Pflanze« und »Fahrzeug – Fahrbahn«. Forschungsfahrzeug des »National Tillage Machinery Laboratory« Auburn/ Alabama (USA), 1983.

2.3 Zugkraft des Traktors

Praktische Bedeutung – Trotz Zunahme der Zapfwellengeräte ist die Zugkraft immer noch ein wichtiges Beurteilungskriterium – ganz besonders für den Größttraktor bei der Bodenbearbeitung und bei schweren Transporten (besonders auf dem Feld).

Zugleistung = Zugkraft × Geschwindigkeit

In kritischen Situationen kommt es auf die *maximale Zugkraft* an, die auf dem Acker bei etwa 50–60 % Schlupf erreicht wird. Demgegenüber verlangt ein wirtschaftlicher Dauerbetrieb *hohe Zugleistung*, die man grundsätzlich bei viel geringerem Schlupf und damit auch geringerer Zugkraft erreicht.

Die **Grenzen der Zugkraftentwicklung** sind durch folgendes Grundprinzip gekennzeichnet: Die Zugkraft eines Traktors wird einerseits durch den Bodenkontakt, andererseits durch Motorleistung und Getriebeeffizienz begrenzt. Das Gesetz »Leistung = Kraft × Geschwindigkeit« bedeutet praktisch, daß bei kleinen Fahrgeschwindigkeiten große Umfangskräfte am Reifen erzeugbar sind (große Untersetzung!), die man jedoch nicht beliebig groß auf den Boden bringen kann (siehe Kapitel 2.1, Seite 30).

Das bedeutet, daß *unterhalb* einer gewissen Grenzgeschwindigkeit allein der Bodenkontakt die Zugkraftentwicklung bestimmt. Diese Grenze liegt bei heutigen ballastierten Allradtraktoren zwischen 3,5 km/h (trockener Beton) und 5–6 km/h Nennfahrgeschwindigkeit (Ackerboden). *Oberhalb* davon wirkt die Motorleistung zugkraftbegrenzend und mit steigender Fahrgeschwindigkeit vermindert sich daher die verfügbare Zugkraft immer mehr.

Zugkraftentwicklung bei Allradantrieb – Sie ist einfacher zu überschauen als bei Hinterradantrieb **(Bild 49)**. Die Betrachtungen bauen auf den Grundlagen des ziehenden Reifens auf (Kap. 2.1, Seite 30). Die vorderen Reifenzugkräfte vereinigen sich zur Vorderachszugkraft F_{Tv} und die hinteren zur Hinterachszugkraft F_{Th}. Beide zusammen ergeben die **Traktorzugkraft** F_Z, die hier vereinfachend horizontal angesetzt wurde. Sie entlastet nach dem Hebelgesetz die Vorderachse etwa um den Betrag $F_Z \cdot h/l$. Dieser »Aufbäumeffekt« kann das Zugverhalten infolge unausgewogener Reifenauslastung etwas beeinträchtigen. Gegebenenfalls hilft Frontballast (siehe folgendes Kap.).

Im Ausland sind auch besonders tief liegende Zugvorrichtungen verbreitet, um diesen Effekt abzumildern – insbesondere durch das sog. Zugpendel **(Bild 50).** Ganz vermeiden könnte man die Vorderachsentlastung nur dann, wenn die Zugkraft in der Bodenoberfläche liegen würde.

Ein **Abschätzen der zu erwartenden Zugkräfte** ist beim Allradtraktor dadurch besonders einfach, daß man ihn vereinfacht als ein einziges »Ersatzrad« auffassen kann, auf das die Summe der Achslasten wirkt. Dann gilt nach Kap. 2.1 (Seite 30):

Zugkraft ≈ Beiwert κ × Achslastsumme

Den Beiwert κ entnimmt man aus Bild 35, Seite 33. Nach dem gleichen Prinzip berechnet man auch die maximal möglichen Zugkräfte und erhält dann die in **Tab. 5** zusammengestellten Faustwerte.

Die großen Schlupfwerte machen hier wiederum deutlich, daß die Ausnutzung der maximalen Zugkraft immer nur kurzzeitig wirtschaftlich sein kann. Ein Dauerbetrieb hätte geringe Flächenleistung, hohen Kraftstoffverbrauch, großen Reifenverschleiß und verminderte Getriebelebensdauer zur Folge.

In der Praxis traten diese Fragen z. B. beim Tiefenlockern auf und führten zur Entwicklung von Geräten mit Werkzeugantrieb über die Zapfwelle, um die erforderlichen Zugkräfte zu reduzieren.

Zugkraftentwicklung bei Hinterradantrieb – Wie jeder weiß, zieht ein hinterradgetriebener Traktor bei gleichem Gewicht immer weniger als eine gleichstarke Allradmaschine. **Bild 51** zeigt die Kraftwirkungen. Vortrieb entsteht nur an der Hinterachse – nur ein Teil der gesamten nach unten wirkenden Kräfte dient daher der Traktionserzeugung, häufig etwa 70 – 85 %.

Zuweilen hat man den **Zugkraftunterschied** zum Allradkonzept direkt aus diesen Zahlen abgeleitet, das ist jedoch nicht einmal näherungsweise richtig. Der Unterschied ist tatsächlich weitaus größer durch folgenden

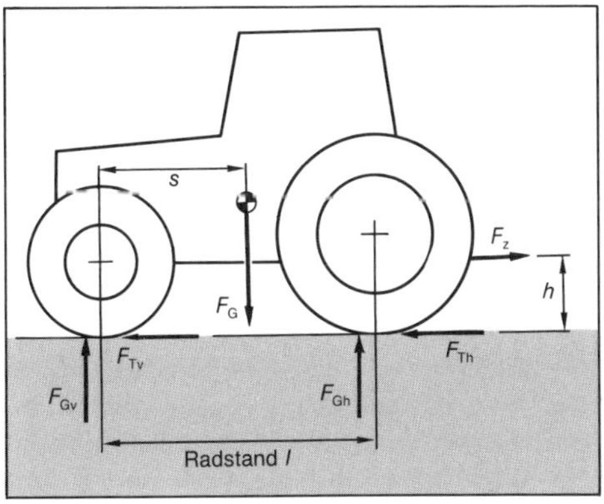

Bild 49 Kräfte am ziehenden Allradtraktor (vereinfacht). Gewichtskraft F_G greift im Schwerpunkt an und steht mit den vertikalen Bodenstützkräften F_{Gv} und F_{Gh} im Gleichgewicht (Stützkräfte jeweils für gesamte Achse). Die Traktorzugkraft F_Z steht mit den horizontalen Bodenstützkräften F_{Tv} und F_{Th} im Gleichgewicht. In Wirklichkeit greift F_Z meist nicht genau horizontal an, und es können ferner Gewichtswirkungen von Geräten und Ballaststücken hinzukommen.

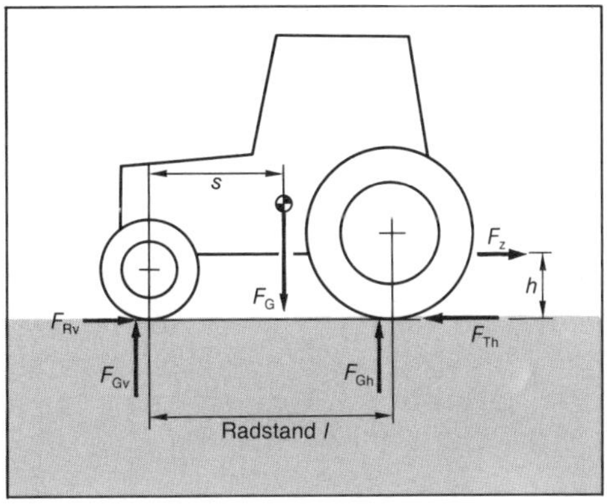

Bild 51 Kräfte am ziehenden Traktor mit Hinterradantrieb (vereinfacht). Unterschiede zum Allradtraktor: Horizontale Bodenstützkraft an der Vorderachse nicht treibend, sondern bremsend (Rollwiderstand!).

Bild 50 Zugpendel eines modernen Traktors (ganz unten). Hauptabmessungen international genormt (ISO). Seine Bedeutung ist weltweit groß, in der Bundesrepublik Deutschland gering.

Tabelle 5: Faustwerte für die maximal erreichbaren Zugkräfte von Allradtraktoren bei horizontalem Zugkraftangriff und einigermaßen ausgewogenen Betriebsachslasten

Bodenbedingungen	max. Zugkraft in % der Achslastsumme	Schlupf %
schlecht	45	
mittel	55	50–60 (schlecht, mittel, gut)
gut	65	
Beton trocken	90[1])	20

[1]) Auf idealer, gefegter Betonfahrbahn mit eingefahrenen Reifen (OECD-Test) auch Werte um 100 %

zweiten Effekt: Bei Hinterradantrieb stehen die hier entwickelten Radzugkräfte nicht voll als Traktorzugkraft zur Verfügung, sondern ein Teil davon wird zum Schieben der Vorderachse abgezweigt:

$$F_Z = F_{Th} - F_{Rv}$$

Schließlich ist gegenüber Allradantrieb auch der Multipass-Effekt geringer.

Insgesamt ist der **Zugkraftgewinn durch Allradantrieb** beim Standardtraktor durchschnittlich etwa *doppelt so groß* wie der prozentuale Zuwachs an traktionserzeugender Achslast. Je weicher der Boden, desto größer sind natürlich die Vorteile.

Hiernach erweist es sich nun umgekehrt für Hinterradantrieb als günstig, im Interesse hoher Zugkräfte mit möglichst kleiner Frontachslast zu arbeiten, soweit es die Fahrzeugsicherheit (Lenkbarkeit) zuläßt. Extrem tiefe Zugpunkte bringen daher hier keine Zugkraftvorteile – eher Nachteile – und bei angebauten Heckgeräten erweist sich auch die Vorderachsentlastung durch die Regelhydraulik eher nützlich als hinderlich.

Ein **Abschätzen der erreichbaren Zugkräfte** ist bei Hinterradantrieb schwieriger und gleichzeitig wirtschaftlich nicht mehr so bedeutend. Daher mag ein einziger Faustwert hier genügen: Ganz grob zieht der Standardtraktor mit Hinterradantrieb im Feldeinsatz etwa 30 % weniger als die Allradmaschine. Umgekehrt betrachtet erhöht Allradantrieb die Zugkraft auf dem Acker um etwa 40–45 %. Dieser Unterschied schmilzt beim Ziehen auf Beton erheblich zusammen – Allradantrieb bringt hier wenig.

Entsprechende *Zugkraftvergleiche* – z. B. an Hand des OECD-Tests – sind daher auf Ackerbedingungen nicht übertragbar und somit zur Beurteilung der praktischen Allradwirkung unbrauchbar. Eine Änderung der Testfahrbahnen von Beton in Ackerboden wurde immer wieder versucht – scheiterte jedoch bisher an dem enormen Aufwand, der zur Schaffung kontrollierter Bodenbedingungen notwendig wäre (nur unter Dach möglich).

Zugkraft beim Straßentransport – Die Unterschiede zwischen Hinterrad- und Allradantrieb werden auf fester trockener Fahrbahn so klein, daß man sie für überschlägige Betrachtungen meist vernachlässigen kann. Viel wichtiger sind hier die Motornennleistung und die Getriebeverluste.

Für die **Zugkraftberechnung** werden im folgenden Faustformeln gegeben. Dabei gilt für das **Ziehen in der Ebene** unter der Voraussetzung ausreichenden Kraftschlusses:

$$\text{horizontale Zugkraft } F_Z\,[\text{kN}] = C \cdot 3{,}6 \cdot \frac{P_e\,[\text{kW}]}{V\,[\text{km/h}]}$$

C erfaßt abschätzend die Verluste für Nebenverbraucher, Getriebe, Rollwiderstand. $C = 0{,}8$ gilt für kleine Fahrgeschwindigkeit, $C = 0{,}7$ für mittlere Fahrgeschwindigkeit und $C = 0{,}6$ für große Fahrgeschwindigkeit. 3,6 = Umrechnungsfaktor (km/h je m/s), P_e = Motornennleistung in kW, V = Nennfahrgeschwindigkeit in km/h. Welche Zugkraft wird nun gebraucht? Auf ebener, fester Bahn benötigt man etwa 2 % der Gewichtskraft zur Überwindung des *Rollwiderstands*. Für 16 t angehängte Masse (zwei beladene 6-t-Anhänger) muß der Traktor z. B. infolge 160 kN Gewichtskraft $160 \times 0{,}02 =$ 3,2 kN Zugkraft aufbringen. Könnte ein 60-kW-Traktor damit 38 km/h fahren? Die Rechnung ergibt:

$$F_Z = 0{,}6 \times 3{,}6 \times 60/38 = 3{,}4 \text{ kN}$$

Er schafft es also gerade, muß allerdings bei der kleinsten Steigung zurückgeschaltet werden.

Beim **Ziehen bergauf** kommt zum Rollwiderstand der *Steigungswiderstand* hinzu. Für mäßige Steigungen erhält man ihn durch Multiplizieren der Zuggewichtskraft mit der Steigung.

Beispiel: Zugmasse 16 t + 4 t = 20 t, Steigung 10 %; Steigungswiderstand = 200 kN × 0,1 = 20 kN. Hinzu kommen 3,2 kN Rollwiderstand (siehe oben), insgesamt also 23,2 kN Fahrwiderstand.

Dazu müßte der 60-kW-Traktor auf etwa 7 km/h zurückgeschaltet werden. Zugkraft dann: $0{,}8 \times 3{,}6 \times 60/7 = 25$ kN. Da diese Zugkraft bereits 63 % der Traktorgewichtskraft ausmacht, sind die Kraftschlußreserven für eventuelles Anfahren oder Beschleunigen schon sehr klein – ein größerer Traktor wäre besser (**Bild 52** und **Bild 53**)!

Bild 52 Ziehen bergauf beim Straßentransport: Große Traktoren höherer Leistung sind vorteilhaft für hohe Fahrsicherheit und Durchschnittsgeschwindigkeit. Allradantrieb hat bei trockener Fahrbahn nur geringe Vorteile.

Bild 53 Ziehen beim Straßentransport mit rutschiger Fahrbahn: Große Traktoren mit Allradantrieb, Selbstsperrdifferential in der Frontachse sowie gut schaltbarer Differentialsperre in der Hinterachse (Anfahren) sind vorteilhaft.

2.4 Traktorgewicht und Ballastierung

Leergewicht und Betriebsgewicht – Wenn man allgemeine Aussagen über Traktorengewichte treffen will, so setzt man diese zweckmäßig ins Verhältnis zu der jeweiligen Motornennleistung – man erhält das sog. **Leistungsgewicht** in kg/kW. Durch Leichtbau konnte man die Traktoren im Laufe der Entwicklung immer kostengünstiger herstellen – dieses Motiv wirkt bis heute fort.

Wie sieht es aber nun mit dem praktischen Nutzen aus – wird diesbezüglich beim Gewicht vielleicht am falschen Ende gespart? Eine Antwort darauf ist **Tab. 6** zu entnehmen – sie lautet: *Der Landwirt benötigt eine leichte Grundmaschine mit großzügigen Ballastierungsmöglichkeiten.* Eine schwere Grundmaschine eignet sich zwar gut für schwere, langsame Zugarbeiten – sie erreicht aber bei schnellen Zugarbeiten, den meisten Zapfwellenarbeiten und allen leichten Einsätzen nicht ihre Bestwerte bezüglich Arbeitsleistung und Kraftstoffverbrauch. Auch erzeugt sie höhere Bodendrücke.

Die Geschichte der Lanz-Bulldog's veranschaulicht die vorgenannten Zusammenhänge: Wie in **Bild 54** zu sehen, baute Lanz im Stichjahr 1959 die Traktoren mit dem höchsten Leistungsgewicht. Die erreichbaren Zugkräfte waren nach wie vor enorm, insgesamt gesehen war jedoch das hohe Gewicht nicht mehr wirtschaftlich – sowohl für Lanz wie auch für den Landwirt. (Das Problem nur eines einzigen Zylinders kam noch hinzu.)

Betrachtet man die Leistungsgewichte neuerer Traktoren **(Bild 55)**, so fallen die relativ niedrigen Werte für Maschinen mit Hinterradantrieb und einfachem Schutzrahmen auf, während Allradtraktoren mit Komfortkabine viel schwerer sind: Im wichtigen Leistungsbereich von etwa 50–80 kW erfüllte im Jahre 1982 kein einziger Typ die für »Leichtgewichteinsätze« aufgestellte Forderung nach 50–60 kg/kW. Inzwischen hat man hier und dort Fortschritte erreicht und dieser Trend wird sich fortsetzen.

Achslastverteilung – Der Allradtraktor sollte bei schweren Zugarbeiten im Betrieb eine Achslastverteilung aufweisen, die den Reifentragfähigkeiten in etwa entspricht (Reifentragfähigkeiten aus Betriebsanleitung oder Handbüchern der Reifenhersteller). Faustregel: Beim Standardtraktor sollten vorn 30–40 % der **Gesamtachslasten** im Betrieb wirken, wenn es auf höchste Zugleistungen ankommt.

Beim Betrieb angehängter Geräte mit tiefem Zugpunkt ergibt sich dieser Anteil schon weitgehend aus den statischen »Leerachslasten«, die Lastverteilung ist ohne Maßnahmen gut genug. Ganz anders beim Betrieb schwerer Anbau- und Aufsattelgeräte: Hier wirken nicht nur die Zugkräfte, sondern auch die Hubkräfte der Regelhydraulik zum teilweisen Tragen der Geräte und die Entlastung der Frontachse wird dann sehr groß, so daß man unbedingt mit **Ballast** arbeiten sollte. Für dessen *Bemessung* geht man davon aus, daß bei Anbaupflügen in ausgehobenem Zustand etwa 20–25 % des Gesamtgewichts von Traktor und Pflug vorn wirken sollten, um die genannten Betriebswerte von 30–40 % zu erreichen. Der Unterschied entsteht durch die Bodenkräfte.

Ballasthandhabung – Die in **Tab. 6** aufgelisteten Arbeiten kommen in der Praxis leider nicht als Blöcke, sondern gemischt vor. Optimales Arbeiten bedeutet daher häufiges An- und Abbauen von **Ballastgewichten** bzw. Füllen und Ablassen von **Wasserballast** aus den Reifen. Die praktische Handhabung ist auch heute oft noch zu umständlich – sie erscheint aber um so wichtiger, je vielseitiger man den Traktor einsetzt.

Große Erleichterungen bringt der **Frontkraftheber,** der Vorteil des Tragens schwerer Gewichte sollte bei Wirtschaftlichkeitsbetrachtungen auf jeden Fall einbezogen werden.

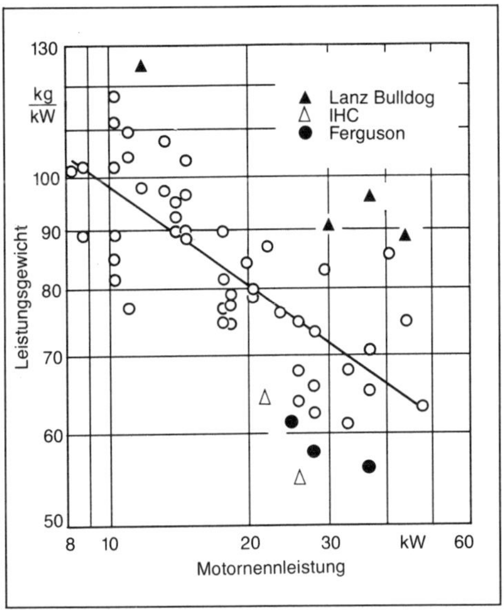

Bild 54 Leistungsgewicht der in der Bundesrepublik Deutschland im Jahre 1959 angebotenen Traktoren über der Motornennleistung (Basis = Leergewicht) [11].

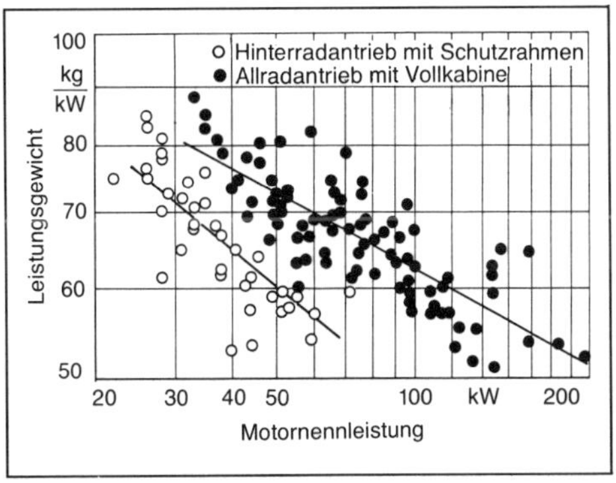

Bild 55 Leistungsgewicht der in der Bundesrepublik Deutschland im Jahre 1982 angebotenen Traktoren über der Nennleistung (Basis = Leergewicht). Einteilung zweckmäßig in Hinterradtraktoren mit Schutzrahmen und Allradtraktoren mit integrierter Kabine [11].

Tabelle 6: Leichter oder schwerer Traktor?

Einsatzziele: Hohe Flächenleistung, niedriger Energieverbrauch, Bodendruck und Schlupf nicht größer als unbedingt notwendig	
Leichtgewichteinsätze	**Schwergewichteinsätze**
– Leerfahrten – schnelle Oberflächenbearbeitung – Einsatz zapfwellengetriebener Bodenbearbeitungsgeräte – Bestellung, Düngung, Pflege, Pflanzenschutz – Futterernte – Heuwerbung – Straßentransporte mit kleinen Lasten	– Pflügen – Tiefgrubbern – schwere Transporte auf dem Acker – schwere Straßentransporte – Ziehen schwerer Vollernter

2.5 Besonderheiten beim Pflügen

In Europa wird beim Pflügen fast ausschließlich mit einer Seite des Fahrwerks in der Furche gefahren **(Bild 56** und **57).** Dadurch kann man die Arbeitsbreite auf recht einfache Weise sehr gut einhalten und dieses auch noch ohne besondere Mühe, weil die Furche den Traktor führt. Das Fahrwerk wird leider dabei unausgewogen belastet – jedoch gleichen die in der Furchensohle meist sehr günstigen Traktionsbedingungen diesen Nachteil etwa aus. Schon eher können Probleme durch zu breite Reifen entstehen, die nicht gut genug in die Furche passen und Rollwiderstand bzw. Bodenverdichtungen vergrößern.

Wie teilt sich die Leistung am Fahrwerk auf? – Messungen zeigen, daß die Leistungsaufteilung vom Getriebe auf die Achsen bei Allradantrieb etwa im Verhältnis der Achslasten erfolgt [26]. Ganz grob gilt dieses auch für Achszugkräfte und Achszugleistungen. Berechnet man auf der Basis gemessener Kennlinien die Kraftwirkungen an den vier Reifen des Fahrwerks genauer, so ergibt sich die in **Bild 58** gezeigte **Verteilung der Radlasten** und **Radzugkräfte,** sofern man etwa durchschnittliche Bedingungen zugrunde legt. Folgende Erkenntnisse erscheinen wichtig:

- Rund 50 % der gesamten **Zugkraft** entstehen allein am hinteren Furchenrad (bei schlechter Frontballastierung eher 60 %, bei Hinterradantrieb um 70 %!).
- Das Verhältnis der **Radzugkräfte** (links zu rechts) hinten (49 % zu 23 % = 2,1) ist größer als vorn (dort infolge der Wirkung der Pendelfrontachse 17 % zu 11 % = 1,5).
- Die Hinterachse zieht etwas mehr, als auf Grund der **Achslastverteilung** zu erwarten wäre. Durch den Multipass-Effekt arbeiten die hinteren Reifen etwas wirksamer als die Frontreifen.

Differentialsperren notwendig? – Differentialgetriebe in den Achsen sind zum Kurvenfahren notwendig. Vollständige Wirkung bedeutet: gleiche Raddrehmomente rechts und links. Besonders beim Pflügen ist diese »Waagewirkung« unerwünscht. Am meisten stört sie an der **Hinterachse** – daher sollte man dort möglichst immer mit *eingelegter Sperre* fahren. An der **Vorderachse** sind die Zugkraftunterschiede und damit auch die Drehmomentdifferenzen geringer – hier reicht für normale Bodenbedingungen die Wirkung eines *Selbstsperrdifferentials* mit begrenzter Wirkung aus. Der dabei häufig angewendete »Sperrwert« von 40 % (siehe Abschnitt 3.6, Seite 66) erlaubt z. B. ein Drehmomentverhältnis von bis zu 2,3, d. h. von 70 % zu 30 %. Nur unter sehr ungünstigen Bodenbedingungen braucht man beim Pflügen mehr – z. B. unmittelbar nach einem Regenschauer beim Fahren in trockener Furche.

Übrigens hat auch ein ganz gewöhnliches Differentialgetriebe ohne Sperrvorrichtung durch die Eigenreibung eine gewisse Sperrwirkung, die immerhin ein Drehmomentverhältnis von bis zu etwa 57 % zu 43 % = 1,32 (Sperrwert 14 %) erlaubt.

Praktische Reduzierung von Leistungsverlusten am Fahrwerk – Folgende Maßnahmen sind beim Pflügen zu empfehlen:

- Den Traktor (durch Frontballast) schwer genug machen
- Tragwirkung der Regelhydraulik nutzen: der Traktor zieht besser, Pflug leichtzügiger durch verringerte Sohlenreibung
- Bereifung vorn relativ breit – dagegen hinten nicht zu breit, siehe Bild 58
- Luftdruck so niedrig wie möglich, individuelles Verstellen während des Betriebs wäre günstig!
- Differentialsperre hinten einlegen
- Pflug so einstellen, daß der Traktor geradeaus läuft; jedes Gegenlenken erzeugt Zusatzverluste
- Gute Furchenräumung sicherstellen, um Rollwiderstände und Rückverdichtungen klein zu halten bei guter Zugkraftentwicklung
- Nicht zu kleine Spurweite fahren, um Radlastunterschiede zu begrenzen und komfortabler fahren zu können
- Frontachsen mit Selbstsperrdifferential einsetzen (Vollsperrung ist in extremen Situationen noch besser)

Bild 56 Universaltraktor der oberen Mittelklasse (66 kW/90 PS) beim Tiefpflügen mit einem Anbau-Drehpflug.

Bild 57 Führen des Laufwerks beim Pflügen durch Fahren in der Furche, gezeigt an einem größeren Standardtraktor (74 kW/100 PS) bei der Pflugarbeit mit Anbau-Drehpflug. Vollständig geräumte Furche mit ausreichender Sohlenbreite (Platz für Reifen ohne Rückverdichtung) ist anzustreben, Radeinschlag zu vermeiden.

Bild 58 Berechnete Verteilung der Radlasten und Radzugkräfte eines pflügenden Allrad-Standardtraktors. Die Pfeillängen sind maßstäblich! Zahlenwerte: % der Radlastsumme; Annahmen: Schwerer Anbau-Drehpflug, Fahren mit 20 % Schlupf bei mittelguten Bodenbedingungen, Reifen gut in Furchenquerschnitt passend, kräftiger Frontballast zur Sicherstellung von 30 % Front-Betriebslast, Selbstsperrdifferential vorn, Vollsperrung hinten, pendelnd aufgehängte Frontachse.

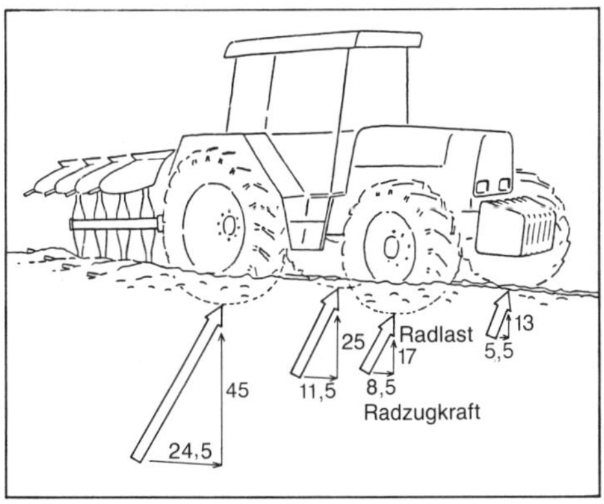

2.6 Traktormechanik beim Frontladen

Der Frontlader macht aus dem Traktor eine kostengünstige und schlagkräftige Lademaschine, deren Beliebtheit auch durch die immer bessere **Grundausstattung** kräftig unterstützt wurde: Allradantrieb, hydrostatische Lenkung, kleine Wenderadien, Selbstsperrdifferentiale und verbesserte Vorwärts-Rückwärts-Schaltung. Das **Kräftespiel** beim Frontladen ist durch eine gewisse Kopflastigkeit bei verringerter Standfestigkeit gekennzeichnet.

Insgesamt können daraus folgende **Regeln** abgeleitet werden:

- Kräftigen Heckballast benutzen, **Bild 59.**
- Große Losreißkräfte eventuell durch gesteuertes Werkzeug entschärfen durch »Losbrechen mit Bodenabstützung«
- Festigkeit absichern: Achse und Reifen müssen auf Frontladerbetrieb vorbereitet sein, da Spitzenbelastungen vorn an Reifen, Gehäuse und inneren Teilen z. B. dreimal größer als beim Pflügen
- Gutaufnahme möglichst in Geradeausfahrt, Querschieben des Werkzeugs erschwert die Arbeit und erhöht die Beanspruchungen
- Größere Steigungen nicht befahren, da sich die kritische Hangneigung (Kippen) z. B. um 60 % vermindern kann

2.7 Umsturzmechanik

In der Bundesrepublik Deutschland kippen nach eigener Schätzung jährlich mehrere 1000 Traktoren um – einschließlich der z. T. nicht gemeldeten (weil nicht so ernsten) Schmalspurtraktoren-Umstürze.

Welche Hangneigungen sind kritisch? Wie kippt eigentlich der Traktor? – Betrachten wir zuerst die Anbaugrenzen der praktischen Landwirtschaft **(Bild 60** [47]). Ackerbau treibt man bis zu 30 % Hangneigung. Etwa 85 % aller Kippunfälle geschehen zur Seite, häufig beim Fahren in »Schichtlinie« (quer zum Hang) [48]. Beim Standardtraktor hebt infolge der pendelnden Frontachse zuerst das bergseitige Hinterrad ab **(Bild 61).** Er kippt zunächst um P – B und nach erreichtem Pendelanschlag um A – B.

Bei Bewegung kippt ein Traktor weitaus eher als in Ruhe.

Kippgrenze leer im Ruhezustand (statisch) – Die statische Kippgrenze sei am Beispiel eines gängigen Standardtraktors demonstriert **(Bild 62).** Die kleinsten Grenzneigungen ergeben sich mit 39° (81 %) bei Fahrt quer zum Hang (Richtung 0 bzw. 180°) und kleinster Spurweite 1,6 m. Danach folgt das Kippen nach hinten (Richtung 90°). Diese Ruhezustandswerte haben vor allem Bedeutung für *Fahrzeugvergleiche,* weil sich der Traktor im Einsatz fast immer bewegt.

Kippgrenze leer in Bewegung (dynamisch) – Zur Betrachtung des **seitlichen Kippens** sei eine Fahrt in Schichtlinie angenommen. Durch folgende Gründe liegen die **Praxisgrenzneigungen** weit unter den Ruhegrenzneigungen:

- Schnelles Fahren auf unebenem Hang
- Bergseitiges Überfahren eines Einzelhindernisses, z. B. eines Maulwurfshaufens **(Bild 63)**
- Talseitiges Fahren in eine Mulde
- Falsches Reagieren des Fahrers im kritischen Moment: Lenken bergseitig statt besser talwärts (Bild 63)

Unebenheiten, Einzelhindernisse und Mulden schlucken große Traktoren im Durchschnitt besser als kleine [48].

Ein **Kippen nach rückwärts** ist im Leerzustand ohne Gerät bzw. Anhänger nur bei relativ großen Hangneigungen denkbar, an die der Fahrer sich vom Gefühl her kaum herantraut.

Kippgrenze mit Geräten in Bewegung – Kritisch sind neben dem (schon besprochenen) Frontlader vor allem Transportanhänger großer Masse. Diese können z. B. durch Querschieben bei nicht gestrecktem Zug Unfälle verursachen, bei denen der Traktor *seitlich* umkippt. Das Kippen nach *rückwärts* kommt seltener vor – kann aber auch tückisch sein.

Ungünstige Bedingungen sind:

- Bergauffahrt bei guter Fahrbahn
- Zu kleiner Traktor für hohe Last
- Anhängepunkt sehr hoch
- Stützlast groß
- Hartes Anfahren

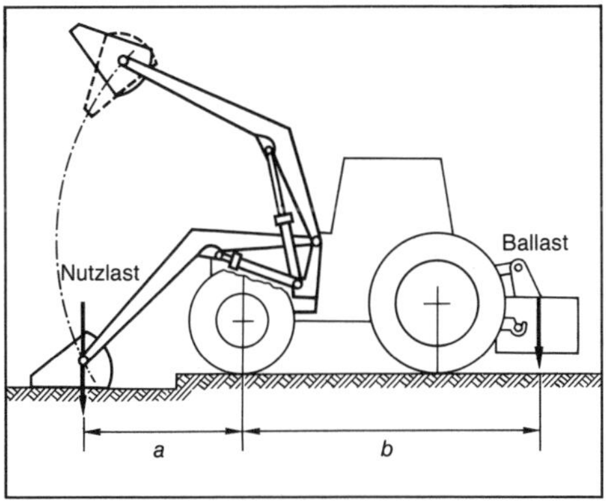

Bild 59 Heckballast beim Frontladen. Dadurch mehr Fahrsicherheit und Entlastung der Frontachse (einschließlich der Reifen!). Faustwert: Es sollte etwa die halbe Nutzlast als Ballast vorgesehen werden. Vorgaben des Traktorherstellers beachten.

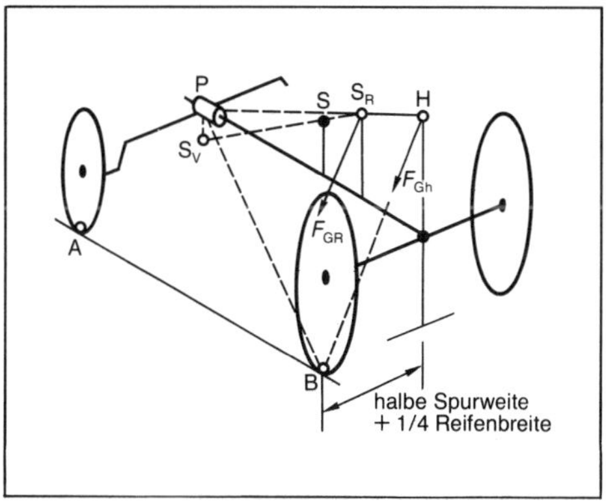

Bild 61 Seitliches Kippen beim Standardtraktor. Labiler Zustand: Rumpfgewichtswirkung F_{GR} genau im Dreieck PHB, Hinterachslast F_{Gh} zeigt von H nach B. Rumpfschwerpunkt S_R aus Gesamtschwerpunkt S und Frontachsschwerpunkt S_V, ¼ Reifenbreite nach [40, 48].

Bild 62 Kritische Hangneigungswinkel bzw. Hangsteigung bezüglich des »statischen« Kippens eines gängigen Standardtraktors (Daten Deutz-Fahr DX 3.70). Berechnete Werte entsprechend der in Bild 61 skizzierten Mechanik – jedoch vereinfachend Gesamtschwerpunkt eingesetzt. Grenzwerte für Schichtlinie (39° bzw. 81 %) in Wirklichkeit nicht nutzbar infolge Bewegung des Traktors. Faustgrenzwerte für Bewegung (ohne Gerät) etwa ⅓ der Ruhewerte (kleine Traktoren) bis ½ der Ruhewerte (große Traktoren) [49].

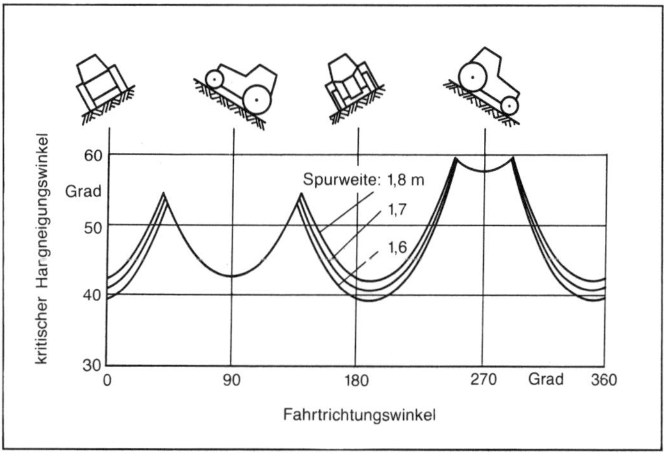

Bild 63 Rechts: Fahren in Schichtlinie am Hang. Bergseitiges Hindernis erhöht die Kippgefahr. Nicht zu schnell fahren, große Spurweite einstellen, großvolumige Reifen bevorzugen, talwärts lenken.

Bild 60 Anbaugrenzen bezüglich Hangneigung [47]. Standardtraktoren werden bis zu 30 % eingesetzt.

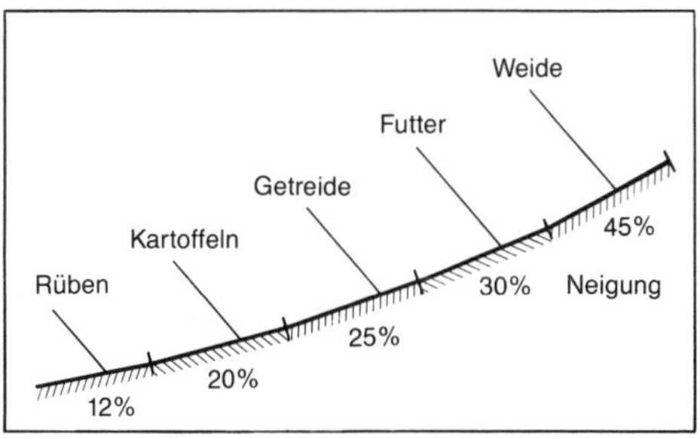

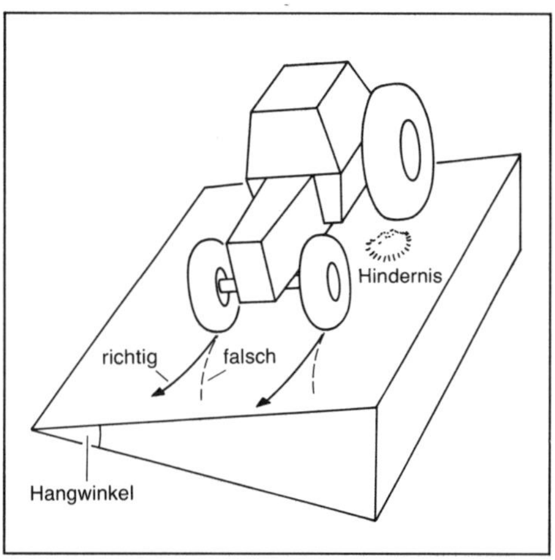

2.8 Leistungen und Wirkungsgrade

2.8.1 Energiebilanz des Traktors

Was geht hinein – was kommt heraus? – Bild 64 zeigt eine Gesamtenergiebilanz bei hoher Motorauslastung. Von der zugeführten **Kraftstoffenergie** gehen knapp ⅔ durch Kühlung und Abgaswärme verloren. Von der **Motorleistung** wird ein erster kleiner Anteil für die *Nebenverbraucher* abgezweigt – insbesondere für die Hydraulikpumpen. Das sind überwiegend Verluste. Die verbliebene Leistung geht ins *Traktorgetriebe* – dort auf die Pfade »Fahrantrieb« und »Zapfwelle(n)«. Die *Zapfwelle* arbeitet mit sehr geringen Verlusten, aber auch das *Fahrgetriebe* schneidet (zumindest im Hauptarbeitsbereich) noch gut ab. Hohe Verluste entstehen demgegenüber am **Fahrwerk** (siehe auch Kap. 2.1, Seite 30).
Bei Zugarbeiten liegt daher der **Traktorenwirkungsgrad** (Zugleistung : Motorleistung) selbst bei Allradantrieb kaum über 50 %. Auf die Dieselölenergie bezogen sind es schließlich nur noch knapp 20 %.

2.8.2 Leistungsbilanz beim schweren Ziehen

Der Traktor soll möglichst viel schaffen und – auf das Ergebnis bezogen – möglichst wenig Dieselöl verbrauchen. Rechenmodelle zur Simulation des Einsatzes sind sehr kompliziert – **Bild 65** zeigt daher eine vereinfachte Betrachtung: die **Umsetzung der Motorleistung** mit allen Verlusten bei *veränderlicher Zugkraft* (z. B. durch Gerätebreite).
Als erstes bestätigt das Diagramm, daß ein Dauerbetrieb bei höchstmöglicher Zugkraft infolge fehlender Zugleistung ohne jeden Sinn ist (siehe auch Kap. 2.3, Seite 40). Große Bedeutung haben aber die charakteristischen Betriebspunkte I und II. Wer **Zugleistung** *energetisch günstig* erzeugen will, strebt Betriebspunkt I an – kann aber mit heutigen Traktoren nicht gleichzeitig höchste Zugleistung erreichen, weil Betriebspunkt II versetzt zu I liegt. Der **Energiespareffekt** I gegen II erscheint in Anbetracht des flachen Wirkungsgradverlaufes nicht gerade groß. Bezieht man jedoch das **Verbrauchsverhalten** des Motors mit ein, so kann der Spareffekt durch Hochschalten des Getriebes und Drehzahlreduzieren des Motors verstärkt werden.
Welche Strategie zu wählen ist (einschließlich Zwischenlösungen), muß der Landwirt selbst nach der **Gesamtkostenbilanz** entscheiden. Meistens wird er derzeit den Zeitkosten das größere Gewicht einräumen (müssen).

2.8.3 Direkte Leistungsabgabe an Geräte energetisch günstiger?

Als Basis sei angenommen, daß ein Traktor (z. B. bei der Bodenbearbeitung) die Zugleistung mit 55 % Wirkungsgrad erzeugt, d. h. von 100 Motor-kW mögen 55 kW am Gerät ankommen. Alternativ sei eine Leistungsübertragung über die Zapfwelle bzw. die Hydraulik bewertet – man denke sich eine entsprechend kräftige Hydraulik.
Zapfwellenantrieb – Für 80 % Zapfwellenleistungsanteil (20 % Zugleistung) wird der Traktorwirkungsgrad $\eta = 0{,}80 \times 0{,}95 \times 0{,}95 + 0{,}20 \times 0{,}55 = 0{,}83$ (0,95 zweimal eingesetzt für Zapfwellengetriebe im Traktor und am Gerät).
Wie man erkennt, verbessert die Zapfwelle die **Gesamtbilanz** erheblich. Will man allerdings hieraus für die Bodenbearbeitung endgültige Schlüsse ziehen, so muß bedacht werden, daß die noch hinzukommende Energiebilanz Werkzeug – Boden bei rotierendem Antrieb durch höhere Beschleunigungsverluste ungünstiger wird als beim einfachen Ziehen. Auch der Anschaffungspreis liegt höher.
Hydraulischer Antrieb – Nach dem gleichen Grundansatz wie oben ergibt sich etwa folgende Rechnung: $\eta = 0{,}80 \times 0{,}70 \times 0{,}78 + 0{,}20 \times 0{,}55 = 0{,}55$ (0,70 Wirkungsgrad Pumpeneingang bis Steckdose, 0,78 Steckdose bis Werkzeug).
Dieser Traktorwirkungsgrad ist nicht besser als für reine Zugarbeit. Dabei wäre der technische Geräteaufwand erheblich größer und auch die größeren Energieverluste Werkzeug – Boden kämen noch hinzu. Fazit: Von Versuchen ist dringend abzuraten!

Bild 64 Energiebilanz eines auf dem Acker arbeitenden Traktors. Grundschema allgemein anwendbar – angeschriebene Faustwerte jedoch nur für höhere Motorauslastung ab etwa 60 %. Die mit η bezeichneten »Wirkungsgrade« kennzeichnen das jeweilige Verhältnis der Ausgangs- zur Eingangsleistung. Motorwirkungsgrade besonders günstig bei etwas gedrückter Drehzahl, Fahrwerkswirkungsgrade am besten bei mäßigem Schlupf um 8–12 % (siehe Kap. 2.1). Geringste Wirkungsgrade treten bei Fahrwerk und Hydraulik auf.

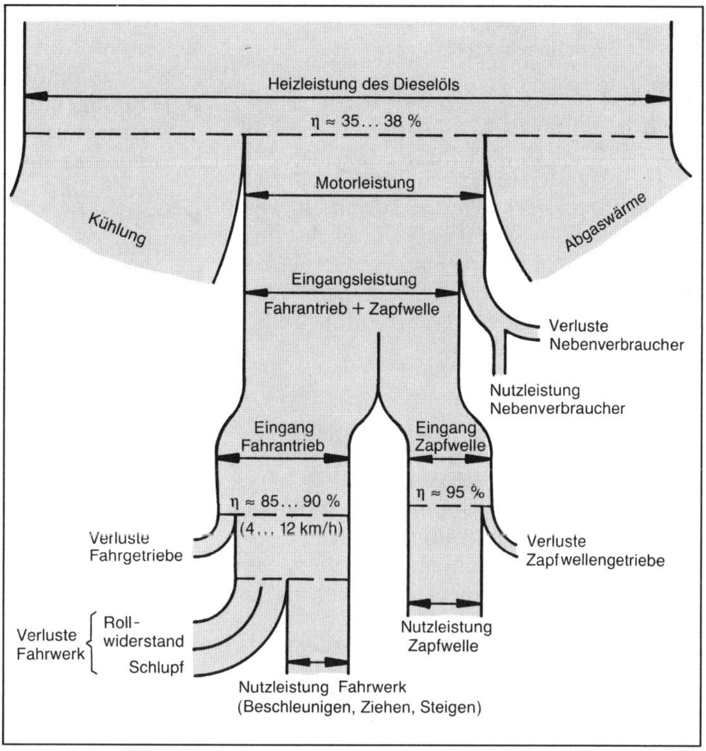

Bild 65 Leistungsbilanz eines auf dem Acker ziehenden Allradtraktors. Variation der Zugkraft (Gerätebreite) bei konstant gehaltener Nennfahrgeschwindigkeit von etwa 6,5 km/h. Die höchste Zugleistung wird bei etwa 75 % Maximalzugkraft erreicht (II) – darüber ist jeder Dauerbetrieb sinnlos. Die beste Energienutzung (I) verlangt eine reduzierte Zugkraft. Entscheidung in der Praxis je nach Gewichtung der Kraftstoff- und Zeitkosten.

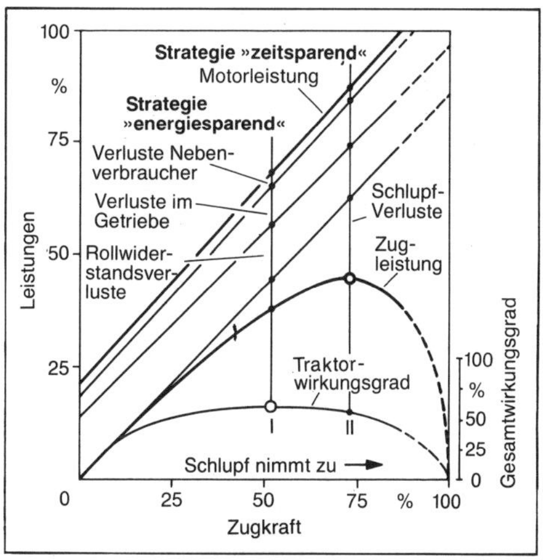

2.9 Kraftstoffsparender Traktoreinsatz

Nachdem in Bild 65 die beiden charakteristischen Strategien »zeitsparend« und »kraftstoffsparend« erläutert wurden, sollen im folgenden praktische Regeln für den *kraftstoffsparenden Einsatz* vermittelt werden. Einige der Kraftstoffsparregeln sind gleichzeitig Zeitsparregeln. Andere erfordern Zugeständnisse im Zeitbedarf. Darüber möge der Leser gegebenenfalls selbst entscheiden.

2.9.1 Regeln für Motor und Getriebe

Es gelten folgende Empfehlungen:
- Traktorgröße und Gerätegröße aufeinander abstimmen **(Bild 66)**
- Hohe Motordrehzahlen vermeiden, insbesondere bei geringer Belastung (siehe Kap. 4.3, Seite 80)
- Getriebegang so wählen, daß Motor leicht gedrückt wird (z. B. beim Pflügen)
- Bei Zapfwellenarbeiten Normdrehzahl nicht überschreiten, leichte 540er-Arbeiten mit 1000er oder 750er Zapfwelle im »Sparbetrieb« erledigen
- Motor in Arbeitspausen abstellen
- Traktor im Winter warm abstellen
- Richtige Einstellung der Einspritzanlage sicherstellen (Wartung)
- Unnötig hohe Ölstände und Ölviskositäten bei Motor und Getriebe vermeiden

2.9.2 Zusatzregeln für bestimmte Einsätze

Je schwerer die Arbeit, desto höher der Energieverbrauch. Daher sei mit Kraftstoffsparregeln für das **Pflügen** begonnen:
- Traktor mit Allradantrieb einsetzen
- Genügend Frontballast vorsehen, gegebenenfalls Flüssigkeitsballast in die Frontreifen einfüllen
- Soll-Geschwindigkeitsbereich des Pfluges einhalten **(Bild 67)**
- Pflug so einstellen, daß Gegenlenken entfällt und Regelhydraulik anspricht
- Furchenprofil und Reifenbreite aufeinander abstimmen **(Bild 68** und **69)**.
- Mit gesperrten Differentialen arbeiten
- Reifenluftdruck möglichst niedrig einstellen – Betriebsanleitung beachten!
- Je bindiger und weicher der Boden, desto wichtiger ist eine große Profilhöhe
- Sichtbaren Radschlupf vermeiden, durch mehr Ballast oder geringere Arbeitsbreite
- Kraftstoffverbrauch in l/ha aufschreiben

Für die **Oberflächenbodenbearbeitung** gelten demgegenüber etwas andere Regeln:
- Traktor vor allem für höhere Fahrgeschwindigkeiten leicht machen
- Reifenluftdruck so niedrig wie möglich einstellen; Zwillingsreifen lohnen sich allein zum Kraftstoffsparen nicht [27]
- Acker möglichst absetzen lassen
- Geräte nicht schwerer als notwendig auswählen, aber Kombinationen anstreben
- Bei Zugarbeiten Allradantrieb bevorzugen – bei Zapfwellenarbeiten eher Traktoren mit Hinterradantrieb einsetzen (Fräsen)

Die Regeln für **Pflegearbeiten** liegen z. T. ähnlich:
- Traktor extrem leicht machen
- Pflegereifen mit den größtmöglichen Durchmessern bevorzugen, besonders bei Zwillingsreifen Luftdruck kontrollieren!
- Mit Einfachreifen Dauerfahrspuren bilden
- Leichte Geräte bevorzugen

Schließlich seien auch noch einige Empfehlungen für **Transportarbeiten** mitgeteilt:
- Traktor nicht schwerer machen, als es die angehängte Masse erfordert
- Reifenluftdruck auf der Straße hoch einstellen, kleine Profilhöhe günstig
- Auf dem Acker Reifen mit möglichst großen Durchmessern verwenden; Tandemachsen sind bei Anhängern leichtzügiger als überbreite Reifen
- Leichte Anhänger bevorzugen
- Allradantrieb nur bei Bedarf einschalten

Hinterradantrieb ist im Kraftstoffverbrauch auf der Straße an sich überlegen, Allradantrieb bietet aber mehr Sicherheit. Beim Einschalten entstehen je nach Vorlauf mehr oder weniger große Verspannungen, die bei höheren Fahrgeschwindigkeiten manchmal fühlbare Verluste erzeugen (Traktor wirkt dadurch müde, erhöhter Verschleiß).

Bild 66 Bei leichten Arbeiten wie hier in der Heuwerbung läßt sich in der Ebene durch leichte, kleine Traktoren mit Hinterradantrieb Kraftstoff sparen, besonders beim Einsatz der Zapfwelle. Leichte 540er Arbeiten erledigt man im »Sparbetrieb« mit der 1000er oder (besser) 750er Zapfwelle.

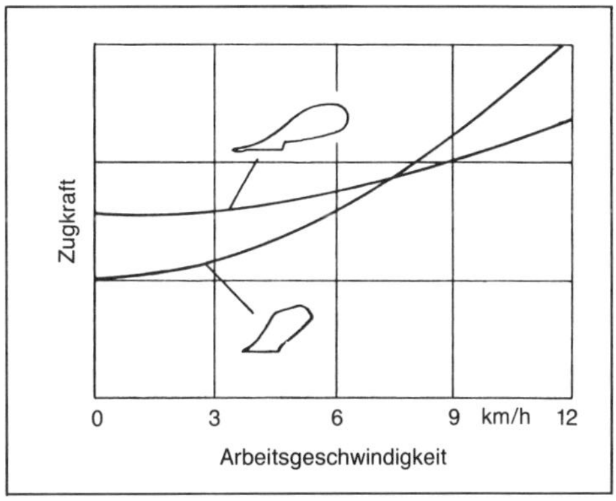

Bild 67 Zugkraftbedarf beim Pflügen in Abhängigkeit von Geschwindigkeit und Körperform. Steile kurze Körperform ist günstig für geringe Geschwindigkeiten; lange, mehr liegende Bauarten erfordern hier mehr Zugkraft; diese steigt jedoch bei erhöhter Geschwindigkeit weit weniger stark an.

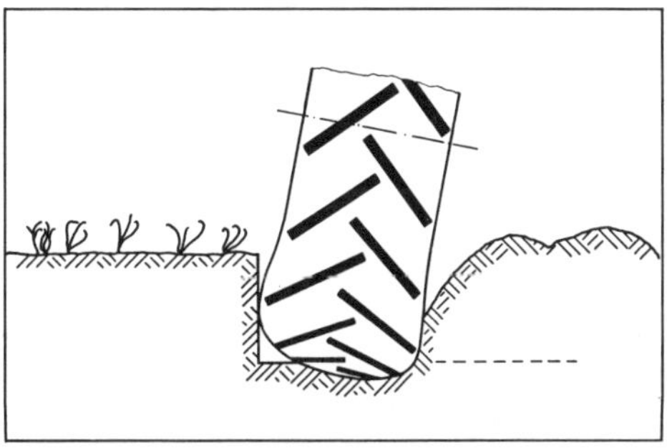

Bild 68 Furchenbreite und Reifenbreite sind nicht gut genug aufeinander abgestimmt; dies führt zu Zugleistungsverlusten und Rückverdichtung des Gepflügten.

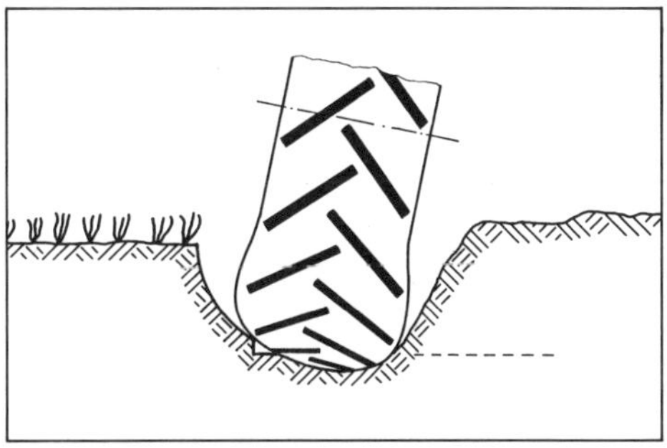

Bild 69 Verbessern des Reifenfreiraums durch Anwenden von Rautenpflugkörpern erhöht die verfügbare Zugleistung und vermindert die Gefahr der Rückverdichtung.

3 Fahrwerk

3.1 Hinterradantrieb – Allradantrieb

Allradantrieb setzte sich durch – Etwa folgende Gründe sind dafür zu nennen:

- Die Motorleistungen stiegen
- Die relativen Mehrkosten sanken
- Die von der Wissenschaft [25] früh erkannten Vorteile bestätigten sich bzw. wurden durch zunehmenden Frontanbau eher noch verstärkt
- Die technische Ausführung wurde verbessert

Der Allradantrieb hat gegenüber Hinterradantrieb etwa folgende Vor- und Nachteile:

■ **Vorteile:**
- Mehr Zugkraft – z. B. auf dem Acker 40 % Gewinn bei nur 20 % mehr Traktionsgewicht
- Höhere Ackerzugleistung, bei gleichem Schlupf und gleicher Motorauslastung z. B. 12 % Gewinn
- Auf Ackerzugleistung bezogen geringerer Energieverbrauch, z. B. 12 % Ersparnis
- Verbesserte Arbeit mit Frontgeräten
- Erhöhte Fahrsicherheit (Hangdriften, Motorbremsen, Wintereinsatz, Forstbetrieb)
- Schonung der Grasnarbe im Grünland
- Vermeiden zu breiter Hinterradreifen
- Kostengünstige Frontachsbremse (40 km/h)

■ **Nachteile:**
- Mehrkosten bei gleicher Motorleistung
- Auch ausgeschaltet entstehen Verluste, z. B. bei Pflegearbeiten, Transporten
- Etwas höherer Wartungsaufwand
- Ca. 3–10 (20) % größere Wenderadien

Seitenantrieb – Zentralantrieb – Bei Standardtraktoren wird die Leistung für angetriebene Frontachsen meist von der Kegelritzelwelle abgenommen und über eine Schaltstelle und Anpassungsübersetzung nach vorn geleitet. Je weniger Zwischenräder, desto weniger Kosten und Verluste!

Zur **Leistungsübertragung** unterscheidet man in zwei verschiedene Grundkonzepte: Den bei uns früher vorherrschenden **Seitenantrieb** (Pionier MAN) zeigt **Bild 70.** Der vor allem in Italien schon länger gebaute **Zentralantrieb** (Pionier Same) ist in **Bild 71** skizziert. Letzterer setzte sich zunächst nur zögernd durch infolge der nur geringen anwendungstechnischen Vorteile.

Durch Verbesserungen hatte man auch beim Seitenantrieb erreicht, daß die Gelenkwelle den *Radeinschlag* nicht mehr begrenzt. Zentralantriebe kommen mit weniger Zahnrädern aus – der Getriebeausgang liegt jedoch sehr tief und an dieser Stelle können etwas höhere *Plantschverluste* auftreten als beim höher liegenden Ausgang üblicher Seitenantriebe.

Die Hauptvorteile der zentralen Bauweise sieht der Verfasser daher im geringeren Aufwand (Kosten) und im besseren Platzangebot für andere Elemente, z. B. Tank, Werkzeugkasten, Filter.

Der **Achsantrieb** vorn muß übrigens nicht unbedingt mit der **Aufhängung** zusammengebaut sein. Ein hochliegender »Pendelpunkt« verkleinert sogar den Freiraumbedarf des eingeschlagenen Reifens noch ein wenig, erübrigt Sonderteile für den Anbau nicht getriebener Achsen und gibt dem Konstrukteur mehr Flexibilität.

Die **Leistungsübertragung** vom Achsmittenbereich auf die äußeren Planetengetriebe erfolgt am besten über Doppelkreuzgelenke. Einfachkreuzgelenke führen bei Kurvenfahrt zu ungleichförmiger Raddrehung.

Ausführung der angetriebenen Frontachse – **Bild 72** zeigt eine typische Ausführung für eine angetriebene Traktorfrontachse Bauart ZF – **Bild 73** beschreibt die Elemente zur Leistungsübertragung in vereinfachter Form (Getriebeplan). Dieses Achsenkonzept kann heute (1985) als weltweit führend angesehen werden.

Achsbelastungen im Einsatz – Die höchsten Drehmomente und Brückenlasten ergeben sich beim *schweren Frontladen* (Anfahren rückwärts mit Heben). Der für Kurvenfahrt günstige *Vorlauf* (Überschuß der Frontreifen–Umfangsgeschwindigkeit in %) führt bei Straßenfahrt zu Verspannungen im Antrieb, die festigkeitsmäßig verkraftbar sind, jedoch Verluste erzeugen. Auf dem Acker verschlechtert ein Vorlauf (Nachlauf) von ± 5 % den Fahrwerkswirkungsgrad um nur etwa 1 % [50].

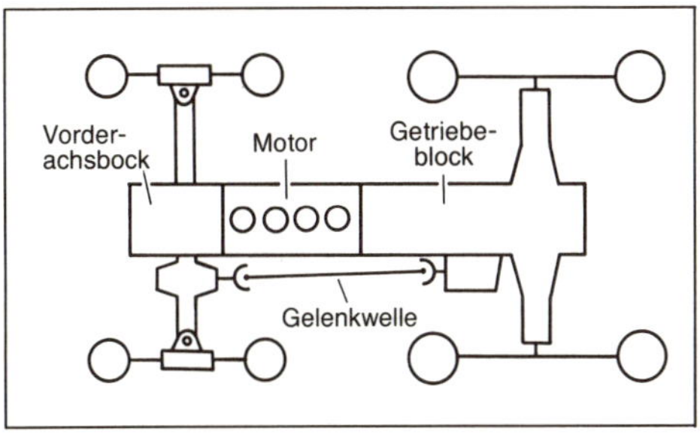

Bild 70 Klassisches mitteleuropäisches Fahrwerk für Vierradantrieb, durch seitliche Gelenkwelle gekennzeichnet (»Seitenantrieb«). Serienproduktion bei vielen Firmen durch ZF-Entwicklungen für große Traktoren gefördert (ab 1966 durch Getriebereihe T 3000 mit passenden Fronttriebachsen).

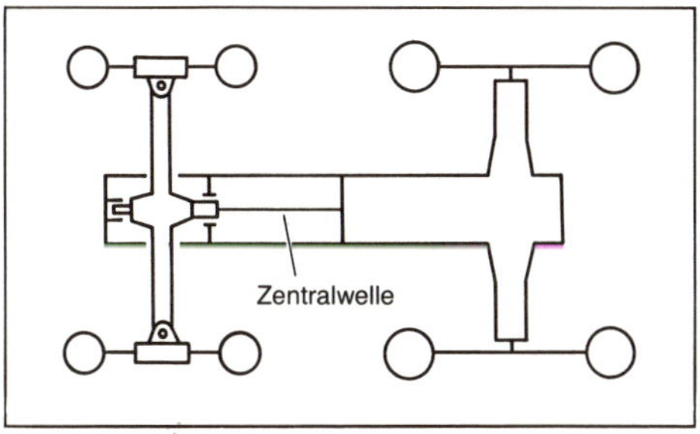

Bild 71 Konzept des »Zentralantriebes« für Fahrwerke mit Vierradantrieb – vor allem in Italien in großen Stückzahlen gebaut. Mit zunehmendem Allradanteil wurde dieses Konzept auch für Mitteleuropa interessanter und in weiterentwickelter Form angewendet.

Bild 72 Moderne angetriebene Frontachse eines Standardtraktors, Baureihe APL 300 der ZF, vorgestellt 1982. Leichte, kompakte Bauweise mit 50° Maximaleinschlag, integriertem Lenkzylinder und Zentralantrieb. Spurstange entfällt durch die Lenkzylinderbauart.

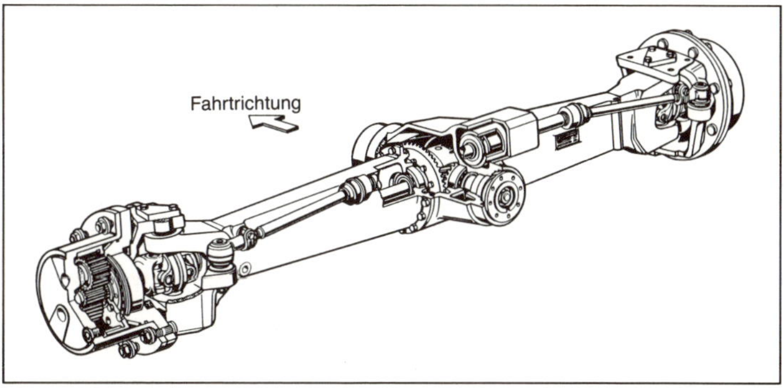

Bild 73 Getriebeplan für die wesentlichen leistungsübertragenden Elemente einer angetriebenen Frontachse eines Standardtraktors. Untersetzung im Kegeltrieb 2–3, in den äußeren Planetentrieben jeweils etwa 3–7. Früher übliche Achsen mit großer Kegeltriebuntersetzung von z. B. 5 ohne seitliche Planetengetriebe werden kaum noch verwendet.

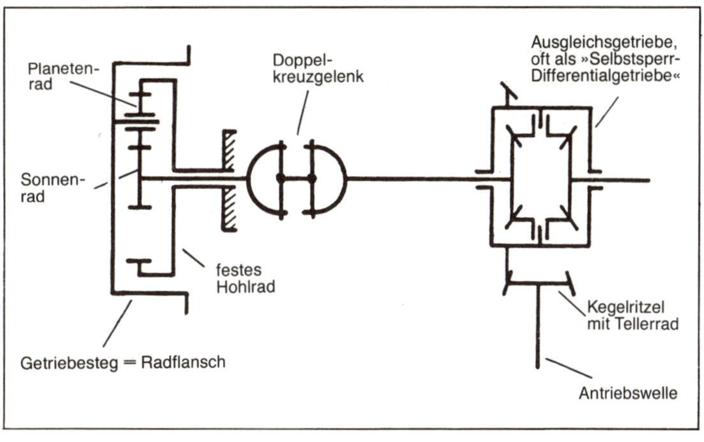

3.2 Richtige Bereifung

3.2.1 Anforderungen – Bauarten – Merkmale

Anforderungen an Traktorreifen – Es gelten im wesentlichen folgende Kriterien:

- Leistungsverhalten
- Tragfähigkeit
- Bodenschonung
- Lebensdauer
- Federung, Dämpfung
- Kosten

Treibradreifen – Die nach DIN 7807 genormten Bezeichnungen sind wie folgt zu lesen:

- *Herkömmlicher Treibradreifen* 16.9–38/8PR:
  - 16.9 = Reifenbreite in Zoll auf größter zulässiger Normfelge (1″ = 25,4 mm)
  - 38 = Felgendurchmesser in Zoll (Stelle, wo der Reifenwulst sitzt)
  - 8PR = »Lagenzahl« (Karkassenfestigkeit)
- *Radialreifen* 16.9R38/8PR: Schlüssel wie vor, jedoch anstelle des Bindestrichs ein R für Radialreifen

Die **Lagenzahl** gab früher die wirkliche Anzahl der Gewebelagen an. Heute dient sie mehr als Vergleichszahl. (Neuerdings will man sie durch einen Lastindex ersetzen.) Gängige PR-Zahlen: 6PR, 8PR, 10PR, 12PR. Eine hohe Lagenzahl erlaubt über hohe Luftdrücke hohe Tragfähigkeiten.

Die Industrie bietet Treibradreifen in der klassischen **»Diagonalbauart« (Bild 74)** oder der neueren **»Radialbauart«** (Gürtelreifen) **(Bild 75)** an. Radialreifen sind meistens etwas teurer, bieten aber auch durchschnittlich bessere Betriebseigenschaften. Am meisten bringt dabei die vergrößerte Kontaktfläche – etwas auch das geringere Kontaktflächenwalken.

Nicht angetriebene Reifen – Sie heißen nach DIN 7808 »Ackerschlepper-Lenkradreifen« und sind bis zur Größe 11.0–16 genormt. Wichtigste Eigenschaften: genügend Tragfähigkeit (Frontladen), gute Seitenführung (Längsrillen), kräftige flexible Seitenwand.

3.2.2 Grobbeurteilung der Reifendimensionen eines Traktors

Wichtigstes Kriterium ist zunächst eine *ausreichende Tragfähigkeit* (siehe auch Kap. 3.2.3). Wird diese mit niedrigen Luftdrükken erreicht, so hat man gleichzeitig *gutes Leistungsverhalten* und *Bodenschonung.*

Die **Zugleistung** eines Reifens auf dem Akker läßt sich über eine *Durchmesservergrößerung* mehr steigern als über eine größere *Breite* – zusätzlich paßt ein schmaler Reifen auch besser in die Furche! Leider steigt der Aufwand vor allem für den Reifen und das Getriebe mit dem Durchmesser weit stärker an als mit der Breite. So geht man aus Kostengründen oft lieber in die Breite.

Als Hilfe für die überschlägige **Gesamtbeurteilung** einer Taktorbereifung kann auch ein *Quervergleich* dienen **(Bild 76).** Aufgetragen wurde die Summe aller Treibradprojektionsflächen (Summe Breite × Durchmesser) über der Motornennleistung. Hinterradantrieb schneidet schlechter ab als Allradantrieb, große Traktoren sind spezifisch knapper bereift als kleine; der allgemein abfallende Trend über der Leistung hängt auch mit der Abnahme der Leistungsgewichte (siehe Bild 55, Seite 45) zusammen. Sehr große Maschinen sind z. T. so knapp bereift, daß sie nur durch hohe PR-Zahlen die notwendigen Tragfähigkeiten erreichen.

3.2.3 Reifen im praktischen Einsatz

Bedeutung des Luftdrucks – Reifen müssen in der Landwirtschaft mit außerordentlich unterschiedlichen Betriebsbedingungen fertig werden. Von allen beinflußbaren Faktoren hat der Luftdruck die mit Abstand größte Bedeutung **(Tab. 7).** Hoher Luftdruck ist zwar das kostengünstigste Rezept für hohe Tragfähigkeit – bringt aber anwendungstechnisch nur beim Straßenbetrieb Vorteile. Auf dem Acker sollte man den Luftdruck so niedrig wie möglich halten – Grenzen: Tragfähigkeit, Lebensdauer, Wandern auf der Felge. Von der Luftdruckverstellung macht die Praxis heute noch viel zu wenig Gebrauch. Grund: zu umständlich!

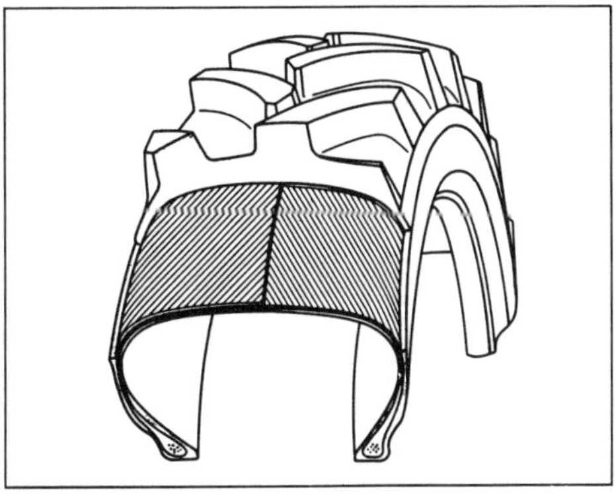

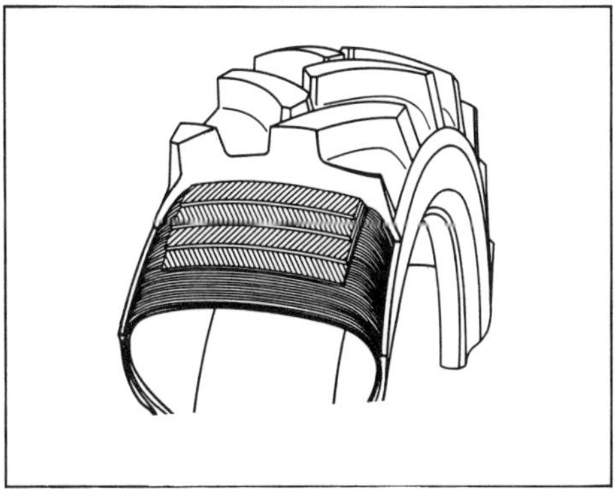

Bild 74 Oben links: Charakteristischer Aufbau einer Diagonalkarkasse (klassische Reifenbauart). Gewebelagen unter etwa 45° von Wulst zu Wulst ohne örtliche Festigkeitsunterschiede.

Bild 75 Oben rechts: Charakteristischer Aufbau einer Radialkarkasse. Nur relativ schwache Gewebeeinlagen von Wulst zu Wulst mit radialer Ausrichtung. Kräftige Zusatzlagen nur im Bereich der Lauffläche gürtelartig in Umfangsrichtung (daher auch die Bezeichnung »Gürtelreifen«). Weiche Seitenwand – steife Lauffläche.

Tabelle 7: Grundsätzliche Bedeutung des Luftdrucks der Traktor-Treibradreifen beim praktischen Einsatz (Kreuze bedeuten günstige Zuordnungen)

Kriterien	Luftdruck und PR-Zahl hoch	niedrig
DM/1000 kg Tragfähigkeit	×	
Bauvolumen, Platzbedarf	×	
Rollwiderstand Straße	×	
Reifengewicht	×	
Bodendruck		×
Leistungsverhalten Acker		×
Fahrkomfort, Federeffekt, Stöße		×
dynamische Kippsicherheit		×

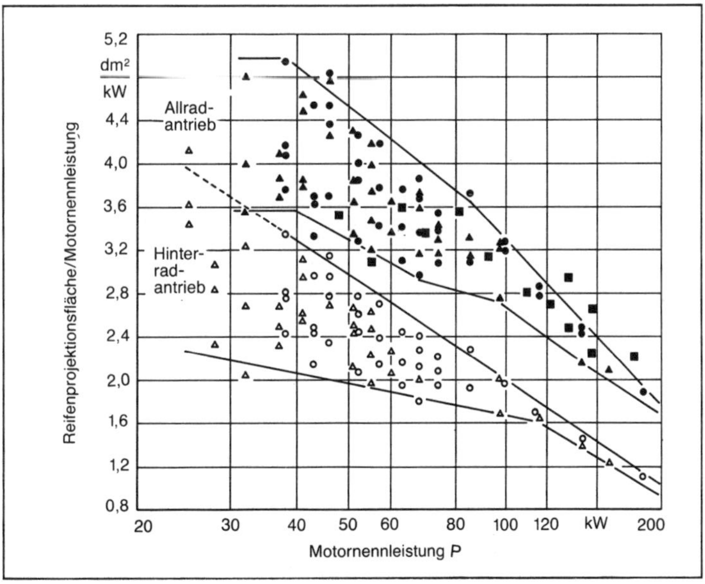

Bild 76 Summe der Treibrad-Projektionsflächen (Σ Durchmesser D × Breite B) auf die Traktor-Motornennleistung *P* bezogen und über *P* aufgetragen. Für mehrere Hersteller alternative Reifenangebote für Hinterrad- und Allradantrieb berücksichtigt. Nennbreite und Durchmesser des Neuzustands benutzt.
○ ● Hersteller A;
△ ▲ Hersteller B;
■ Traktoren mit gleich großen Rädern von zwei Herstellern.

Reifentragfähigkeit – Sie hängt von folgenden Einflüssen ab:

- Reifengröße
- PR-Zahl
- Betriebsluftdruck
- Fahrgeschwindigkeit

Die Reifenhersteller geben zum Nachschlagen der für die Zulassung maßgeblichen Werte (meist kostenlos) Handbücher heraus. Die Nenntragfähigkeiten beziehen sich bei Traktoren auf 30 km/h Höchstgeschwindigkeit. Umrechnungen auf andere Geschwindigkeiten zeigen die **Tab. 8** (Treibradreifen) und **Tab. 9** (Lenkradreifen). Der W.d.K. (Wirtschaftsverband der Deutschen Kautschukindustrie e. V.) arbeitet derzeit an einer Einführung von Codierungen für Tragfähigkeit und Höchstgeschwindigkeit, wie sie für schnelle Straßenfahrzeuge schon entsprechend ECE-Regelung Nr. 54 angewendet wird.

Beispiel: SSY-Zahl A8 bedeutet 40 km/h
LI-Zahl 126 bedeutet 1700 kg.

Lohnen sich Radialreifen (Gürtelreifen)? Welches Profil, welche Stollenhöhe? – Bei den Profilen sind die Unterschiede im Erscheinungsbild heute nur noch klein. Hochstollenreifen haben zweckmäßig einen etwas größeren Stollenabstand. Über den Nutzen des Radialreifenprinzips wird z. T. immer noch kontrovers diskutiert. Häufig beachtet man bei Vergleichen die oft unterschiedlichen Stollenhöhen zu wenig.

Dazu sei zunächst **Bild 77** betrachtet, das maximale **Reifenwirkungsgrade** in Abhängigkeit vom Bodenzustand, der Reifenbauart und der Stollenhöhe aus Messungen [51] aufzeigt (Definition des Wirkungsgrades in Kap 2.1). Bei gleicher Stollenhöhe ist der Radialreifen auf tragfähigem Boden besser als der Diagonalreifen – demgegenüber aber bei ungünstigem Boden nur gleich gut (bzw. gleich schlecht!). Eine genau umgekehrte Tendenz bewirkt die Vergrößerung der Stollenhöhe: Hochstollenreifen lohnen sich nur bei überwiegend sehr ungünstigen Bodenbedingungen; auf tragfähigem Boden und erst recht auf der Straße sind sie dem Universalreifen weit unterlegen. Betrachtet man die Unterschiede zwischen Diagonal- und Radialreifen nicht im Punkt des besten Wirkungsgrades (Schlupf bei günstigem Boden um 10 %), sondern bei 15–20 % Schlupf, gehen die Wirkungsgradvorteile noch etwas zurück. Ganz allgemein größer sind die **Zugkraftunterschiede.**

Wie verhalten sich nun die verschiedenen handelsüblichen Fabrikate im praktischen Einsatz? Hierzu liegen wissenschaftliche Meßwerte für 14 Reifen der Größe 16.9–34 für drei Böden vor [52]. Es kommt heraus, daß marktübliche Radialreifen häufig höhere Stollen aufweisen als Diagonalreifen. Hierdurch verschieben sich die Vorteile des Radialreifens vom tragfähigen Boden mehr zu den weicheren Böden. Es ergibt sich die Frage, ob manche Radialreifen nicht schon unnötig hohe Stollen aufweisen.

Was bringen »Breitreifen«? – Zur Bodenschonung setzt man neuerdings bei großen Maschinen die schon länger diskutierten »Breitreifen« [53] ein **(Bild 78).** Bei Luftdrücken von 0,3–0,5 bar ergibt sich etwa folgende Bewertung:

- **Vorteile:**
  - Wesentlich geringere Bodenverdichtung in den oberen Schichten, nur etwas verminderte Tiefenwirkung, noch nicht abschließend zu beurteilen
  - Sehr geringe Spurtiefe
  - Befahren junger Pflanzenbestände und Wiesen wesentlich besser möglich
  - Erweiterte Einsatzzeiten (besonders bei Saat, Pflanzenschutz, Düngung)
  - Hervorragende Eignung für den Forsteinsatz (Schonung des Waldes)
  - Verminderte Kippgefahr
  - Teilweise erhöhter Fahrkomfort
  - Bessere Selbstreinigung
- **Nachteile:**
  - Hoher Preis (zusätzlich)
  - Zulassungsprobleme (Überbreiten)
  - Für Straßenfahrt ungeeignet
  - Fahren in der Furche ungünstiger
  - Kein Einsatz als Universalreifen
  - Besondere Freigabe vom Traktorhersteller einzuholen (Achsfestigkeit)

Wasserfüllung der Traktorreifen – Sofern *notwendig,* wird z. B. Chlor-Calcium mit Wasser (ca 1:3) für 75 % Füllung empfohlen. Die dafür notwendigen Ventile (DIN 7773) werden häufig serienmäßig eingebaut. Wasserfüllung kann vor allem in den Frontreifen (Pflügen) nützlich sein.

Tabelle 8: Tragfähigkeiten von Traktor-Treibradreifen je nach der Höchstgeschwindigkeit DIN 7807, mit Ausnahme! (Siehe auch Text).

Höchst-geschwindigkeit km/h	Tragfähigkeit %		
8 (Frontladen)	140	bis inklusive Breite 18.4 und mind. 6 PR	bei 25% Überluft-druck
	130	über Breite 18.4 und mind. 8 PR	
20	120		
25	107		
30	**100**		
40	80	Diagonalreifen, benötigen bis Breite 18.4 6 PR, über 18.4 8 PR	
	100	gilt abweichend von DIN 7807 für Radialreifen, Sonstiges wie vor	

Tabelle 9: Tragfähigkeiten von Traktor-Lenkradreifen in Abhängigkeit von der Höchstgeschwindigkeit nach DIN 7808

Höchstgeschwindigkeit km/h	Tragfähigkeit %
Frontladen	200, mind. 6 PR
20	135
25	115
30	100
35	90
40	80, mind. 6 PR

Bild 77 Leistungsverhalten verschiedener Reifen-Grundbauarten für günstige und ungünstige Bodenbedingungen, gemessen und dargestellt mit Hilfe des maximalen Reifenwirkungsgrades (vergleiche Kap. 2.1) [nach 51]. Aussagen nicht auf Einzelreifen anwendbar, sondern etwa als Durchschnitt des heutigen Angebotes (1985) anzusehen.

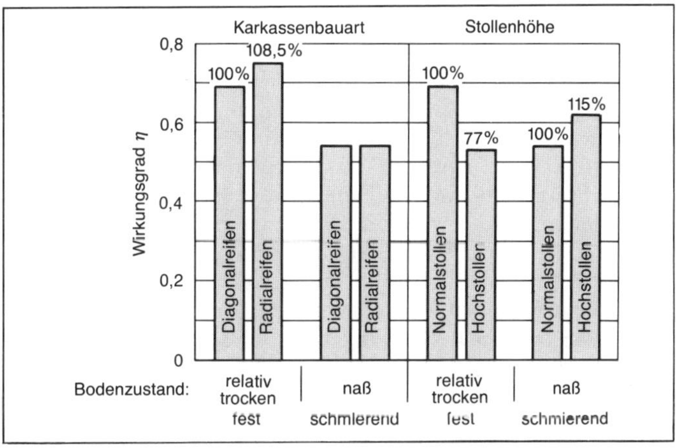

Bild 78 Traktor mit Breitreifen sehr geringen Luftdrucks zur Verminderung des Bodendrucks und zur Verbesserung der Geländegängigkeit bei geringer Oberflächenbeanspruchung. Ein Acker kann z. B. bei der Bestellung eher (feuchter) befahren werden, und häufig bedeutet solcher Zeitgewinn fühlbaren Mehrertrag.

3.3 Verstellen der Spurweite

Anforderungen – Am einfachsten läßt sich ein Traktor (für sich betrachtet) handhaben, wenn die Spurweite *nicht* verstellt wird. Tatsächlich findet man in der Praxis sehr viele Maschinen mit Vorrichtungen zum Verstellen der Spur, die jahrelang nicht bzw. noch nie benutzt worden sind. Hierin verbirgt sich der Wunsch der Praxis, möglichst wenig verstellen zu müssen.

Die höchsten Anforderungen an das Einhalten einer bestimmten Spurweite werden beim Fahren in **Reihenkulturen** gestellt. Dabei sind zugleich auch die Reifenbreiten mitzubetrachten. **Tab. 10** gibt hierzu eine Übersicht für einige typische Einsätze in Mitteleuropa. In anderen Ländern können die Gegebenheiten davon abweichen.

Zusätzlich zu den Reihenkulturen stellt bei uns auch das **Zusammenwirken von Traktor und Anhänger** Anforderungen an die Spurweite. Wenn es auf einen möglichst geringen Rollwiderstand des Anhängers ankommt – z. B. beim Abfahren der Zuckerrüben oder der Kartoffeln vom Acker – ist ein Fahren Spur in Spur oft notwendig, um nicht stekkenzubleiben (leider wird der Boden dabei sehr stark verdichtet, so daß auf lange Sicht geänderte Anhängerkonzepte mit geringeren Bodendrücken zu wünschen wären!).

Gestufte Spurweitenverstellungen – Schon der kleine Ausschnitt der oben dargelegten Anforderungen zeigt, daß man mit zwei oder drei Einheitsspurweiten nicht allgemein auskommen kann. Entsprechende Normen werden daher auch zukünftig nicht so stark regulierend wirken können, wie man es sich bei einem Standard wünscht.

Etwas weniger streuen die Spurweitenanforderungen bei Beschränkung auf jeweils einen bestimmten Betrieb. Für den Universaltraktor sollte man versuchen, mit zwei *Hauptspuren* auszukommen: Am besten mit 1500/1800 mm – dieses sind übrigens auch die Hauptspuren nach DIN 11740 für Transportanhänger. Ebenso kann eine Kombination 1600/1800 mm vorteilhaft sein, um z. B. breitere Reifen fahren zu können. Solche Zweistufenverstellungen sind sehr einfach durch **Felgenumschlag** zu erreichen – die entsprechenden Räder bezeichnet man auch als »Scheibenräder«. Sie sind kostengünstig, robust, einfach in der Handhabung und unproblematisch bezüglich Höhenschlag.

Reichen zwei Spurweiten nicht aus, bietet sich der Kauf von **gestuften Spurverstellrädern** an **(Bild 79).** Die Radscheiben können einerseits an den Felgenböckchen in vier verschiedenen Zuordnungen angeschraubt werden – zusätzlich läßt sich wie beim Scheibenrad auch das ganze Rad umschlagen. So entstehen bis zu 8 verschiedene Spurweiten. Für Rundlauf und Handhabung erweist es sich als günstig, wenn man die einmal gewählte Anschraubstellung an den Böckchen beibehält und allein mit Radumschlag auskommt. Bei Allradantrieb wendet man Spurverstellräder auch vorn an – bei Hinterradantrieb haben sich Frontachsen mit Verstellung direkt an der Achse bewährt **(Bild 80).**

Stufenlose Spurverstellungen – Um die Handhabung zu erleichtern, hat man vor allem in Nordamerika verschiedene stufenlos arbeitende Systeme entwickelt, insbesondere in Verbindung mit **Stummelachsen (Bild 81).** Nach Lösen der Klemmvorrichtung können die Räder mit Hilfe des kleinen Ritzels mit einem Schraubenschlüssel verstellt werden. Diese Bauart kollidiert bei uns mit der Straßenverkehrszulassungsordnung (Baubreite) und mit dem TÜV (vorstehende Achsenden). Daher entwickelte man weitere Lösungen, die z. B. mit schraubenartigen Stegen an der Felge arbeiten, an denen die Schüssel angeklemmt wird. Nach Lösen der Schrauben kann durch ruckartiges Vor- oder Rückfahren die Spurweite stufenlos verstellt werden. Man spricht hier auch von **PAW-Rädern** (power adjusted wheels).

Tabelle 10: Zusammenhänge von Reihenweite – Reifenbreite – Spurweite (Auswahl)

Kultur	Reihenweite cm	max. Reifenbreite Zoll	cm	Spurweiten mm
Kartoffeln	62,5	9,5	24	1250, 1900
	75	12,4	31	1500, 2200
Rüben, Feldgemüse	45	9,5	24	1350, 1800
	50	9,5	24	1500, 2000, 2500
Mais	60	15,5	39	1800
	75	16,9	43	1500, 1600, 2200
	75	18,4	47	1500, 2200
	80	20,8	53	1600, 2400
Getreide	Lichtschacht	9,5	24	verschiedene

Bild 79 Verbreitetes Prinzip der feinstufigen Spurweitenverstellung mit Spurverstellrädern. Aus Schüsselumschlag und Zuordnung Schüssel-Felge ergeben sich die 8 Spurweiten A–H.

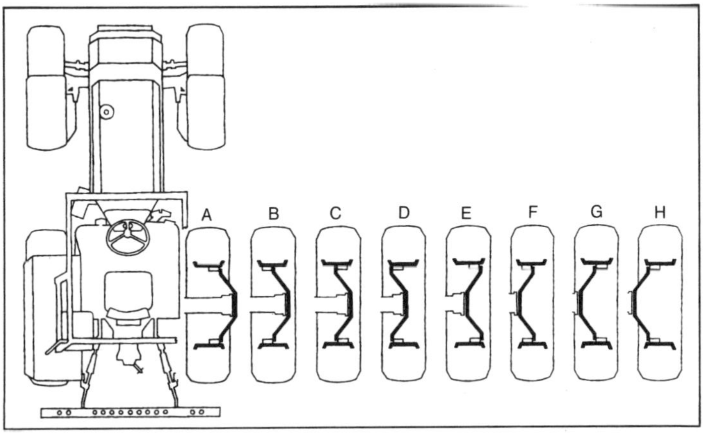

Bild 80 Feinstufige Spurverstellung bei nicht angetriebenen Traktorfrontachsen, Stufeneinheit z. B. 50 mm. Bei sehr großen Spurweiten zulässige Achslasten beachten!

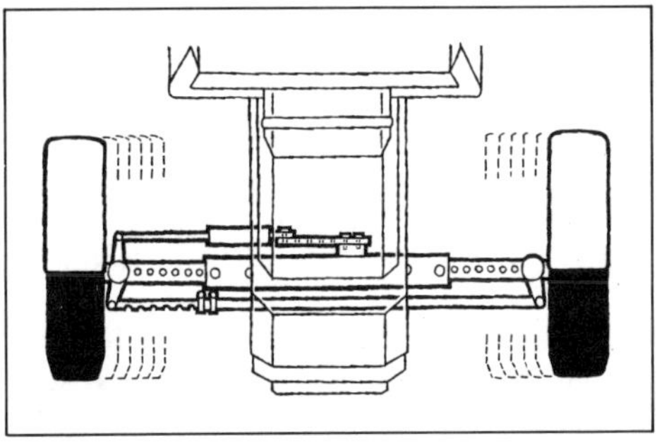

Bild 81 Stufenlose Spurverstellung in Verbindung mit »Stummelachsen«, Bauart J. Deere. In Nordamerika stark verbreitet, in Mitteleuropa wegen entgegenstehender Vorschriften nicht möglich.

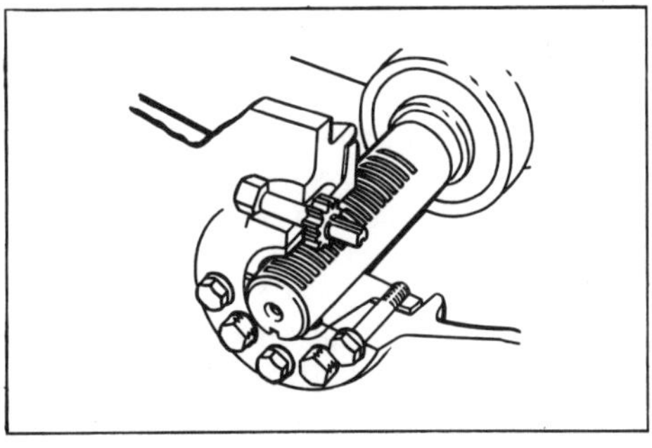

3.4 Bremsen

Anforderungen – Bremsen dienen vor allem dem sicheren und raschen Anhalten des Traktors bei Transport- und Förderarbeiten. Die erreichbaren Mindestverzögerungen bzw. Bremswege werden in der Straßenverkehrszulassungsordnung (StVZO) und im europäischen EG-Richtlinienwerk vorgeschrieben [54]. Dabei müssen alle ungünstigen Ballastierungen des Traktors abgedeckt werden im Rahmen der zulässigen Achslasten und des zulässigen Gesamtgewichts.

Die Vorschriften für die **Betriebsbremse** (Fußbremse) können die Hersteller für 25 km/h Höchstgeschwindigkeit leicht mit Hinterachsbremsen erfüllen. Bei 30 km/h sind die verschärften Anforderungen nur mit einigem Geschick mit der (kostengünstigen) Hinterachsbremsung abzudecken. Über 30 km/h erzwingen die Vorschriften Allradbremsung. Daher wird die 32-km/h-Grenze (Führerschein Klasse 5, auflaufgebremste Anhänger) praktisch so gut wie nicht ausgenutzt. Bremsen in der Nähe der Frontreifen sind relativ teuer – kostengünstiger und einfacher wird die Frontbremsung bei Allradantrieb – z. B. durch eine einzige Bremse am Verbindungsstrang Getriebe – Frontachse. Bei einer anderen Lösung erreicht man die Allradbremsung durch automatische Allradzuschaltung [54].

Für die **Hilfsbremse** und die **Feststellbremse** (beim Traktor zur »Handbremse« vereinigt) gelten weitere Vorschriften (StVZO, EG). Standardtraktoren üblicher Bauart benötigen zur Erhöhung der Wendigkeit die Möglichkeit der **Einzelradbremsung.** Das Fußpedal wird als Doppelpedal ausgeführt und muß für Straßenbetrieb verriegelt werden.

Vor allem die Betriebsbremse sollte nicht zu hohe **Betätigungskräfte** erfordern. Komfort-Faustwerte: 6–12 N je % Abbremsung. 1 % Abbremsung entspricht einer Verzögerungskraft an den Reifen von einem Hundertstel der Traktorgewichtskraft. Etwa ab 30 % hat man auf dem Traktor das Gefühl einer Vollbremsung (Straßenfahrt). Zugehörige Pedalkraft $12 \times 30 = 360$ N bzw. $6 \times 30 = 180$ N (größere Werte für einfache, kleine Traktoren – kleine Werte für Maschinen mit viel Komfort). Die Zahlen gelten immer für maximal zulässiges Gewicht.

Weitere **Praxisanforderungen** sind:

- Links und rechts gleiche Bremswirkung
- Schmutzunempfindlichkeit
- Hohe Zuverlässigkeit und Lebensdauer
- Sofern notwendig, einfach zu warten
- Kein Quietschen und Rucken
- Geringe Leerlaufverluste
- Einfacher Aufbau, preiswerte Ersatzteile

Bauarten und Anordnungen – Für die **Betriebsbremsen** verwendet man im wesentlichen vier charakteristische Bauarten **(Tab. 11),** der Trend geht zu Scheibenbremsen **(Bild 82).** Kostengünstige *Trommelbremsen* benutzt man z. T. bei kleineren bis mittleren Traktoren **(Bild 83).** Durch gute Abdichtung, verbesserte Materialien, hydraulische Betätigung, Selbstnachstellung und nicht zu große Selbstverstärkung konnte man ihren Gebrauchswert erheblich aufwerten. Bei *Scheibenbremsen* stehen dem Trend zu nassen, fast verschleiß- und wartungsfreien Vollscheibenkonzepten noch etwas die mehr oder weniger großen Leerlaufverluste entgegen, die durch die Ölabscherung zwischen den gelüfteten Bremsflächen entstehen. Die Industrie arbeitet intensiv an weiteren Verlustreduzierungen. Auch die Forschung untersucht dieses Problem.

Für die **Handbremse** sind über die genannten Bauarten hinaus auch noch *Bandbremsen* (flach oder mit Keilband) in Gebrauch. Sie wirken auf die Kegelritzelwelle oder den Differentialkorb und gelten als sehr zuverlässig und kostengünstig. Ein kleiner, aber wenig bedeutender Nachteil ist die vorhandene Differentialwirkung – gegebenenfalls (ein Rad auf Eis) sollte man zur Sicherheit die Sperre einlegen.

Die **Anordnung der Bremsen** ist heute eng mit dem Hinterachskonzept verknüpft – bei 40-km/h-Allradmaschinen auch mit der Art des Frontantriebes. **Bild 84** zeigt eine häufig benutzte Lösung bei Verwendung von Planetenendtrieben, **Bild 85** enthält ein Ausführungsbeispiel bei Benutzung eines »geteilten« Stirnradendantriebs. In beiden Fällen liegt die Bremse bewußt nicht in Radnähe, sondern vor der Enduntersetzung. Infolge der hier viel kleineren Kräfte und Momente kann man entsprechend kleiner und kostengünstiger bauen.

Tabelle 11: Grundbauarten von Traktor-Betriebsbremsen und deren Bewertung

Bauart, Prinzip	Stärken	Schwächen
Trommelbremse	einfach und kostengünstig, durch hydraulische Betätigung und Selbstnachstellung sehr aufgewertet, keine Leerlaufverluste	sehr schmutzempfindlich, sofern nicht gut geschützt; relativ große Streuungen in der Wirkung, besonders bei großer innerer Selbstverstärkung
trockene Teilscheibenbremse	relativ einfach und für höchste Beanspruchungen in sehr großen Stückzahlen bewährt (Lkw, Pkw); Beläge leicht tauschbar; Leerlaufverluste sehr klein	bei Schmutzanwesenheit Zusatzverschleiß – auch im nicht betätigten Zustand auftretend; Scheibe wird relativ heiß, Scheibenersatz z. T. aufwendig
trockene Vollscheibenbremse	Leerlaufverluste sehr klein; Kapselung relativ wirksam möglich; hohe Belaglebensdauer	teuer; Beläge halten zwar lange – Wechsel aber dann oft aufwendig; hohe Anforderungen an die Abdichtungen zu den Ölräumen hin
nasse Vollscheibenbremse	sehr hohe Lebensdauer – bis zu einem Traktorleben! Lauf im Ölbad schützt auch vollkommen vor äußerer Schmutzeinwirkung	teuer; zum Teil hohe Leerlaufverluste bei Transportfahrt, besonders bei Kälte und hoher Fahrgeschwindigkeit; Spezialöl – sonst Quietschen und Rucken möglich

Bild 82 Trockene Teilscheiben-Festsattelbremse, voll gekapselt, Bauart Deutz-Fahr (ab 1984 in DX3-Traktoren).

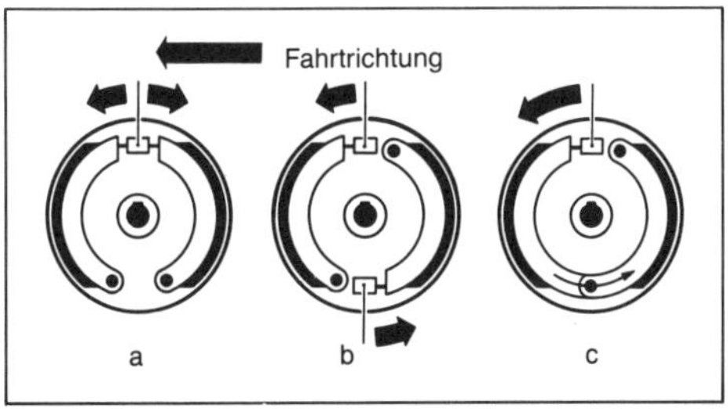

Bild 83 Hauptbauformen von Innenbackenbremsen: a Simplexbremse, b Duplexbremse, c Servobremse. Pfeile deuten Ort und Richtung der Spannkräfte an. Selbstverstärkung steigt von a nach c. Hohe Selbstverstärkung ergibt zwar kleine Fußkräfte, erhöht jedoch die Gefahr des Schiefziehens infolge erhöhter Schmutzempfindlichkeit.

Bild 84 Anordnung der Bremsen bei Traktorhinterachse mit Planetenendantrieb. Nasse Vollscheiben-Betriebsbremse mit organischem Bremsbelag, ölgekühlt. Feststellbremse mit gegliedertem Keilband.

Bild 85 Außen: Anordnung der Bremsen bei Traktorhinterachse mit »geteiltem« Stirnradendantrieb. Trockene Festsattel-Teilscheibenbremsen als Betriebsbremse und Trommelbremsen als Feststellbremse. Bremsklötze bzw. Bremsbacken leicht auszutauschen.

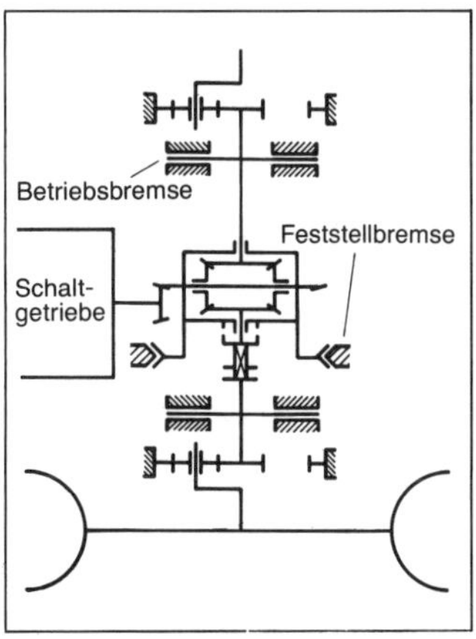

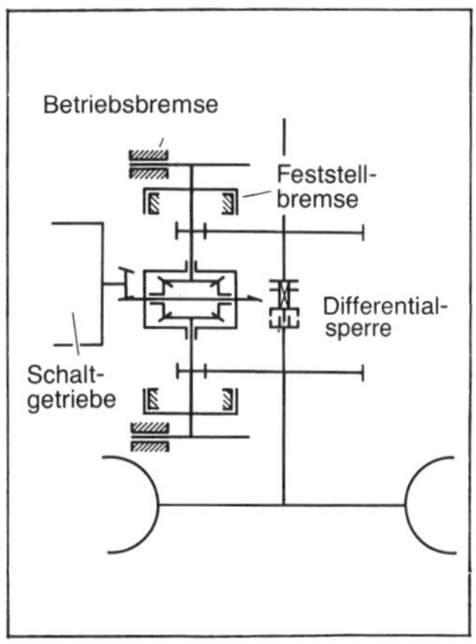

3.5 Lenkung

Bauarten – Folgende Konzepte kommen bei Traktoren vor:

- Achsschenkellenkung vorn **(Bild 86)**
- Knicklenkung **(Bild 87)**
- Achsschenkellenkung aller Räder **(Bild 88)**

Die *Achsschenkellenkung vorn* (auch »Akkerman-Lenkung«) ist die Normalbauart. *Knicklenkung* verwendet man vor allem in Verbindung mit vier gleich großen Reifen für Großtraktoren (Nordamerika, Australien) und z. T. für Weinbautraktoren (siehe Kap 1.3, Seite 18). Die *Achsschenkellenkung aller Räder* erweist sich als so aufwendig und damit teuer, daß man sie nur für besondere Traktorbauarten – und auch hier nur selten – einsetzt.

Warum ist die Knicklenkung so selten? – Sie hat folgende **Vorteile:**

- Hervorragende Wendigkeit trotz gleich großer Reifen
- Spur in Spur auch bei Kurvenfahrt
- Lenkgeometrie exakt
- Seitliches »Schwänzeln« im Stand erleichtert Gerätekoppelung

Die **Nachteile** sind jedoch für die Praxis erheblich:

- Gesamtmaschine je kW erheblich teurer
- Energieverluste im Lenksystem größer (vor allem bei Konstantpumpensystemen)
- Dynamisches Verhalten bei rascher Transportfahrt ungünstiger
- Kippstabilität geringer
- Geräteführung in Reihenkulturen bei Heckanbau z. T. ungünstiger

Daher sind viele Versuche gescheitert, die Knicklenkung breiter einzuführen.

Einzelheiten zur Achsschenkellenkung vorn – Die Lenkeigenschaften werden erheblich durch die Lenkgeometrie beeinflußt, deren wichtigste Größen **Bild 89** erläutert. Während beim Straßenfahrzeug das Verhalten bei schneller Fahrt besonders wichtig ist, steht beim Traktor mehr die *Wendigkeit* im Vordergrund. Die inneren Radeinschlagwinkel sind bei der Achsschenkellenkung immer größer als die äußeren. Die ideale Lenkgeometrie wird durch das Lenktrapez nur näherungsweise erfüllt [55].

Die **Vorspur** (einige mm) dient zum besseren Ansprechen der Lenkung bei kleinen Lenkwinkeln. Der **Nachlaufwinkel** (2–12°) dient einerseits zum selbsttätigen Rückstellen des Rades in Geradeausstellung – andererseits reduziert er den Freiraumbedarf gegenüber dem Rumpf. Deswegen ging man bei Allradantrieb bis zu 12° **(Bild 90).** Die **Spreizung** (3–8°) dient vor allem dem Verkleinern des Lenkrollradius und zur Unterstützung der Radrückstellung, die infolge des Gewichts des beim Einschlagen der Räder vorn etwas angehobenen Traktors entsteht. Der Lenkrollradius soll bei angetriebenen Achsen vor allem im Interesse geringen Freiraumbedarfs zum Rumpf hin klein sein. Sogar negative Werte kommen vor (z. B. bei der ZF-Achsbaureihe 300, 1982). Etwas größere Lenkmomente nimmt man zugunsten großer Einschlagwinkel in Kauf.

Erzeugung der Lenkkräfte – Drei charakteristische Konzepte sind zu nennen:

Die **mechanische Lenkung** mit Handkraft benutzt man (wegen der geringen Kosten) noch bei kleineren Traktoren.

Die **hydrostatische Hilfskraftlenkung** *mit mechanischer Verbindung* hat als Übergangslösung (z. B. als ZF »Hydroblocklenkung«) bei Traktoren große Bedeutung gehabt. Die hydrostatische Hilfskraftlenkung *ohne mechanische Verbindung* herrscht heute vor und läßt sich konstruktiv besonders elegant mit elastisch gelagerten Kabinen kombinieren. Die Bezeichnung »Hilfskraft...« deutet an, daß Handkräfte noch eine gewisse Rolle spielen. Sie überlagern sich den hydrostatischen Kräften bei Gewaltlenkungen und dienen bei Pumpenausfall zum Notlenken (§ 38 StVZO).

Eine gute hydrostatische Hilfskraftlenkung sollte so kräftig sein, daß beim *Lenken im Stand* auf trockenem Beton mit zulässiger Frontachslast und Standardreifen etwa ⅔ Lenkeinschlag möglich sind. Diese Forderung ist etwas schärfer als die Zulassungsvorschriften. Breite Reifen wirken erschwerend. Bei Überlastung und bei Maximaleinschlag hört man das Ansprechen des *Druckbegrenzungsventils* als deutliches Rauschen. Die gesamte Energie des Systems wird in Wärme umgesetzt (z. B. 7 kW) – das ist nur kurzzeitig zu verkraften.

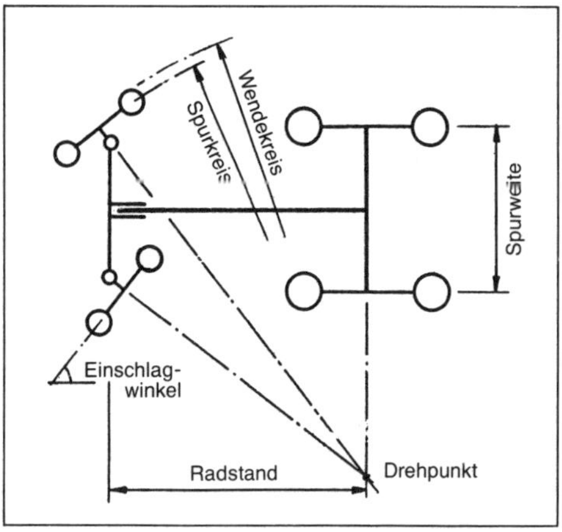

Bild 86 Achsschenkellenkung vorn: Bei idealer Auslegung treffen sich alle Radachsen im Drehpunkt. Praktische Annäherung durch Lenktrapez. Wendekreis siehe auch DIN 70020.

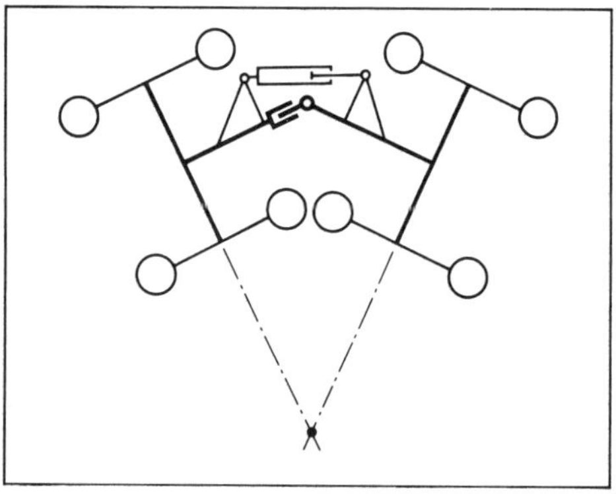

Bild 87 Knicklenkung: Beschränkt auf Großtraktoren und z.T. Weinbautraktoren in Verbindung mit vier gleich großen, angetriebenen Rädern. Lenkkräfte sehr groß, werden bis auf Kleinsttraktoren hydrostatisch erzeugt. Gesamtbewertung siehe Text.

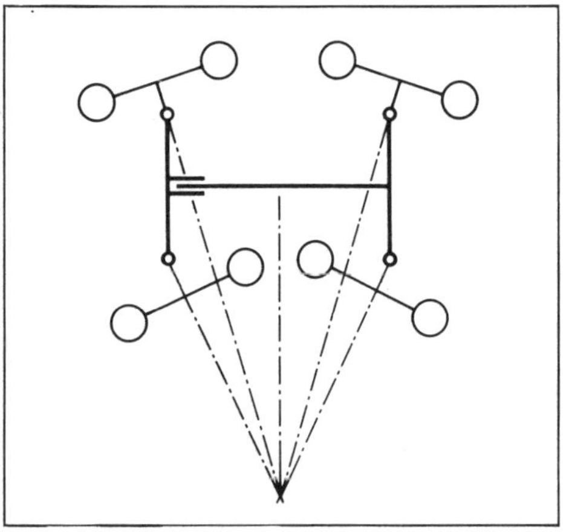

Bild 88 Links: Achsschenkellenkung aller Räder: Außergewöhnlich gute Wendigkeit, jedoch konstruktiver Aufwand so groß, daß die praktische Bedeutung sehr gering blieb.

Bild 89 Lenktrapez und charakteristische geometrische Größen der Achsschenkellenkung. Vorspur $s_2 - s_1$, Sturz δ, Nachlaufwinkel γ, Spreizung ε, Lenkrollhalbmesser e. Praktische Bedeutung siehe Text.

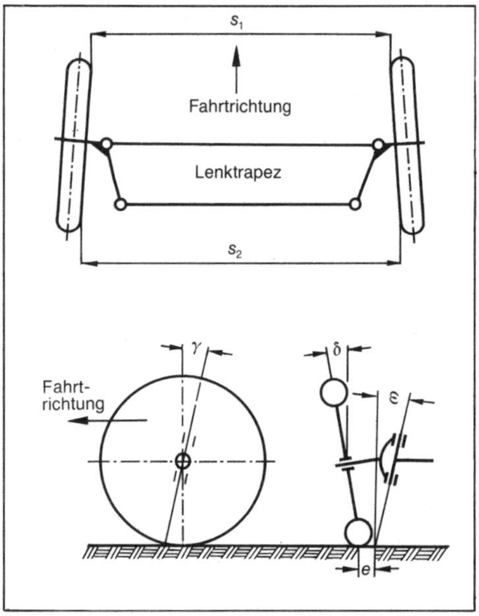

Bild 90 Große Nachlaufwinkel bei angetriebenen Frontachsen mit Achsschenkellenkung führen durch den Kippeffekt zu vermindertem Freiraumbedarf des Reifens gegenüber dem Rumpf (große Radeinschlagwinkel).

3.6 Besonderheiten der Achsdifferentialgetriebe

Differentialgetriebe erzeugen Waagewirkung – Differentialgetriebe dienen zur Leistungsaufteilung in Traktorachsen bei Kurvenfahrt **(Bild 91).** Das am Tellerrad durch die Kegelritzelwelle eingeleitete Drehmoment wird im Idealfall durch die Waagewirkung der Ausgleichskegelräder im Verhältnis 50:50 % auf die Ausgangswellen verteilt. Die tatsächliche praktische Aufteilung kann durch innere Reibung davon abweichen.

Differentialsperren heben Waagewirkung auf – Die *beste Zugleistung* erbringt ein Traktor geradeaus *ohne* Differentialwirkung (siehe auch Kap. 2.5)! Daher werden Hinterachsdifferentiale mit schaltbaren, voll wirkenden Sperren versehen – entweder mit Formschluß (Bild 91) oder mit Reibungsschluß **(Bild 92).** Selbstsperrende Differentialgetriebe baut man in Hinterachsen bewußt nicht ein, weil ihre Funktion die Einzelradbremsung behindert. In angetriebenen Frontachsen haben sich jedoch derartige Vorrichtungen sehr bewährt.

Der **Sperrwert** dient als Maß für die Teilsperrung:

$$\text{Sperrwert} = \frac{\text{Drehmomentdifferenz}}{\text{Drehmomentsumme}}$$

Die Ausdrücke bildet man mit den Drehmomenten der Ausgangswellen – **Tab. 12** zeigt einige Zuordnungen. Der Sperrwert ist lastunabhängig, wenn die Reibung durch die Lastwirkungen erzeugt wird und konstante Reibungszahlen vorliegen.

Bauarten von Selbstsperrdifferentialen – Differentialgetriebe mit verstärkter Eigenreibung erreicht man durch Sonderverzahnungen (ZF Baureihe DV) und durch Präparieren der Gleitstellen. Die Sperrwerte betragen etwa 15–30 %. Diese Lösung ist sehr kostengünstig.

Das **Differentialgetriebe mit selbsttätiger, lastabhängiger Lamellensperre** kann für Sperrwerte bis zu etwa 75 % ausgelegt werden. Bei Traktoren wendet man im Interesse guter Lenkbarkeit Sperrwerte um 45 % an, **Bild 93** zeigt eine sehr verbreitete Bauart. Das Drehmoment wird vom Tellerrad auf die Druckringe übertragen – von hier aus gelangt es über die Bolzen (auch »Ausgleichsachsen«) über die Ausgleichsräder zu den Achskegelrädern. Die Übertragung Druckringe – Bolzen bewirkt durch die schrägen Flächen ein Spreizen der Druckringe gegen die Lamellenpakete. Je größer die Last, desto größer das gesamte Sperrmoment. Reibungselemente und Ölsorte müssen aufeinander abgestimmt sein, andernfalls besteht die Gefahr eines erhöhten Verschleißes und es können beim Ansprechen Geräusche auftreten.

Differentialgetriebe mit vorgespannten Reibungssperren haben auch ohne Drehmoment einen Sperreffekt, wodurch die Achszugkraft z. B. auch dann nicht zusammenbricht, wenn ein Reifen auf Eis den Kraftschluß verliert. Mit Rücksicht auf die Lenkbarkeit kann man jedoch das »fest eingestellte Sperrmoment« nicht so groß machen, daß es auch bei schweren Einsätzen noch ausreicht. Daher ist dieses Prinzip höchstens in Verbindung mit dem zuvor genannten bei landwirtschaftlichen Traktoren sinnvoll.

Ersatz des Differentialgetriebes durch selbsttätige Schaltklauen – Unter der Markenbezeichnung »NoSpin« wird eine in den USA entwickelte Einrichtung z. T. in Traktorfrontachsen eingebaut. Anstelle von Kegelrädern übertragen zwei selbsttätige Klauenkupplungen das Drehmoment vom Tellerrad auf die Seitenwellen. Im Normalzustand wirkt dieses Konzept wie ein voll gesperrtes Differentialgetriebe. Bei Kurvenfahrt kuppelt sich das außen laufende Rad ab, sobald das zugehörige Drehmoment auf Null abgefallen ist. Das NoSpin kann in Extremsituationen den üblichen Selbstsperrdifferentialen überlegen sein. Voraussetzung für eine gute Funktion ist jedoch ein bei Geradeausfahrt vorhandener Überschuß der Frontreifen-Umfangsgeschwindigkeit (Vorlauf). Reifenauswahl und -abnutzung verlangen deutlich mehr Beachtung.

Der mögliche Zugkraftgewinn durch Selbstsperrdifferentiale wird in **Bild 94** demonstriert, hier 24 % (für ganzen Traktor ca. 4–8 %) [56]. Voraussetzung für ein volles Ausschöpfen dieses Gewinns ist eine ausreichende Motorleistung.

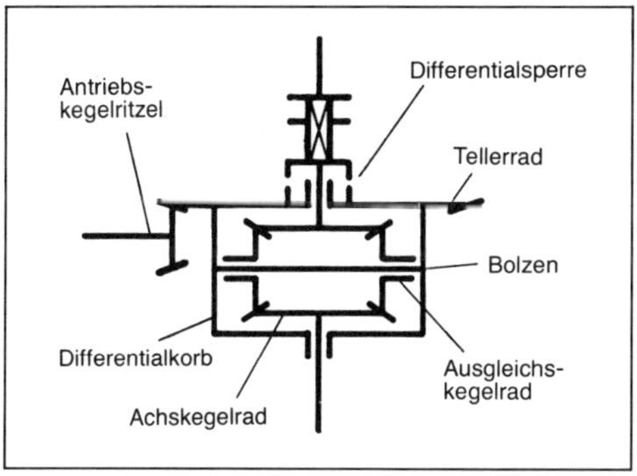

Bild 91 Besonders verbreitetes Differentialgetriebe mit formschlüssiger Sperrvorrichtung in Traktorhinterachsen. Die früher häufig benutzten Stiftschaltungen ersetzte man überwiegend durch meist verschleißgünstigere Klauenschaltungen.

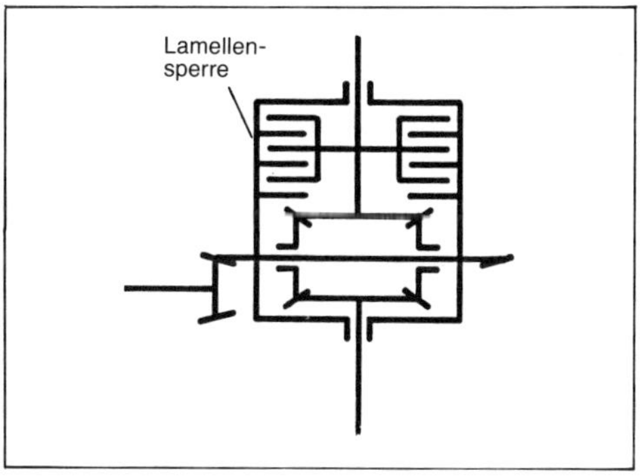

Bild 92 Differentialgetriebe mit kraftschlüssiger Sperrvorrichtung durch (meist hydraulisch betätigte) Reibungslamellen in Hinterachsen größerer Traktoren. Relativ aufwendig (teuer), dafür aber sehr komfortabel durch hydraulische Betätigung.

Bild 93 Rechts: Differentialgetriebe mit selbsttätiger lastabhängiger Lamellensperre für angetriebene Traktor-Frontachsen.

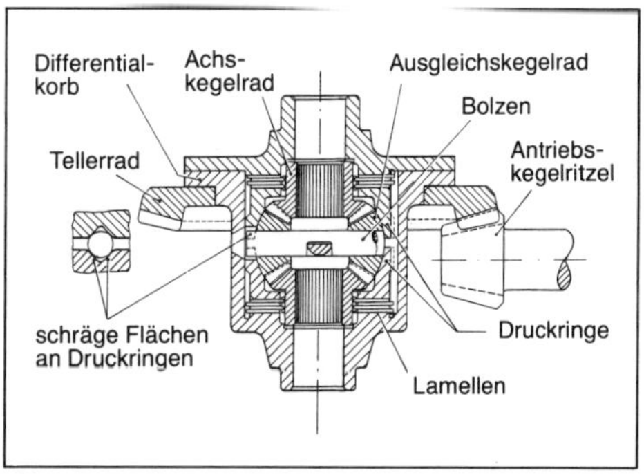

Tabelle 12: Sperrwerte und zugehörige mögliche Drehmomentaufteilungen bei Differentialgetrieben mit lastabhängigen Reibungswirkungen

Sperrwert %	Drehmomentaufteilung bis zu	Bemerkungen
0	50:50	nicht möglich
5	52,5:47,5	kommt nicht vor
10 15	55:45 57,5:42,5	übliche Differential-Getriebe
20 30	60:40 65:35	Differential-Getriebe mit verstärkter Eigenreibung
40 50	70:30 75:25	Differential-Getriebe mit Reibungselementen

Bild 94 Berechnete Radzugkräfte an einer getriebenen Frontachse (pflügender Traktor). Achslast 1600 kg, Radlastverhältnis 1,38, Triebkraftbeiwert in der Furche 1,65mal größer als oben. Gestrichelte Radzugkräfte für gewöhnliches Differential (Sperrwert 12 %) – durchgezogene für Selbstsperrdifferential (45 %); Gesamtzugkraft 7,3 zu 5,9 kN (+24 %).

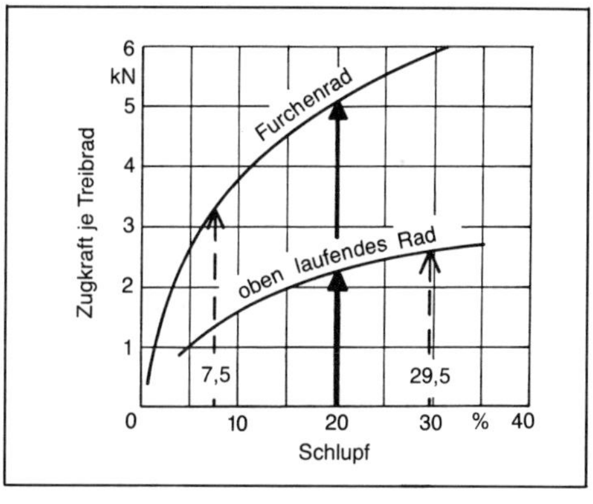

4 Dieselmotoren

4.1 Arbeitsprinzip

Übersicht – Während beim Ottomotor das brennbare Gemisch im Normalfall außerhalb des Zylinders erzeugt wird, saugt der Dieselmotor reine Luft an. Diese wird auf eine relativ hohe Temperatur (entsprechend Rotglut) verdichtet. Der mit hohem Druck eingespritzte Dieselkraftstoff entzündet sich daher kurz nach Einspritzbeginn von selbst – ohne Zündeinrichtung. **Tab. 13** zeigt die Folge der Arbeitstakte beim Viertakt-Dieselmotor im Vergleich zum Ottomotor. **Bild 95** demonstriert den Grundaufbau eines Viertakt-Dieselmotors. Hinzu kommen Einspritzanlage, Ventilsteuerung und Einrichtungen für die Kühlung.

Besonderheiten beim Traktor – Heute verwendet man im Gegensatz zu früher nur noch Viertaktmotoren – am häufigsten mit drei und vier Zylindern. Zur Erhöhung der Leistungsdichte und zur Erweiterung der Leistungsbandbreite eines Motortyps führte man bei Vier- und Sechszylindern die sog. **Aufladung** ein, die z. B. bei großen Schiffsdieselmotoren seit langem Standard ist. Beim Fahrzeugdieselmotor hat die Stellung des »Gaspedals« keinen unmittelbaren Einfluß auf die **eingespritzte Kraftstoffmenge:** Das Gaspedal gibt im Gegensatz zum Ottomotor die Solldrehzahl vor und der »Regler« mißt automatisch die je nach Last notwendige Kraftstoffmenge zu. Die angesaugte bzw. durch den Lader gelieferte Luftfüllung bleibt unbeeinflußt – dadurch arbeitet der Dieselmotor bei Teillast mit sehr großen Luftüberschüssen und erreicht eine sehr saubere Verbrennung mit guten Wirkungsgraden.

Einige charakteristische **Betriebsdaten** für Traktordieselmotoren mit Direkteinspritzung wurden in **Tab. 14** zusammengestellt. Die gegenüber Ottomotoren wesentlich höheren Verdichtungsverhältnisse und maximalen Verbrennungsdrücke erfordern eine besonders stabile konstruktive Ausführung. Weil außerdem die Nenndrehzahl gerade beim Traktordiesel relativ niedrig liegt, ergeben sich im Vergleich zum Ottomotor erheblich höhere Herstellungskosten je kW Nennleistung [57].

Verbrauch und Wirkungsgrad – Der Traktor-Dieselmotor liegt bezüglich Sparsamkeit seit Jahrzehnten an der Spitze aller Fahrzeugdieselmotoren. Bezieht man den Kraftstoffverbrauch in g/h auf die gerade abgegebene Schwungradleistung in kW, so erhält man den **spezifischen Kraftstoffverbrauch** in g/kWh, den man häufig mit b_e bezeichnet (Eckwerte siehe Tab. 14). Für einen mittleren Heizwert des Dieselkraftstoffes von 42,7 MJ/kg (ca. 10 kWh/l) ergibt sich als **Motorwirkungsgrad** η :

$$\eta = 84{,}3/b_e \quad \text{mit } b_e \text{ in g/kWh}$$

Die sparsamsten dem Verfasser bekannten Dieselmotoren (Großmaschinen für Schiffsantriebe) erreichen derzeit Kleinstwerte im Bestpunkt von 166 g/kWh (η um 50 %!). Traktordieselmotoren und die ihnen konstruktiv nahestehenden Lkw-Diesel haben in den Bestpunkten die »Schallmauer« von 200 g/kWh in Einzelfällen etwa erreicht (Praxiswerte siehe Tab. 14). Pkw-Dieselmotoren sind von diesem Niveau noch weit entfernt, dafür aber noch schadstoffärmer.

Der Traktormotor ist vor allem durch folgende Merkmale so sparsam:

- Direkteinspritzung
- Niedrige Nenndrehzahl
- Sehr lange Erfahrung
- Z. T. Aufladung (bringt wenig bis etwa 500 m Höhe, aber viel in den Bergen!)

Schadstoffemission – Den oft benutzten Begriff »abgasarm« sollte man vermeiden, weil ein Motor ohne Abgas nicht läuft. Es geht um die **Schadstoffe (Tab. 15):**

- Der Traktordieselmotor ist wesentlich schadstoffärmer als herkömmliche Pkw-Ottomotoren, erreicht aber nicht das Niveau moderner Katalysatortechnik
- Langfristig wird man beim Dieselmotor vor allem NO_x reduzieren – voraussichtlich in Verbindung mit Rußfiltern
- In der Praxis reduziert ein Vermeiden äußerster Vollast die Schadstoffe

Als **Maßstab** für Dieselmotoren schuf man die Regelungen ECE-R 24 (Ruß) und ECE-R 49 (CO, HC, NO_x).

Tabelle 13: Art und Folge der Arbeitstakte bei Viertaktmotoren (OT = Oberer Kolben-Totpunkt)

	Dieselmotor	Ottomotor
Takt 1	Luft ansaugen	Gemisch ansaugen
Takt 2	Luft verdichten	Gemisch verdichten
Zündung	Kraftstoffeinspritzung beginnt vor OT, endet nach OT	Zündfunken wird je nach Drehzahl mehr oder weniger weit vor OT ausgelöst
Takt 3	Verbrennen, Expandieren: Nutzarbeit	
Takt 4	Abgase ausschieben	

Tabelle 15: Schadstoffe beim Traktor-Dieselmotor mit Direkteinspritzung (Faustwerte)

Schadstoffart	Bedeutung
Kohlenmonoxid CO	sehr gering (ca. 0,5–1,0 Vol.-‰)
Stickoxide NO_x (NO und besonders NO_2)	weniger als beim Ottomotor, ca. 0,2–1,5 Vol.-‰, stark lastabhängig
unverbrannte Kohlenwasserstoffe HC	mit ca. 0,5 Vol.-‰ nicht besser als Ottomotor, störend bei Kaltstart
Rußpartikel	spezielles Dieselmotorproblem, je nach Auslastung ca. 0,05–0,30 g/m^3
Schwefeldioxid SO_2	unbedeutend bei gutem Kraftstoff

Tabelle 14: Charakteristische Betriebsdaten für Traktor-Dieselmotoren (Direkteinspritzung)

Morkmal		Daten	Bemerkungen
Hubvolumen je Zylinder	l	0,8–1,2	1 l z. B. aus 103 mm Bohrung: 120 mm Hub
Nenndrehzahl	1/min	2000–2600	
Leistung je Zylinder	kW	12–15 (14–22)	( ) für aufgeladene Motoren
Drehmomentanstieg	%	10–25 (25–35)	( ) vereinzelt, Faustwert 15 %
Verhältnis Hub: Bohrung		1,15–1,25	Faustwert 1,20
mittlere Kolbengeschwindigkeit[1])	m/s	8–11	bei Nenndrehzahl
kleinster Verbrauch	g/kWh	205–230	} aus OECD-Tests; Ausreißer nach oben weggelassen
Nennverbrauch	g/kWh	220–250	
Verdichtungsverhältnis	–	17–19 (15–16)	} ( ) für aufgeladene Motoren
Nenn-Mitteldruck[2])	bar	6–7,3 (7,7–11)	
Leistungsgewicht	kg/kW	4–8	groß bei kleiner Leistung
max. Kompressionsdruck	bar	40–80	} drehzahlabhängig
max. Kompressionstemperatur	°C	500–800	
Einspritz-Pumpendruck	bar	180–300	leicht steigende Tendenz
max. Verbrennungsdruck	bar	80–130	} abhängig von Drehzahl und Ablauf der Einspritzung
max. Verbrennungstemperatur	°C	1500–1800	
max. Abgastemperatur	°C	500–600	auch vom Meßort abhängig

[1]) Mittlere Kolbengeschwindigkeit
[m/s] = Hub [mm] × Drehzahl [1/min]/30000

[2]) Mitteldruck

$$[\text{bar}] = 1200 \times \frac{\text{Leistung [kW]}}{\text{Hubvolumen [l]} \times \text{Drehzahl [1/min]}}$$

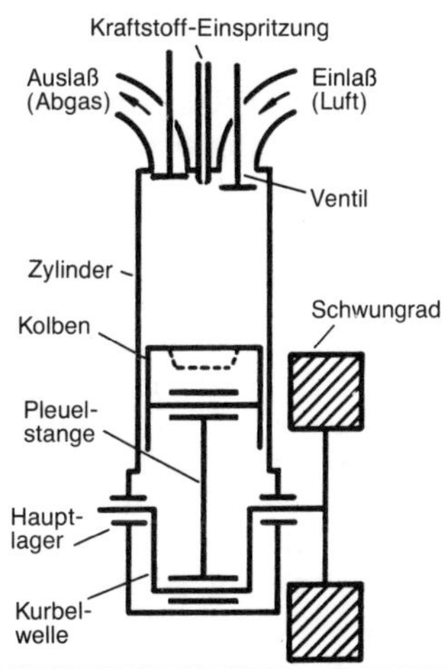

Bild 95 Grundaufbau eines Viertakt-Dieselmotors – gezeigt am Beispiel des Einzylinders. Kolben steht im »unteren Totpunkt« (UT): Einlaßventil beginnt Schließvorgang, danach folgt Verdichten und Direkteinspritzung kurz vor dem »oberen Totpunkt« (OT).

4.2 Bauarten und Bauelemente

4.2.1 Verbrennungsverfahren

Traktormotoren arbeiten heute mit **Direkteinspritzung** [59]. Ein einziger Brennraum wird durch eine Kolbenmulde gegen den meist flachen Zylinderkopf gebildet **(Bild 96).** Motoren mit kugeliger Brennraumform wurden vor allem von MAN entwickelt (M-Verfahren seit 1954) und in neuerer Zeit bei Schlüter eingebaut [60]. Variante b ist bei Traktoren besonders verbreitet, z. B. bei Deere, Deutz-Fahr [61], Fendt (MWM) [62], Fiat, IH. Die einfache, wannenförmige Brennraummulde wird z. B. von Daimler-Benz in den Motoren für die Unimogs und MB-tracs angewendet [63].

Meist unterstützt man die **Gemischaufbereitung** durch kräftige *Drallerzeugung* im Einlaßkanal **(Bild 97).** Die für den Anwender wichtigen Betriebseigenschaften zeigen für a, b und c nur relativ geringe Unterschiede – man hat insgesamt ein sehr hohes Niveau erreicht.

Der Vollständigkeit halber seien auch die beiden wichtigsten Bauformen der **indirekten Einspritzung,** d. h. von *geteilten Brennräumen* besprochen **(Bild 98).** Beim Wirbelkammerverfahren nimmt eine kugelige oder zylindrische Kammer ca. 50–70 % der komprimierten Luft auf. Durch die tangentiale Zuführung entsteht ein starker Wirbel – der eingespritzte Kraftstoff kann sich gut vermischen. Gegenüber Direkteinspritzung erkauft man verminderte Schadstoffanteile und eine weichere Verbrennung mit 10–15 % höherem Kraftstoffverbrauch. Bekannte Ausführungsbeispiele: VW Golf-Diesel [64] und Ford 1600-Dieselmotor [65].

Eine sehr ähnliche Zielsetzung liegt auch dem Vorkammerverfahren zugrunde, bei dem etwa 35–45 % des Kompressionsvolumens über eine relativ kleine Öffnung abgezweigt werden. Dieses Prinzip geht auf berühmte Patente und Entwicklungen von Prosper L'Orange zurück (ab 1909) und wird z. B. in den Dieselmotoren der Pkw von Daimler-Benz auch bei den neuesten Modellen noch mit großem Erfolg angewendet [66].

4.2.2 Aufladung

Darunter versteht man das Füllen der Zylinder mit Überdruck. Die nach oben erweiterte Leistungsspannweite eines Grundmotors erlaubt für den Traktor ein nochmals verbessertes Baukastenprinzip. Häufig ergeben sich auch etwas geringere Motorkosten je kW Nennleistung. Man begann mit dem Einführen der Aufladung bei Sechszylindermotoren – danach kamen die Vierzylinder. Bei Dreizylindermotoren lohnt sich die Aufladung nur in Sonderfällen – z. B. zur Darstellung eines besonders kurzen Motors.

Als anerkannt wirtschaftlich und betriebssicher gilt heute bei Dieselmotoren die **Abgasturboaufladung** [67, 68], siehe **Bild 99.** Die heißen Abgase treiben eine relativ kleine, dafür aber sehr hochtourige Turbine an. Deren Nutzleistung wird einem *Turboverdichter* zugeführt, der sich auf der gleichen Welle befindet und z. B. bei Nenndrehzahl 0,8 bar Überdruck erzeugt. So gelangt entsprechend mehr Luftmasse (und damit Sauerstoff) in den Zylinder – man kann mehr Kraftstoff verbrennen und die Leistung steigt. Die Motorbauteile müssen darauf ausgelegt sein – nachträgliche Umbauten sind nicht zu empfehlen.

Bei sehr großen Traktoren mit Leistungen von über ca. 125 kW (170 PS) wendet man z. T. Ladedrücke von wesentlich über 0,8 bar an. Durch das Verdichten erhöht sich dann die Lufttemperatur so stark, daß eine Zwischenkühlung sinnvoll wird. Faustwert: 1,2 bar Überdruck bringt etwa 100° C Temperaturerhöhung. Die **Ladeluftkühlung** (zwischen Verdichter und Motoreinlaß) baut diese Erhöhung z. B. um ⅔ wieder ab und senkt damit die Temperaturbelastung des Motors bei im übrigen noch weiter verbesserter Füllung **(Bild 100).**

Die Anwendung der Turboaufladung bei Traktormotoren brachte in früheren Jahren oft ein unbefriedigendes **Drehmomentverhalten** im unteren Drehzahlbereich mit sich, welches das Anfahren erschwerte. Die Ladedrücke fielen damals noch stark mit fallender Drehzahl ab (heute verbessert!). *Ladedruckregelungen* werden bei Traktoren bisher nur vereinzelt eingesetzt.

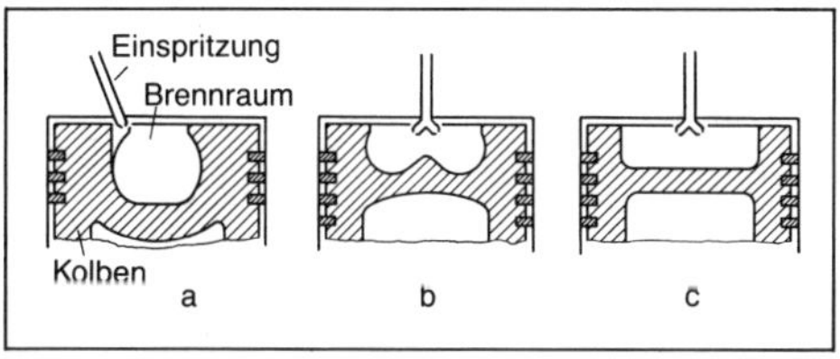

Bild 96 Ungeteilte Brennräume: Direkteinspritzung
a Kugelähnlicher Brennraum (MAN-Schlüter)
b Omegaförmige Brennraummulde, Hauptbauform bei Traktoren (Deutz-Fahr, Fendt-MWM, Fiat, J. Deere, IH, MF-Perkins u. a.)
c Einfacher Muldenbrennraum (Daimler-Benz, Ford u. a). Betriebseigenschaften von a, b und c ähnlich.

Bild 98 Geteilte Brennräume für indirekte Einspritzung (Pkw-Dieselmotoren).
a Brennraum mit Wirbelkammer (VW Golf, Ford 1600, Opel D 21, Audi 100 5-Zylinder, BMW 2,4 l, Fiat, Peugeot, Citroën u. a.)
b Brennraum mit Vorkammer (typisch für Daimler-Benz-Pkw).

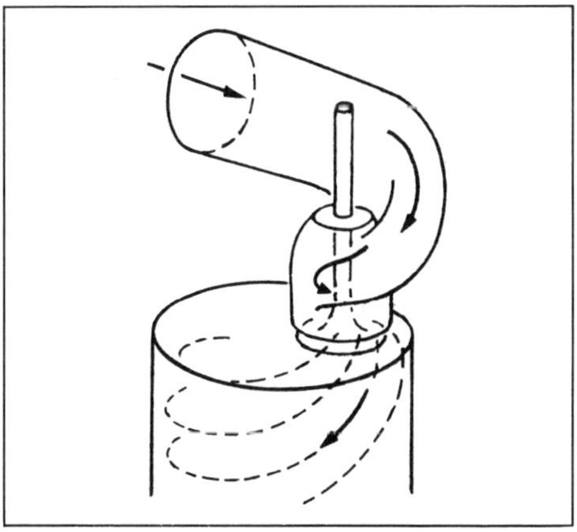

Bild 97 Prinzip der Drallerzeugung durch entsprechende Gestaltung des Luftkanals im Zylinderkopf für Traktormotoren (Direkteinspritzung). Luftwirbel verbessern die Kraftstoffverteilung und damit die Verbrennung.

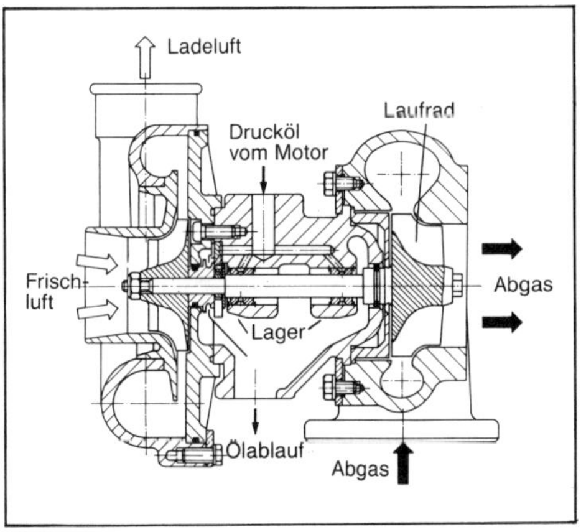

Bild 99 Aufbau eines typischen Abgas-Turboladers für Traktormotoren. Die Gasturbine (rechts) treibt den Turbo-Luftverdichter (links). Wellendrehzahlen bis zu etwa 120 000/min.

Bild 100 Für Nutzfahrzeuge entwickelter Sechszylinder-Dieselmotor MAN D 2566 MK (1979) mit Abgasturbolader (ATL), Ladeluftkühlung (LLK) und Resonanzsystem zum Anheben des Drehmoments im unteren Drehzahlbereich. Merkmale auch für Traktormotoren höherer Leistung richtungweisend, Einbau des Motors in Großtraktor Schlüter »Profi Trac 3500 TVL« (Nennleistung 235 kW aus 11,4 l Hubvolumen).

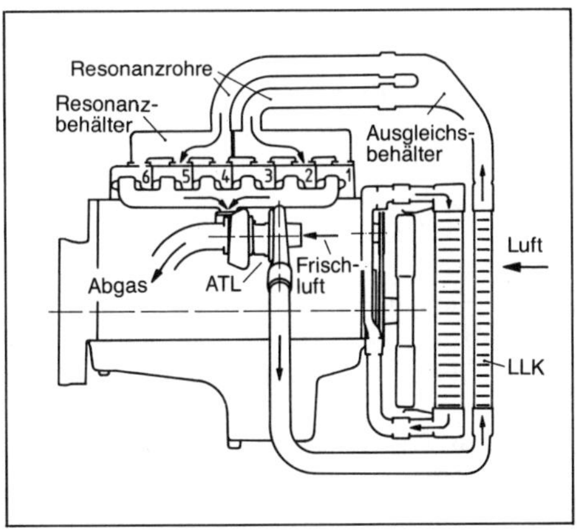

Bei Sechszylindermotoren erreichte man auch Füllungsverbesserungen durch Ausnutzung der Luftschwingungen im Ansaugsystem (Bild 100, Seite 71). Man gestaltete das Luftleitungssystem an Hand vieler Versuche derart, daß z. B. bei 1200–1600/min die Einlaßventile weitgehend dann öffnen, wenn ein Druckberg ankommt.
Es gibt viele weitere Systeme für die Aufladung mit z. T. noch besseren Betriebseigenschaften. Dazu gehört die »Comprex«-Aufladung der Firma BBC **(Bild 101),** auch »Druckwellenlader« oder »Drucktauscher« genannt. In einem angetriebenen *Zellenrad* steht der Abgasdruck mit der verdichteten Ansaugluft jeweils kurzzeitig ohne Trennwand im Gleichgewicht. Ein günstigerer Drehmomentverlauf und raschere Beschleunigung werden mit höheren Kosten, größerem Bauvolumen und notwendigem Antrieb erkauft.
Zusammenfassend gelten für die überwiegende **Turboaufladung** folgende Vorteile:

- Größere Leistungsspannweite eines bestimmten Grundmotors
- Motor kompakt, leicht, kostengünstig
- Motor wesentlich weniger höhenempfindlich in Leistung und Verbrauch
- Motor bei gleichem Auspuff leiser
- Kraftstoffverbrauch etwas niedriger

4.2.3 Einspritzanlage

RUDOLF DIESEL hatte seine Erfindung 1895 mit einer Einblasung des Kraftstoffs durch Preßluft vorgestellt, weil sich eine präzise Hochdruckeinspritzung des Kraftstoffs technisch noch nicht verwirklichen ließ. Ende 1922 griff ROBERT BOSCH dieses Schlüsselproblem auf, 1927 verließen die ersten serienmäßigen Einspritzpumpen das Werk und führten zum entscheidenden Durchbruch des Dieselprinzips – sehr bald auch bei Traktormotoren.
Gesamtanlage – Das Schema einer kompletten Anlage zeigt **Bild 102.** Die *Niederdruckpumpe* fördert den Kraftstoff über eine *Filterbatterie* zum Einspritzaggregat. Eine Filterung in Stufen mit Grob- und Feinfilter führt zu langen Filterstandzeiten. Die Filterqualität ist sehr entscheidend, besonders für die Präzisionsbauteile der Anlage. Das *Einspritzaggregat* besteht aus Einspritzpumpe und Drehzahlregler. Zusätzlich kann auch noch ein *Spritzversteller* vorhanden sein, den man mit dem Zündzeitpunktversteller des Ottomotors vergleichen kann und der z. B. den Kraftstoffverbrauch im oberen Drehzahlbereich noch ein wenig reduziert.
Neben der *Reiheneinspritzpumpe* wenden einige Hersteller auch sog. *Verteilereinspritzpumpen* an und vereinzelt findet man auch das Konzept einer kleinen separaten Einspritzpumpe für jeden Zylinder (gut, aber aufwendig). In allen Fällen sind sehr kleine Kraftstoffmengen unter hohem Druck zur Einspritzdüse zu fördern: Etwa 0–60 mm^3 je Hub und Zylinder für Saugmotoren bzw. 0–90 mm^3 für aufgeladene Konzepte. An der *Einspritzdüse,* **Bild 103,** ist zunächst der Federdruck zu überwinden (Öffnung), bevor die eigentliche Einspritzung beginnen kann.
Wichtige **Kriterien der Einspritzung** sind:

- Beginn (Kurbelwinkel vor OT)
- Dauer (Kurbelwinkel)
- Kraftstoffverteilung im Brennraum
- Zündzeitpunkt (Kurbelwinkel vor OT)
- Zugeführte Menge je Grad Kurbelwinkel

Drehzahlregelung und Einspritzmenge – Der *Drehzahlregler* vergleicht die Istdrehzahl des Motors mit der Solldrehzahl (»Gaspedal«). Bei Abweichungen wird die *Einspritzmenge* verstellt – bei Reiheneinspritzpumpen über die als Zahnstange ausgebildete Regelstange, welche die *Förderkolben* über dort angebrachte kleine Zahnritzel verdreht. Die Abhängigkeit der je Hub geförderten Kraftstoffmenge von der Kolbendrehung wird in **Bild 104** demonstriert: Die Länge des sog. *Nutzhubs* wird durch die Druckentlastung an der Stelle X bestimmt (Druckraum entspannt sich zum Saugraum hin).
Angleichvorrichtungen – Sie dienen zur drehzahlabhängigen Anpassung der Einspritzmenge – wichtig für den Drehmomentverlauf. Der **ladedruckabhängige Vollastanschlag** (LDA) verringert die Vollasteinspritzmenge bei niedrigem Ladedruck. Sein Vorteil: weniger Ruß – der Nachteil: »unten« weniger Drehmoment. Ob die Kennlinie dann noch gut genug ist, kann man am besten mit Hilfe der in Kap. 4.3 (Seite 80) mitgeteilten Regeln beurteilen.

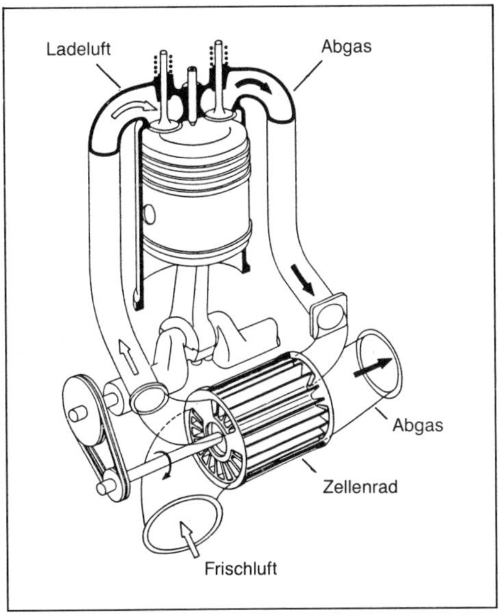

Bild 101 Aufladesystem »Comprex« der Firma BBC. Im Zellenrad verdichtet der Abgasstrom ohne Zwischenwand den Frischluftstrom. Hauptvorteile: Sehr hohe Motordrehmomente bei niedrigen Drehzahlen, sehr rasches Ansprechen; Nachteile: Platzbedarf, Antrieb, Kosten.

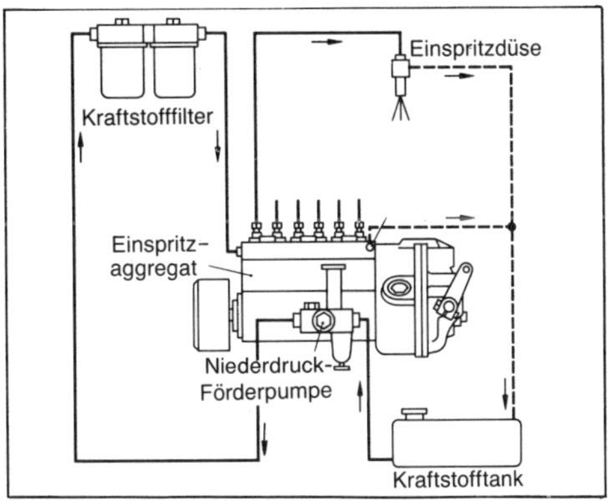

Bild 102 Schema einer ganzen Einspritzanlage.

Bild 103 Rechts: Einspritzdüse mit Halterung. Neben dieser Mehrlochdüse gibt es noch Zapfendüsen (ein Ringquerschnitt).

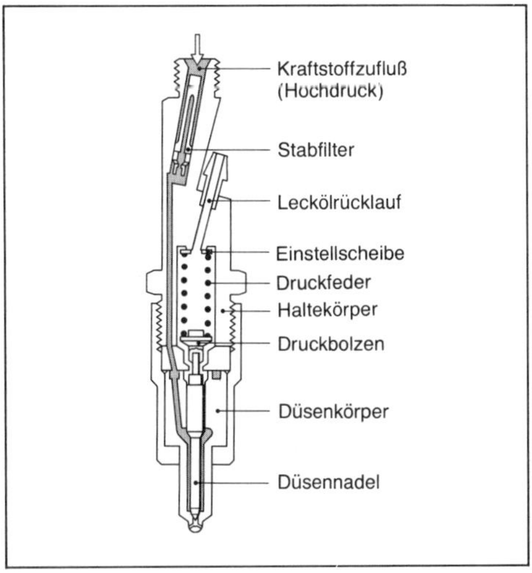

Bild 104 Arbeitsweise des Einzelkolbens einer Reiheneinspritzpumpe (Bosch). a Kraftstoffzulauf im unteren Totpunkt, b Vorhub: Schließen der Niederdruckbohrungen, c Entlastungshub: Vorkompression bis zum Öffnen des Druckventils, d Nutzhub: Förderung mit Einspritzung – dabei Hublänge (Einspritzmenge) durch Öffnen der Niederdruckbohrung bei X festgelegt; Verstellung durch Kolbendrehung (Regelstange), e Resthub drucklos bis zum oberen Totpunkt.

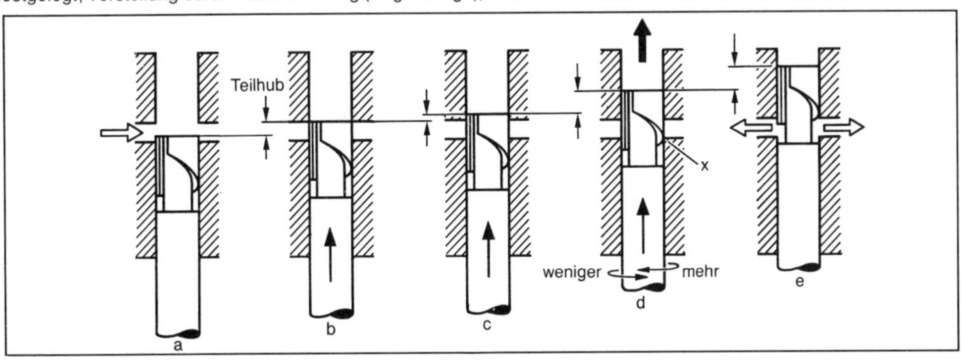

4.2.4 Motorschmierung

Was bedeutet »Schmierung«? – Schmierung soll die *Reibung* und den *Verschleiß* mindern. Wichtige Einflüsse auf die Reibungszahl sind:

- Qualität der Konstruktion
- Verschleißzustand
- Ölsorte und -sauberkeit
- Gleitgeschwindigkeit
- Betriebsviskosität des Öls
- Flächenpressung

Die drei letzten Einflüsse auf die Reibungszahl lassen sich nach **Bild 105** zusammenfassen. Bei **Mischreibung** sind die Gleitflächen nicht vollkommen getrennt, *nur hier helfen Tragfähigkeitsadditive!* Im Bereich der **Vollschmierung** sind die Gleitflächen durch den Ölfilm vollständig voneinander getrennt – Reibungszahl und Verluste werden allein durch die **Viskosität** bestimmt. Ebenso kann durch höhere Viskosität ein Betriebspunkt aus dem Mischreibungsbereich in die Vollschmierung verschoben werden. Damit ist die Viskosität die wichtigste Öleigenschaft – sie ändert sich leider sehr stark mit der Temperatur **(Bild 106)**. Bei niedrigen Temperaturen ergeben sich steil ansteigende Werte; die innere Reibung des Öls kann so groß werden, daß der Kraftstoffverbrauch ansteigt oder der Motor gar überhaupt nicht mehr anspringt.

Das **Motorenöl** hat folgende **Aufgaben:**

- Metallische Gleitflächen zu trennen
- Verlustwärme abzutransportieren
- Verschleißmindernde feste Schichten zu bilden
- Abfallstoffe aufzunehmen, zu neutralisieren
- Abdichtung zu verbessern

Ölsorten im praktischen Einsatz – Oberste Regel: *Betriebsanleitung beachten!* Hinweise findet man ferner in OECD-Testberichten (gut für Quervergleiche!).

Die Ölhersteller unterscheiden zwischen Viskosität und Qualität.

Die **Viskositätsklasse** wird allgemein nach der *SAE-Norm* J 300 SEP 80 angegeben. DIN 51 511 enthält einen deutschen Auszug. Winteröle werden durch ein W gekennzeichnet, z. B. SAE 10 W. Ab ca. 5° C ist in Mitteleuropa im allgemeinen ein Öl der Viskositätsklasse SAE 30 zweckmäßig. Beide Klassenarten weisen die natürliche Abhängigkeit der Viskosität von der Temperatur auf. Durch spezielle Ölzutaten (Additive) kann diese Temperaturabhängigkeit vermindert werden, man erhält ein sog. *Mehrbereichsöl,* z. B. SAE 10 W-30, das die Viskosität der vorangegangenen Beispiele abdeckt. Leider läßt die Wirkung mit der Zeit etwas nach, extrem große Ölwechselintervalle sind nicht zu empfehlen! Auf der anderen Seite kommt man nur mit Mehrbereichsölen zu einer einheitlichen Ölsorte für Motor, Hydraulik und (möglichst) auch noch das Getriebe. Die Klassen 15 W-30 und 15 W-40 haben hier gute Chancen.

Die heute geforderten **Ölqualitäten** werden nur noch durch sog. **HD-Öle** erreicht (HD von **h**eavy **d**uty). Eingebürgert haben sich die »Spezifikationen« nach MIL (US-Militär) und API (US-Mineralölwirtschaft). Gängige Qualitätsklassen:

- **Standardöle:** MIL-L-46 152, API-CC
- **Hochleistungsöle:** MIL-L-2104 C, API-CD (siehe auch [252])

4.2.5 Luftfilterung

Die Luft kann im Einsatz sehr staubig sein **(Bild 107)** (siehe auch Kap. 6.4.4, Seite 148). Ohne hinreichende Luftfilterung sinkt die Motorlebensdauer [69] (erhöhter Verschleiß an Kolben, Kolbenringen, Ringnuten und Zylinderlaufbahn).

Luftfilter **beurteilt** man nach:

- Abscheidegrad
- Standzeit
- Durchströmungswiderstand
- Sicherheit bezüglich Handhabung

Früher verwendete *Ölbadluftfilter* wurden durch großflächige *Trockenluftfilter* mit verbesserten Abscheidegraden von 99,5–99,9 % überholt **(Bild 108).** Ihre Standzeit erhöhte man durch *Vorabscheider,* z. B. Zyklone mit möglichst selbsttätiger Austragung. Die Filtersicherheit verbesserte man durch nachgeordnete *Sicherheitspatronen.* Mit dem Zusetzen des Filters steigt sein Strömungswiderstand. Eine *elektrische Fernanzeige* erleichtert die Wartung und gewährleistet eine gute Ausnutzung des Filtermaterials.

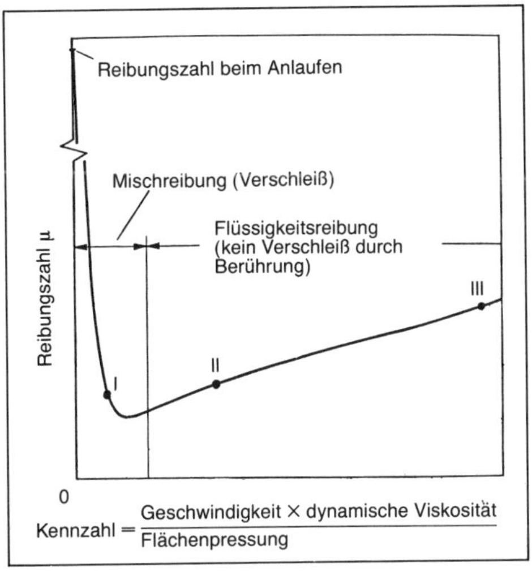

Bild 105 Grundsätzliches Verhalten einer geschmierten Gleitstelle, dargestellt durch die Reibungszahl über der GÜMBEL-HERSEY-Kennzahl; Reibungszahl μ = Reibungskraft/Belastungskraft.
Beispiele: I Kolbenringe-Zylinder, Nockenwellennocken-Kipphebel, Zahnräder, Ventilführungen. II Gleitlager betriebswarm (Kurbelwelle, Kolbenbolzen, Nockenwelle). III Gleitlager bei großer Ölviskosität (Kaltstart, Sommeröl im Winter).

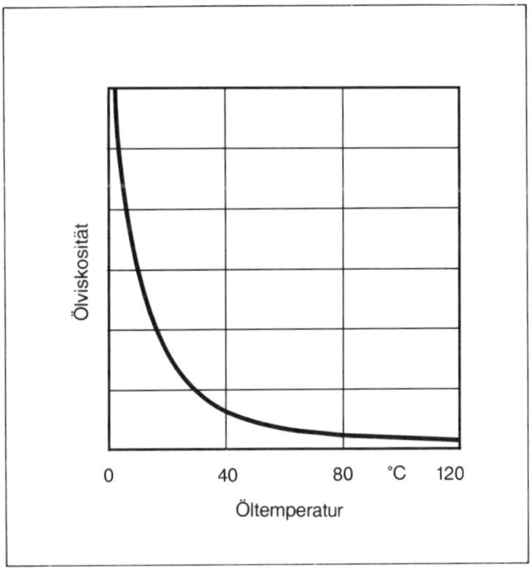

Bild 106 Grundsätzliche Abhängigkeit der Ölviskosität von der Temperatur bei Mineralölen (Beispiel Motoröl). Mehrbereichsöle und synthetische Öle sind im linken Anstieg etwas weniger steil als mineralische Grundöle.

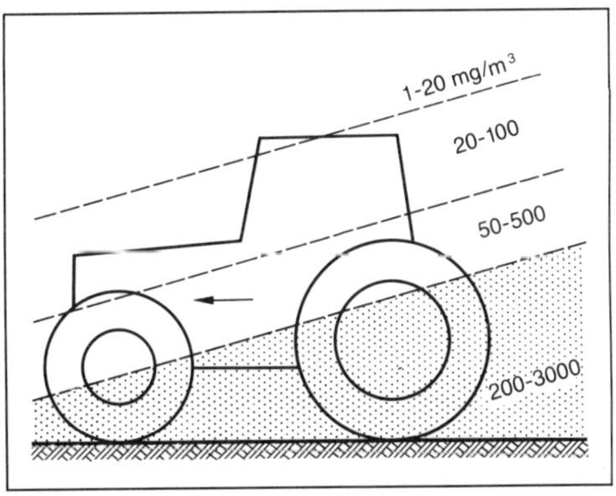

Bild 107 Typische Staubzonen bei der Bearbeitung trockener, staubiger Böden (Schema ohne Windeinflüsse). Zonen können sich besonders bei starkem Rückenwind erheblich verschieben. Günstige Luftfilterposition: vorn oben.

Bild 108 Großvolumige Papierfilterpatrone für die Feinstfilterung der Verbrennungsluft. Nicht sichtbar ist die übliche, nachgeordnete Sicherheitspatrone.

4.2.6 Motorenbeispiele mit Luft- und Wasserkühlung

Konstruktiver Aufbau – Drei Beispiele mögen einen Einblick in den inneren Aufbau geben; alle drei Motoren werden in bedeutenden Stückzahlen in Traktoren eingebaut. **Bild 109** zeigt den Schnitt durch einen aufgeladenen Vierzylinder-Dieselmotor der Bauart MWM für Traktoren von Fendt und Renault. Wesentliche Merkmale der Konstruktion sind:

- Wasserkühlung
- Einzel-Zylinderköpfe
- Ansaug- und Abgasleitung auf einer Seite
- Trockene Laufbüchsen
- Kolben durch Druckölstrahl gekühlt
- Massenausgleich 2. Ordnung (Getriebe)
- Reiheneinspritzpumpe

Bild 110 (Seite 78) zeigt den Schnitt durch einen Dreizylinder-Dieselmotor der Bauart J. Deere für die unteren Traktorenleistungen. Wichtigste Merkmale dieses Motors:

- Wasserkühlung
- Block-Zylinderkopf
- Ansaugseite und Abgasseite getrennt
- Relativ hoch liegende Nockenwelle
- Nasse Laufbüchsen
- Kolben durch Druckölstrahl gekühlt
- Verteilereinspritzpumpe

Neben der Wasserkühlung hat sich vor allem in Europa auch die Luftkühlung gut behauptet. **Bild 111** (Seite 79) zeigt einen aufgeladenen Traktormotor des auf diesem Gebiet führenden Motorenherstellers KHD mit folgenden Konstruktionsmerkmalen:

- Luftkühlung durch Axialgebläse (seitlich) mit Abgasthermostat-Drehzahlregelung
- Leichtmetall-Einzelzylinderköpfe
- Ansaug- und Abgasleitung auf einer Seite
- Einzelzylinderrohre
- Kühlkanalkolben, Drucköl-gekühlt
- Motoröl dient zur Kabinenheizung
- Massenausgleich 2. Ordnung (Getriebe)
- Reiheneinspritzpumpe

Neben Deutz-Fahr baut auch Same luftgekühlte Motoren in größeren Stückzahlen in Traktoren ein. Pionierleistungen wurden auf diesem Gebiet auch von Eicher erbracht: man baute 1948 die ersten luftgekühlten Traktoren.

Vergleich Wasserkühlung – Luftkühlung – Weltweit gesehen herrscht die Wasserkühlung vor. Luftkühlung hat aber auch bedeutende Vorteile. Die folgende Bilanz skizziert die Stärken und Schwächen beider Bauarten für übliche Mehrzylinder-Dieselmotoren. Hieraus kann der Leser sich eigene Praxisbewertungen für den jeweiligen Einsatzfall ableiten.

Die **Vorteile der Wasserkühlung** sind:

- Relativ gleichmäßige Bauteiltemperaturen
- Kühlwasser liefert große Heizwärmemengen
- Motor bleibt länger warm (Wiederanlassen)
- Hohe Leistungsdichten technisch etwas leichter darstellbar
- Mögliche Baubreiten etwas geringer
- Geräuschspektrum (nicht Lautstärke) z. T. etwas angenehmer

Ihre **Nachteile** sind:

- Kühlmittel nicht wartungsfrei
- Kühlanlage relativ aufwendig
- Warmlaufphase länger
- Größere Kühlluftmengen notwendig
- Einfluß der Umgebungstemperatur auf das Kühlverhalten etwas größer

Die **Vorteile der Luftkühlung** sind:

- Keine Kühlmittelpflege
- Kühlsystem einfach und robust
- Kurze Warmlaufphase
- Kurze Baulängen bei seitlicher Kühlung
- Kühlverhalten weniger von Umgebungstemperatur abhängig durch großes Temperaturgefälle
- Zylinderköpfe oft einzeln demontierbar

Als **Nachteile** sind zu nennen:

- Etwas teurer
- Nutzung der Abwärme zum Heizen aufwendiger – aber z. B. über das Öl möglich
- Geräuschspektrum z. T. weniger angenehm
- Etwas größere Baubreite (Seitenkühlung)
- Kühlrippenverschmutzung ist zu kontrollieren

Die früher bei Luftkühlung zum Heizen benutzte Abluft ist z. T. zur Kabinenheizung nicht mehr erlaubt. Daher hat man z. B. bei Deutz-Fahr die Kühlwirkung des Schmieröls vergrößert, so daß dessen Wärme zum Heizen ausreicht.

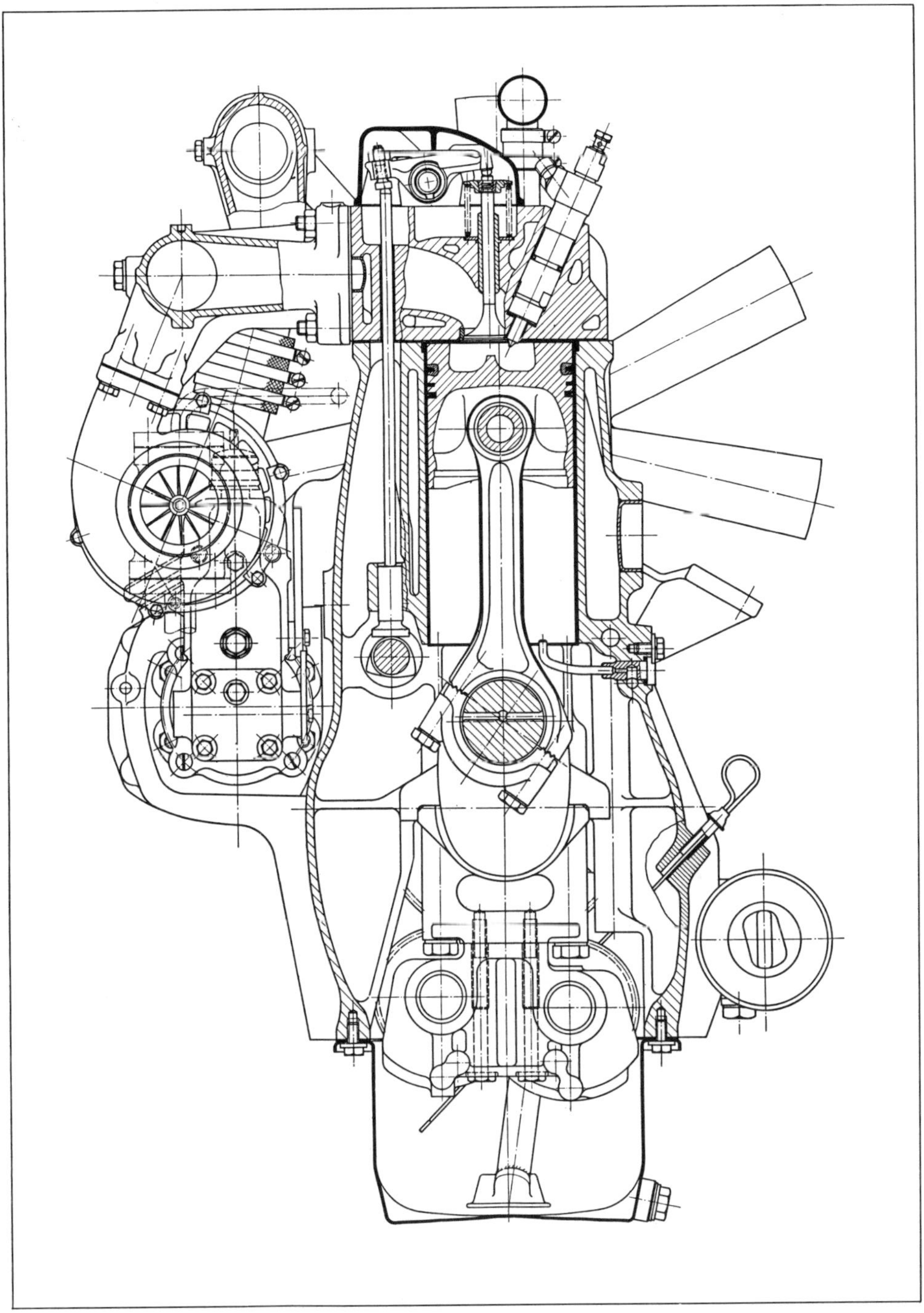

Bild 109 Wassergekühlter Dieselmotor für Traktoren, Bauart MWM TD 226-4. Vierzylindermotor aufgeladen mit 4,16 l Hubvolumen und 105 zu 120 mm Bohrung zu Hub, Zylinderabstand 128 mm. Einbau z. B. im Traktor Fendt Farmer 309 LS mit 63 kW bei 21 % Drehmomentanstieg und im 310 LSA mit 68 kW bei 23 % Drehmomentanstieg. Nenndrehzahl jeweils 2350/min; Stand 1985.

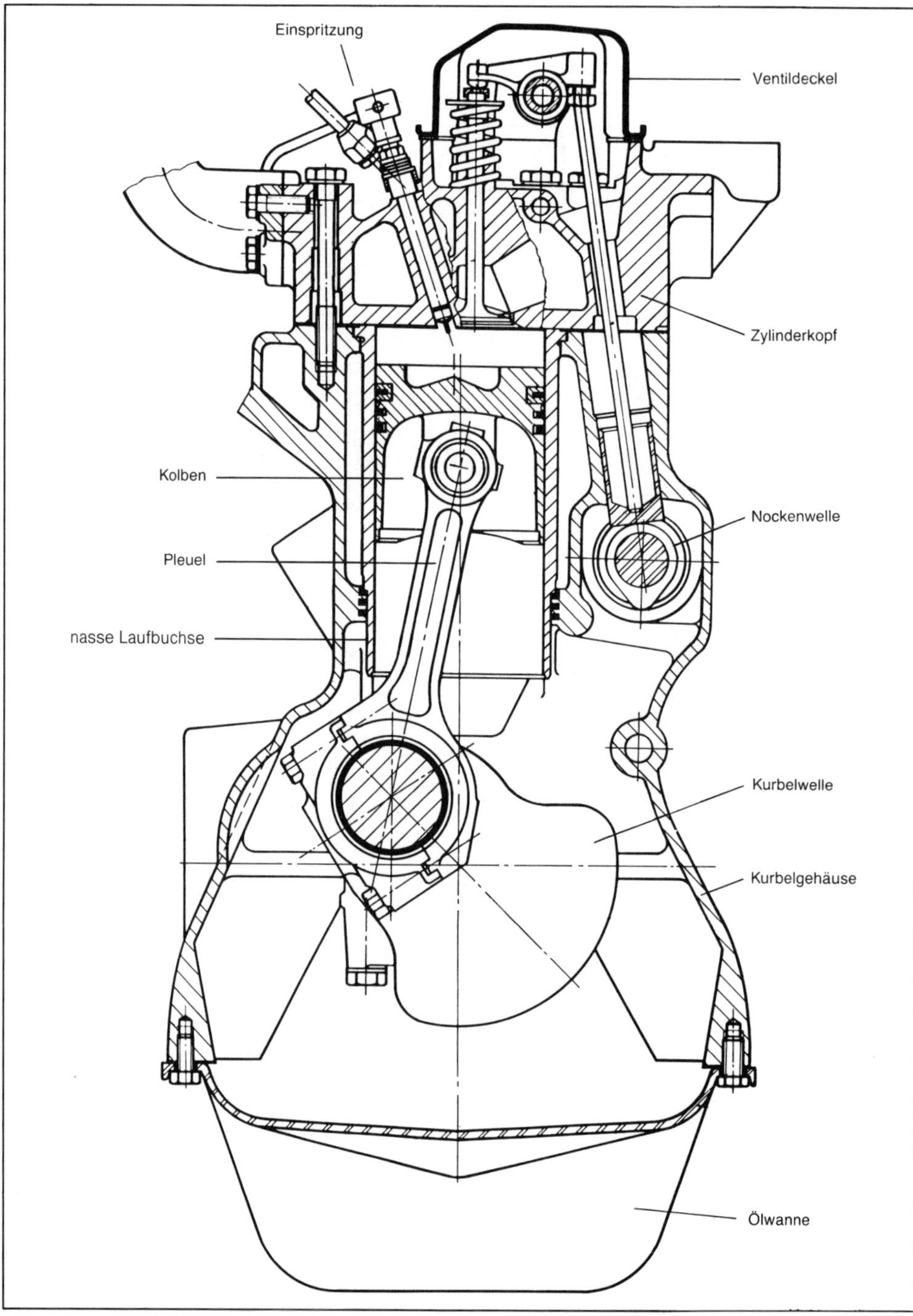

Bild 110 Wassergekühlter Dieselmotor für Traktoren, Bauart J. Deere 3.179 DL. Dreizylinder-Saugmotor mit 2,94 l Hubvolumen und 106,5 zu 110 mm Bohrung zu Hub, Zylinderabstand 128 mm. Einbau in die J. Deere-Traktoren JD 840, JD 940, JD 1040 und JD 1140 (1985). Nennleistungen von 28 kW bei 2400/min (Drehmomentanstieg 21 %) bis 41 kW bei 2500/min im JD 1140 (Drehmomentanstieg 18 %).

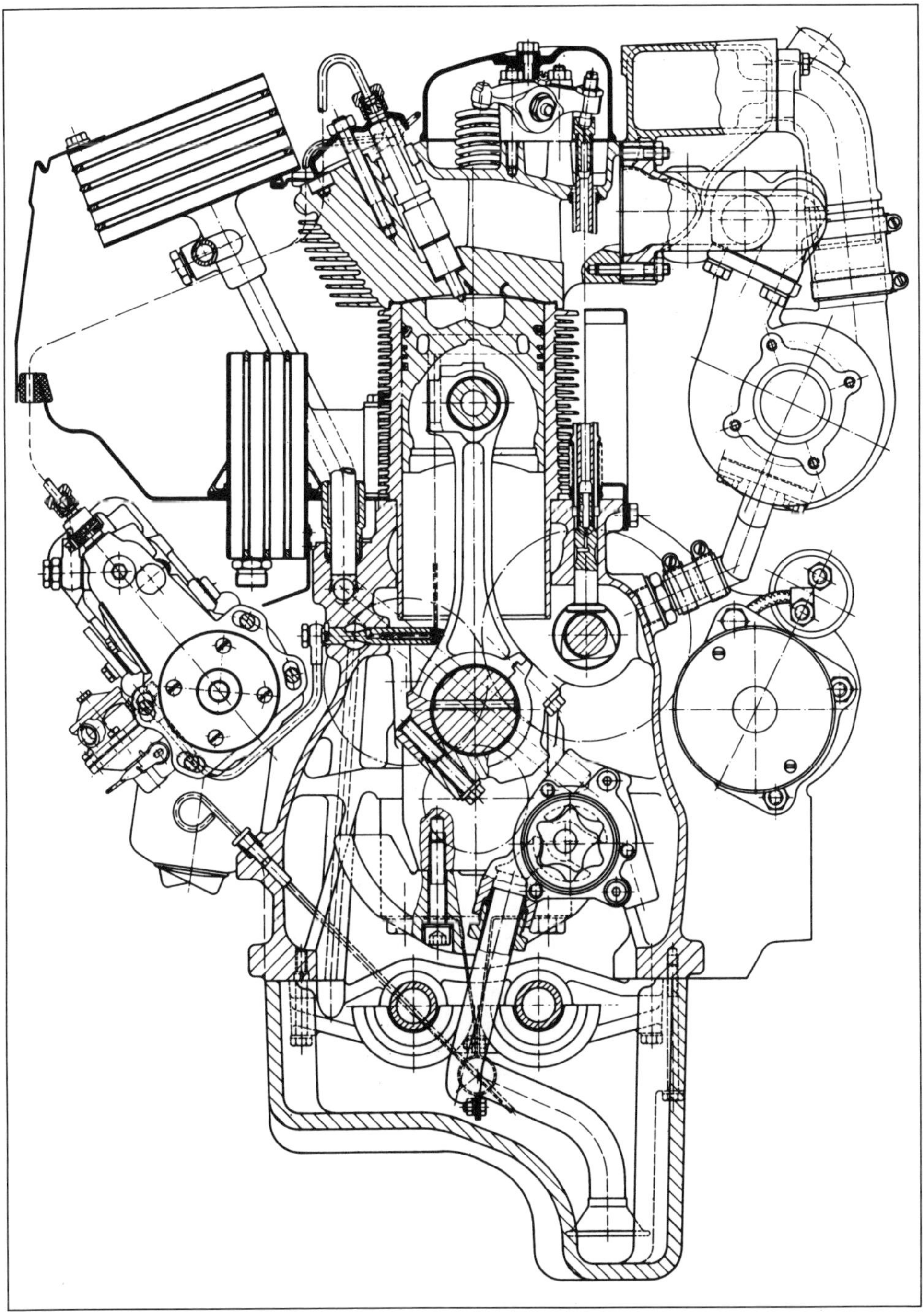

Bild 111 Luftgekühlter Dieselmotor für Traktoren, Bauart Deutz BF 4L 913. Vierzylindermotor aufgeladen mit 4,085 l Hubvolumen und 102 zu 125 mm Bohrung zu Hub, Zylinderabstand 130 mm. Einbau in die Traktoren DX 4.50 und DX 4.70 (1985) mit 60 und 66 kW bei 15 % bzw. 16 % Drehmomentanstieg und 2300/min Nenndrehzahl. Der Motor wurde 1982 mit den Traktoren DX 86 und DX 92 eingeführt.

4.3 Betriebsverhalten

4.3.1 Motorkennlinien

Drehmomentverlauf – Darunter versteht man die Abhängigkeit des Vollastdrehmoments von der Drehzahl **(Bild 112).** Welche Bedeutung hat diese Kennlinie für die Praxis? Um darauf einzugehen, teilt man die Kurve in drei charakteristische Bereiche A, B und C ein. Meistens ist Bereich B am wichtigsten: Der Traktor werde für *schwere Zugarbeit* mit »Vollgas« eingesetzt. Steigt der Zugkraftbedarf unerwartet an, so soll der Motor möglichst wenig an Drehzahl und Leistung verlieren.

Dafür benötigt man einen Anstieg des Drehmoments bei Drehzahldrückung: Unter **Drehmomentanstieg** versteht man die gesamte mögliche Zunahme in % des Nenndrehmoments. Mindestens 10–15% sind zu fordern, steigend mit der Nennleistung. Sehr große Werte findet man trotz der anwendungstechnischen Vorteile deswegen selten, weil jedes zusätzliche Prozent den Motor gleichfalls um etwa 1% verteuert (auf Nennleistung bezogen) und auch das Getriebe kräftiger auszulegen ist.

Die zum **maximalen Drehmoment** (M_{max}) gehörende Drehzahl sollte bei etwa 65–80% der Nenndrehzahl liegen – Faustwert 70%. Kleinere Werte, die man früher (wohl mangels feinstufiger Getriebe) als günstig ansah, bringen zu große Leistungsverluste mit sich. Die Drehmomentkurve sollte im Anstiegsbereich nicht wie eine **Hängematte** aussehen, weil der Motor sonst zu stark gedrückt wird, bevor sich die Drehmomentzunahme bemerkbar macht (Leistungsverlust, Motor wirkt müde, Zapfwellendrehzahl nicht gut zu halten).

Der linke, mit A bezeichnete Teil des Drehmomentverlaufs ist für das *Anfahren mit schweren Lasten* von Bedeutung. Zum Schonen der Fahrkupplung sollte man mit möglichst niedrigen Motordrehzahlen anfahren können, um danach allein durch »Gasgeben« kräftig beschleunigen zu können. Je mehr Drehmoment der Motor im unteren Bereich anbietet, desto problemloser läßt sich anfahren. Bei 45% der Nenndrehzahl sollte noch mindestens das **Nenndrehmoment** verfügbar sein und der Anstieg bis zum Maximalwert sollte auch hier möglichst wenig einer Hängematte ähneln. Diese Forderung ist bei aufgeladenen Motoren oft schwierig zu verwirklichen (siehe auch Kap. 4.2.2, Seite 70).

Weniger wichtig als A und B ist der Bereich C. Die Kennlinie sollte im Nennpunkt möglichst *scharf abknicken* und steil abfallen, so daß die Überdrehzahl im »hohen Leerlauf« einen Wert von 6–7% möglichst nicht überschreitet.

Vollastkennlinien-Diagramm – Bild 113 zeigt die Vollastkennlinien für die Größen *Drehmoment, Leistung, Absolutverbrauch* und *spezifischer Verbrauch.* Diese vier wichtigsten Kennlinien sind Bestandteil der wahlfreien Motorprüfung nach dem O.E.C.D. Standard Code (auch »OECD-Test«). Die vorliegenden Kurven wurden z. B. dem Testbericht Nr. 831/80-258 entnommen und stellen günstige Ergebnisse dar (Traktor Fendt Farmer 309 LS mit MWM-Motor TD 226-4): Drehmomentanstieg 21%, Maximalwert bei 1729/min (74% Nenndrehzahl), fast waagerechter Leistungsverlauf bei 2100-2350/min, gutes Drehmomentverhalten im unteren Drehzahlbereich und niedriger spezifischer Kraftstoffverbrauch. Betrachtet man den absoluten Verbrauch bei Nennleistung, so erscheint der Wert 14,5 kg/h (17,4 l/h) im Vergleich zu Praxisverbräuchen hoch. Hier ist zu beachten, daß selbst über einen schweren Arbeitstag (z. B. Pflügen) durchschnittlich nur etwa 60–70% der Nennleistung ausgenutzt werden.

Gesamtkennfeld des spezifischen Kraftstoffverbrauchs – Wegen der großen Bedeutung des Teillastbetriebes beim praktischen Einsatz nimmt man im Rahmen der wahlfreien OECD-Prüfung auch ein vollständiges Verbrauchskennfeld auf **(Bild 114).** Das Diagramm zeigt wieder Originalergebnisse für einen sparsamen Motor (Traktor Deutz-Fahr DX 92 bzw. DX 4.70 mit Deutz-Motor BF 4L 913, OECD-Test Nr. 881/82-125). Bei diesem Motor erreichte man vor allem durch ein geregeltes Kühlgebläse einen besonders günstigen Teillastverbrauch. Eine systematische Bewertung des Gesamtfelds gibt das folgende Kapitel.

Bild 112 Drehmomentverlauf von Traktor-Dieselmotoren (Vollast). Diagrammaßstäbe auf Nennwerte bezogen: 100 % = Nenndrehmoment bzw. Nenndrehzahl. Drehmomentanstieg = $(M_{max.} - M_{nenn.})/M_{nenn.}$ Gemessene Drehmomentverläufe findet man in OECD-Testberichten, sofern die wahlfreie Motorprüfung durchgeführt wurde.

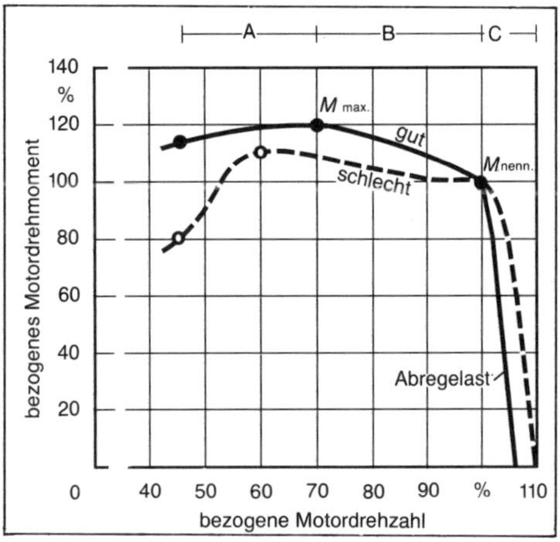

Bild 113 Charakteristische Vollastkennlinien eines wassergekühlten Dieselmotors (4 Zylinder, 4,16 l, Aufladung) im Traktor Fendt Farmer 309 LS. Verkaufsnennleistung 63 kW bei 2350/min; gemessene Nennleistung 64,6 kW, max. Drehmoment 319 Nm bei 1729/min. Etwas ungewöhnlich: Höchstleistung links vom Nennpunkt.

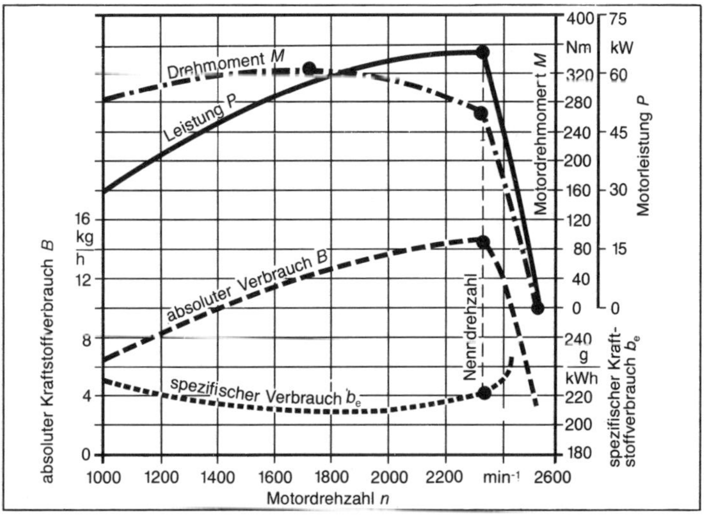

Bild 114 Kennfeld des spezifischen Kraftstoffverbrauchs eines luftgekühlten Dieselmotors (4 Zylinder, 4,085 l, Aufladung) im Traktor Deutz-Fahr DX 92 (später DX 4.70). Verkaufsleistung 66 kW bei 2300/min; gemessene Nennleistung 66,5 kW, max. Drehmoment 318 Nm bei 1701/min. Der konstruktive Aufbau des Motors wird in Bild 111 (Seite 79) gezeigt.

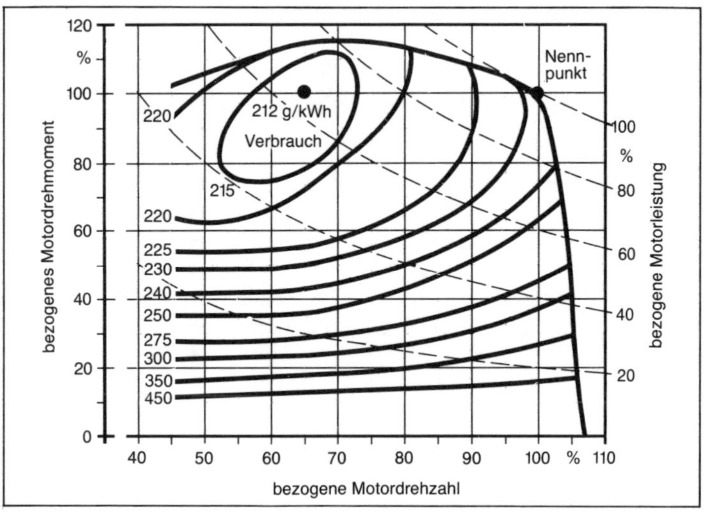

4.3.2 Praktischer Kraftstoffverbrauch

In den Verkaufsunterlagen der Hersteller wird der spezifische Kraftstoffverbrauch für folgende Betriebszustände genannt:
- Nennleistung
- Betriebspunkt günstigsten Verbrauchs
- Betriebspunkt höchsten Drehmoments

Für eine *Grobbeurteilung* der Motorsparsamkeit sind diese Werte ohne Zweifel ganz gut geeignet – für genauere Betrachtungen ist aber das *ganze Kennfeld* zu berücksichtigen, weil die praktischen Betriebspunkte häufig recht weit von diesen »Prospektwerten« entfernt liegen. Man braucht nur den Dieselölverbrauch eines Jahres durch die echten Betriebsstunden des zugehörigen Traktors zu teilen und diesen Durchschnittsverbrauch mit dem Nennleistungsverbrauch zu vergleichen, um die Bedeutung der *Teillast* zu erkennen. Wie sind nun aber die verschiedenen Arbeiten im Verbrauchskennfeld einzuordnen?
Ein erster praktisch untermauerter Vorschlag wurde 1980 von Deutz-Fahr vorgelegt [70, 19], **Tab. 16.** Wendet man diesen **»5-Punkte-Mischverbrauch«** z. B. auf **Bild 114** (Seite 81) an, so ergeben sich die in **Tab. 17** wiedergegebenen Zahlen. Nach dem dargelegten Rechenschema kann man auch leicht andere Kennfelder bewerten. Der Leerlaufverbrauch bei 40% Nenndrehzahl wurde geschätzt, weil der OECD-Test hierzu kein Ergebnis liefert. Das Verfahren dient dem Konstrukteur zur Verbesserung des Teillastverbrauches in der »richtigen Richtung« und dem Anwender zum Vergleich von Kennfeldern z. B. beim Kauf.

4.3.3 Kraftstofftank

Die notwendige Tankgröße muß sich nach den schweren Feldeinsätzen mit hoher Motorauslastung richten. Für den Universaltraktor von etwa 50–100 kW ist ein derartiger Betrieb über etwa 10 Stunden ohne Nachtanken zu fordern. Dafür kann man eine Durchschnittsauslastung von 65% der Nennleistung ansetzen. Als zugehöriger spezifischer Verbrauch ist der Prospektwert für Nennleistung genau genug.

Beispiel: Traktor 63 kW (86 PS), 224 g/kWh; Tank-Sollvolumen 63 × 10 × 0,65 0,224 = 91,7 kg. Das ist bei 0,84 kg/l Dieselöl ein Tankinhalt von 109 l (1,73 l/kW). Bei kleinen Traktoren (besonders für Grünlandeinsatz) kann der Tank kleiner sein; für Großtraktoren fordert man besonders große Tanks. Unterflur-Tanks sind besonders gut zugänglich **(Bild 115).** Die Verwendung von Kunststoff macht sie rostfrei. Eine Erwärmung des Dieselöls im Tank hat nur bei strenger Kälte Sinn (sonst Minderleistung).

4.3.4 Höhenverhalten

Der Luftdruck in der Erdatmosphäre vermindert sich etwa um 0,1 bar je 1000 m Höhenzunahme (gilt bis etwa 4000 m). Saugmotoren reagieren darauf empfindlich durch Rußbildung, Mehrverbrauch und Minderleistung. Etwa ab 1200–1500 m über NN (weniger bei warmer Witterung) sollte eine Korrektur der Einspritzpumpeneinstellung (nach Angaben des Herstellers) vorgenommen bzw. beim Kauf bestellt werden, um den Motor und die Umwelt zu schonen. Leider verliert der Traktor immer an Leistung. Häufig ist daher die Anschaffung einer Maschine mit unempfindlicherer Aufladung vorzuziehen.

4.3.5 Der langlebige, sparsame Motor

Regeln für lange **Motorlebensdauer:**
- Betriebsanleitung lesen
- Täglich Ölstand kontrollieren
- An Frostschutz denken (Wasserkühlung)
- Kühlrippen sauber halten (Luftkühlung)
- Nicht an Ölen und Filtern sparen
- Motor unter gewisser Last warmfahren
- Längeren Leerlauf vermeiden (abstellen)
- Keilriemen nicht zu stramm einstellen

Sparsamkeit erreicht man folgendermaßen:
- Ab 1000 m Höhenlage Aufladung wählen
- Bei Teillast niedrige Drehzahlen suchen
- Längeren Leerlauf vermeiden (abstellen)
- Einspritzanlage in gutem Zustand halten
- Traktor im Winter warm abstellen
- Winteröl und Winterdiesel einplanen
- Kraftstoffverbrauch aufschreiben

Tabelle 16: »5-Punkte-Mischverbrauch« für Ersttraktoren von ca. 50–75 kW Nennleistung [70,19] zur praxisnahen Bewertung von Kennfeldern des spezifischen Kraftstoffverbrauchs (siehe OECD-Tests)

Laststufe	Drehmoment %	Drehzahl %	Leistung %	Zeitanteil %	typische Arbeiten
A	88	95	83,6	31	schwere Zug- und Zapfwellenarbeiten
B	48	85	40,8	18	mittelschwere Zapfwellenarbeiten und Transporte
C	40	53	21,2	19	Pflegearbeiten ohne Zapfwelle, langsame Arbeiten
D	15	100	15,0	20	leichte Transporte, Leerfahrten, Frontladen
E	0	40	0	12	Leerlaufanteile aus allen Arbeiten
			Durchschnittsleistung = 40,2 %		

Tabelle 17: Anwendung des Schemas aus Tab. 16 auf das in Bild 114 gezeigte Kennfeld des spezifischen Kraftstoffverbrauchs. Leerverbrauch geschätzt, da im OECD-Test für 40 % Nenndrehzahl nicht enthalten

Laststufe	Kennfeldverbrauch g/kWh	auf 1 h bezogener Verbrauchsanteil in g/installierte kW
A	228	228 × 0,836 × 0,31 = 59,1
B	249	249 × 0,408 × 0,18 = 18,3
C	243	243 × 0,212 × 0,19 = 9,8
D	450	450 × 0,150 × 0,20 = 13,5
E	Leerverbrauch 25 g/installierte kW	× 0,12 = 3,0
Durchschnittsverbrauch je installierte kW:		103,7 g/h
Durchschnittsverbrauch für 66 kW Nennleistung:		6,84 kg/h = 8,1 l/h

Bild 115 Günstige Tankanordnung unterhalb des Kabinenbodens erlaubt bequemes Nachfüllen und Kontrollieren des Füllungsgrades. In diese Richtung ist ein gewisser Trend erkennbar – zunehmend auch unter Verwendung von Kunststoff.

4.4 Hat der Hubkolben-Dieselmotor Zukunft?

4.4.1 Welche Alternativen gibt es?

Vor allem folgende Antriebsarten werden von Zeit zu Zeit diskutiert:

- Ottomotor
- Dampfmotor
- Gasturbine
- Wankel-Dieselmotor

Ottomotoren – Sie stellen die mit Abstand kostengünstigste Motorisierung dar, zumal sie in großen Stückzahlen aus dem Automobilbau verfügbar sind. Ihr Hauptnachteil besteht im höheren Kraftstoffverbrauch sowie in einer etwas ungünstigeren Regelbarkeit. In Sonderfällen haben sie in der Zukunft gewisse Chancen – z. B. bei der Anwendung von alkoholischen Brennstoffen und Biogas. Diese Einschätzung gilt allerdings nur für mäßige Nennleistungen.

Dampfmotoren – Der Dampfmotor hat in der Frühphase der Traktorenentwicklung sehr hart mit dem Verbrennungsmotor konkurriert, insbesondere in den USA. Wegen der Geräuscharmut und der schadstoffarmen Abgase hat man Dampfmotoren auch in neuerer Zeit immer wieder für Landfahrzeuge vorgeschlagen, jedoch niemals in Serie gebaut. Der erreichbare Vollastwirkungsgrad ist nur etwa halb so groß wie der eines guten Dieselmotors. Etwas davon kann man durch den wesentlich geringeren Getriebeaufwand ausgleichen – **Bild 116** zeigt einen möglichen Gesamtaufbau eines Dampfantriebes [71].

Wasser ist wegen der Gefahr des Einfrierens als Betriebsmittel nicht gut geeignet. Ferner ist der Aufwand für einen praxisbrauchbaren Antrieb der Hilfsantriebe und der Zapfwelle relativ groß: Eine zusätzliche, geregelte Turbine muß vorgesehen werden. Der Verfasser sieht daher auch auf längere Sicht keine Anwendungschancen bei Traktoren. Interessierten Hobby-Bastlern wird das Studium der Originalquelle empfohlen.

Gasturbinen – Diese Antriebsart entwickelt vergleichsweise sehr große Leistungen auf kleinstem Bauraum und bei sehr geringem Gewicht – daher hat sie im Luftfahrzeugbau auch eine so große Bedeutung. Auf gute Wirkungsgrade kommt man leider nur mit Hilfe eines sehr beträchtlichen Zusatzaufwands, einfache Lösungen sind dem Dieselmotor weit unterlegen! Sparsame Gasturbinen erfordern einen so großen konstruktiven Aufwand [72], daß sie alternativ zu Kolbenmotoren in Landfahrzeugen unter 300–400 kW Nennleistung uninteressant sind. Damit haben sie auch im Traktor auf lange Sicht keine Chancen.

Wankel-Dieselmotor – Viele Versuche haben gezeigt, daß der bekannte, nach dem Ottoverfahren arbeitende Wankelmotor nicht so ohne weiteres als Dieselmotor tauglich gemacht werden kann. Dafür benötigte man zwei hintereinander geschaltete Kammern – ein entsprechender Prototyp wurde um 1970 von Rolls-Royce entwickelt [73], jedoch nicht in Serie gebaut (Entwicklungsabbruch 1973). Weitere Einzelheiten siehe auch [74].

4.4.2 Die Zukunft des Dieselmotors

Zumindest für die nächsten 20 Jahre (vom Jahre 1985 aus betrachtet) kann dem Dieselmotor eine hervorragende Zukunft vorausgesagt werden. Derzeit stellt man weltweit (mit Ostblock) pro Jahr etwa 10 Mio. Mehrzylinder-Dieselmotoren her und baut davon etwa 13% in Traktoren ein. Technisch wird man vor allem an der weiteren Verbesserung der Aufladung arbeiten. Ein anderer Schwerpunkt wird die Verminderung der Abgas-Schadstoffe ohne Verlassen der verbrauchsgünstigen Direkteinspritzung sein.

Einen neuen, bemerkenswerten Weg geht die Firma Elsbett Konstruktion mit ihrem »Duothermverfahren« **(Bild 117** und **118)**. Der Motor soll trotz Direkteinspritzung unbehandeltes sauberes Pflanzenöl verarbeiten und damit günstige Schadstoffwerte erreichen. Das Geheimnis der Pflanzenöltauglichkeit bestehe im sorgfältigen Fernhalten des eingespritzten Öls von jeglichen Wandungen bzw. Flächen [75].

Die Anwendung nachwachsender Kraftstoffe wird allgemein viel diskutiert. Verfahrenstechnische Grundlagen wurden besonders umfassend in [76–78] vorgelegt.

Bild 116 Studie Traktor-Dampfantrieb nach [71]. Rohrschlangen-Dampfgenerator (Kessel) erzeugt Hochdruckdampf, der einen Zweizylinder-Dampfmotor mit doppelt wirkenden Kolben antreibt. Versorgung der Zapfwelle und Hilfsantriebe über zusätzliche Turbine. Kurze Anheizzeit durch geschlossenes System mit geringer Flüssigkeitsmenge. Mäßiger Dampfmaschinenwirkungsgrad wird z. T. durch Wegfall des Schaltgetriebes wettgemacht. Schadstoffarmer, leiser Betrieb.

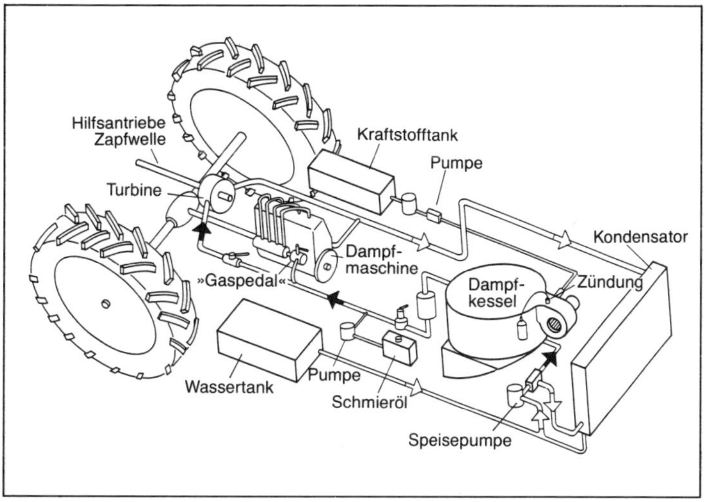

Bild 117 Hochleistungs-Dieselmotor nach dem Duothermverfahren für Mehrstoffbetrieb, Bauart Elsbett Konstruktion. Zahlreiche Prototypen für den Pkw-Einsatz (auch mit unbehandeltem Pflanzenöl). Leistung 65 kW bei 4500/min aus nur 1,4 l Hubraum. Der Motor hat 3 Zylinder und arbeitet mit gekühlter Aufladung. Die Motorkühlung erfolgt allein durch das Motoröl (Kanäle, Ölstrahl). Die oben liegende Nockenwelle betätigt gleichzeitig die Rollenstößel der Einzel-Einspritzpumpen, die auf Zapfendüsen (mit geringer Verstopfungsneigung) wirken. Der zweiteilige Kolben besteht aus Stahl. Bei bis zu 16 bar Mitteldruck liegt der Druckanstieg unter 5 bar je Grad Kurbelwinkel (Werksangaben).

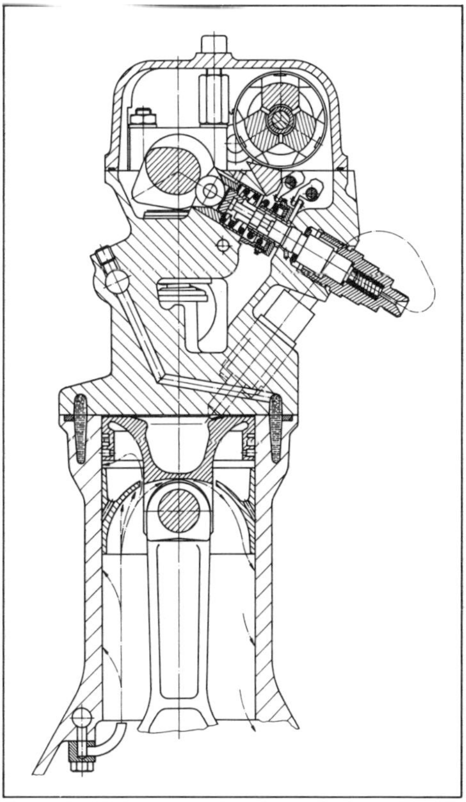

Bild 118 Duothermverfahren der Firma Elsbett Konstruktion. Einsatz unbehandelter Pflanzenöle möglich durch sorgfältiges Vermeiden der Wandberührung des Einspritzstrahls. Verkokungs- bzw. Verklebungsneigung so gering, daß oberer Kolbensteg mit enger Passung zur Abdichtung beitragen kann (gewöhnlich beim »Feuersteg« nicht der Fall). Einspritzung durch Zapfendüse (Werksangaben).

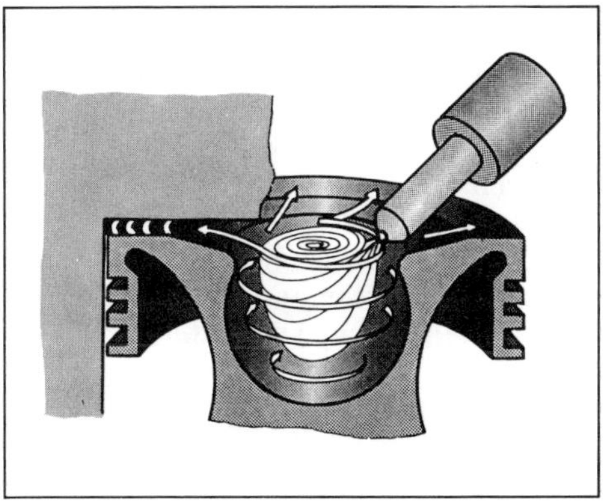

5 Traktorgetriebe

5.1 Einleitung und jüngere Geschichte

In neuerer Zeit wurde das Getriebe (mit Hinterachse) zur mit Abstand bedeutendsten Traktorenbaugruppe. Es dient einerseits beim *Fahrantrieb* zur »einstellbaren« Wandlung der Motorkennwerte Drehmoment und Drehzahl – andererseits bei den *Zapfwellen* zur direkten Energieübertragung an Geräte. Verschiedene weitere Funktionen wurden im Zuge der Blockbauweise integriert.

5.1.1 Stufenlosigkeit nicht erreicht

Weltweit gesehen gab es ab 1950 einen großen Entwicklungsaufwand für stufenlose Getriebe. Schon 1954 stellten englische Forscher einen hydrostatisch getriebenen Traktor vor **(Bild 119,** [79]). In den USA wurde 1958 von Case ein Strömungswandler in Verbindung mit 8 Grundstufen eingeführt [80]. In der Bundesrepublik Deutschland arbeitete man an der Einführung stufenloser Umschlingungsgetriebe (siehe Seite 126), [81]. Kein Prinzip konnte sich allgemein durchsetzen – der hydrostatische Antrieb als Favorit scheiterte an den zu hohen Herstellkosten, Verlusten und Geräuschen [82].

5.1.2 Nordamerikanische Entwicklungslinien

Charakterisch für die Nachkriegsentwicklung ist die stärkere Betonung unter Last schaltbarer Gänge und die Zurückhaltung bezüglich synchronisierter Schaltstellen.

Zweistufige Lastschaltung – Schon 1954 stellte die International Harvester in den USA das erste unter Last schaltbare Zusatzgetriebe »Torque Amplifier (TA)« vor [83], **(Bild 120),** welches man vor dem bisherigen, sehr einfachen 5-Gang-Schieberadgetriebe anordnete. Bei geschlossener TA-Kupplung lief das Getriebe in sich verblockt 1:1 um, bei geöffneter TA-Kupplung setzte sich der Planetensteg auf den Freilauf, und das Getriebe arbeitete mit leichter Untersetzung. Der Erfolg ließ fast alle Traktorenhersteller des englischsprachigen Raumes mit grob gesehen ähnlichen Konzepten folgen: Mineapolis Moline 1955 mit dem »Ampli Torque«. Allis-Chalmers 1957 mit dem »Power Director«. Massey Ferguson 1961 mit dem »Multi Power« **(Bild 121)** [84], J. Deere 1967 mit dem »L-S-Getriebe«, Ford 1969 mit dem »Dual Power« u. a. [85]. Den Freilauf ersetzte man später durch eine zweite Kupplung (Motorbremsen). Auch kombinierte man Zweistufenlastschaltungen mit der Betätigung synchronisierter Schaltstellen – so 1972 beim »Quad Range« von J. Deere [86] und 1981 beim »Synchro Tri-Six« von IH [87].

Dreistufige Lastschaltung – Diese Bauart wurde schon 1968 durch Oliver eingeführt [88] und konzentrierte sich auf den oberen Leistungsbereich. Es folgten Case 1969, Allis-Chalmers ca. 1975 und MF 1976. Wegen der bedeutenden Vorteile auf dem Acker stellte die ZF 1978 im Deutz DX 230 das erste europäische Konzept dieser Art vor [89].

Vielstufig unter Last schaltbare Getriebe – 1971 stellte David Brown das vierstufig lastschaltbare »Hydra Shift« vor [90], 1974 überraschte Allis-Chalmers mit einem sechsstufig lastschaltbaren »Power Shift« [91]. Ähnliche Konzepte wurden auch aus der UdSSR bekannt [92, 93]. Großes Aufsehen erregte Ford 1958 mit dem durch 10 Gänge unter Last durchschaltbaren »Select-O-Speed« [94], das allerdings später wieder eingestellt wurde. Mehr Erfolg hatte J. Deere mit dem 1963 präsentierten »Power Shift« [95] mit acht durchgehend unter Last schaltbaren Gängen. Die Konzentration auf große Leistungen erlaubte den relativ großen technischen Aufwand. Man baute in 20 Jahren ca. 250 000 Getriebe für Traktoren um 100 kW Nennleistung. Ende 1982 löste man dieses Getriebe durch eine Weiterentwicklung mit 15 unter Last durchschaltbaren Stufen ab. Vielstufen-Lastschaltgetriebe wurden neuerdings auch von ZF entwickelt.

Bild 119 Erster bekannt gewordener Versuchstraktor mit hydrostatischem Fahrantrieb. Entwicklung des National Institute of Agricultural Engineering (NIAE), Silsoe, England.

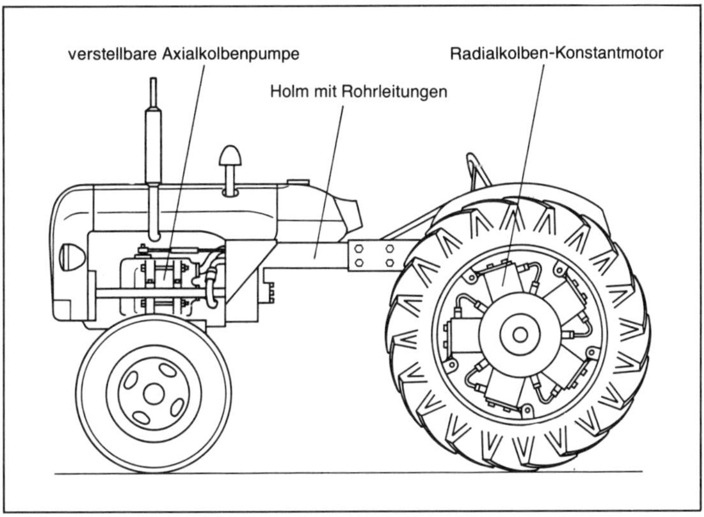

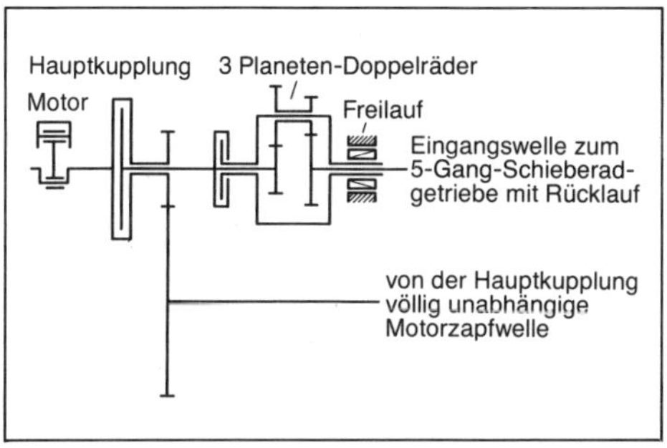

Bild 120 Erstes unter Last schaltbares, zweistufiges Zusatzgetriebe, Bauart IH »Torque Amplifier«, USA 1954. Schaltelemente: Kleine Trockenkupplung und kraftschlüssiger Freilauf.

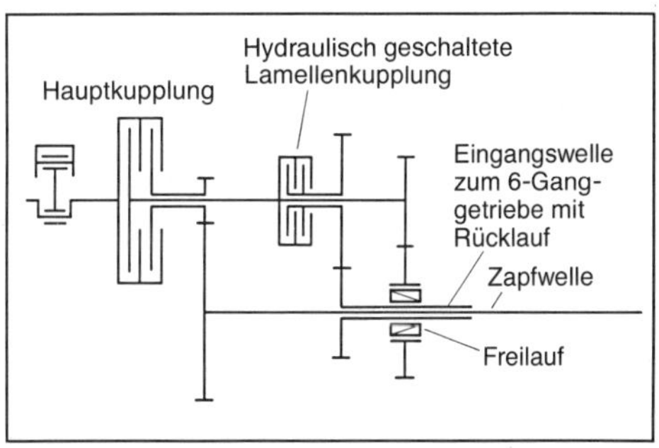

Bild 121 Unter Last schaltbares, zweistufiges Zusatzgetriebe, Bauart MF »Multi Power«, 1961. Besonderheit: Formschlüssiger Freilauf. Produktion in sehr großen Stückzahlen (über 500 000!).

5.1.3 Europäische Entwicklungslinien

Rahmenbedingungen – Sie waren in der Traktorgetriebeentwicklung in Europa anders als in Nordamerika [11]:

- Weitaus geringere Motornennleistungen
- Viel größere Bedeutung von Straßentransporten
- Größere Bedeutung des Frontladens
- Kleinere Stückzahlen

Vor allem nach dem 2. Weltkrieg setzte bei uns eine bemerkenswerte Fortentwicklung der Getriebe ein: **Tab. 18** skizziert wichtige Veränderungen der Funktionen, **Tab. 19** stellt zusätzlich einige typische konstruktive Veränderungen heraus. Sehr viel Neues kam hinzu und die Leistung stieg etwa auf das Vierfache. Einige Funktionen konnte man auch weglassen, wie z. B. die Riemenscheibe.

Fünfziger und sechziger Jahre – Von den damals sehr zahlreichen Traktorenherstellern bauten nur wenige eigene Getriebe – so z. B. Deutz, Fendt, Hanomag, Lanz und Porsche. Die Lanz-Getriebe arbeiteten ähnlich wie bei Hanomag mit querliegenden Wellen. Die kleineren und mittleren Hersteller kauften praktisch alle ihre Getriebe bei der ZF – die großen Firmen kauften teilweise nur zu. So wurden im Höhepunkt der ZF-Stückzahlen, d. h. in den Jahren 1959–1961, jeweils etwa 50 000 ZF-Getriebe in deutsche Traktoren eingebaut. Das ZF-Getriebe A 4 wurde ab 1956 in etwa 91 000 Einheiten gebaut (14 PS, 2 × 3 Vorwärtsgänge). Auch sehr erfolgreich wurde die 1957 vorgestellte Getriebereihe »200« mit 8-Gang-Gruppengetriebe und komfortabler Stiftschaltung der Grundgänge: Bis 1972 erreichten allein die Typen A 208 und A 210 155 000 Einheiten – insgesamt fertigte man etwa 220 000 dieser mit Motorzapfwelle und Planetenendstufen arbeitenden Getriebe.

Die ab 1960 bedeutendsten Traktorenhersteller Deutz, Fendt und IH kauften nur die Getriebe der oberen Leistungsklassen bei ZF. Diese waren oft Vorreiter für Verbesserungen, z. B. beim A 16 durch Feinstufigkeit, Klauenschaltung (statt Schieberäder), Motorzapfwelle (statt Getriebezapfwelle) und Bremsen auf der schnellen Vorlegewelle (statt im Rad).

Gegen Ende der sechziger Jahre kam eine sehr intensive Diskussion darüber auf, ob man besser zum **Schalten unter Last** oder eher zur **Synchronschaltung** übergehen sollte. Die 1966 vorgestellte ZF-Getriebebaureihe T 3000 (2 × 6 – Konzept, ab 48 kW) [90] führte zwar die Synchronisation für vier der sechs Grundgänge ein, ließ aber bei der feinstufigen Splitgruppe beide Möglichkeiten offen. Der Markt entschied sich für Synchronisation. Das T 3000 wurde seither mehr als 100 000mal gebaut. Dieser Erfolg des vergleichsweise schlichten (geometrisch gestuften) Konzepts dürfte folgende Gründe gehabt haben: Gute Schaltbarkeit, damals hohe Gangzahl, hervorragende Transportstufung, gute Vorwärts-Rückwärts-Schaltung (auch synchronisiert!), Eignung für Rückfahrbetrieb z. B. mit Feldhäckslern, Strömungskupplung möglich, umschaltbare Zapfwelle, sehr guter Wirkungsgrad.

Siebziger und achtziger Jahre – Für den Hauptstückzahlbereich erwies sich das genannte ZF-Konzept als zu teuer, und die großen Hersteller entwickelten hier daher eigene Getriebe, die häufig mit vier Grundgängen arbeiteten. Große Stückzahlen erreichte Deutz mit der TW 50 – Familie [90] (später zum TW 500 fortentwickelt), mit dem TW 55.4 [96], dem TW 56 (Nachfolger: TW 57) und dem TW 90 [97] (Nachfolger: TW 900 [89]). Bei Fendt wurde das »Farmergetriebe« zum Hauptstückzahlträger und es gelang hier eindrucksvoll, sowohl die Funktionen wie auch die Grenzleistung über einen langen Zeitraum weiterzuentwickeln, ohne ein ganz neues Getriebe bauen zu müssen [85, 98]. Das gleiche gilt für Getriebe von IH (A- und B-Familie) [96], Daimler-Benz [85, 89] bzw. J. Deere-Mannheim [89]. Bei allen diesen Getrieben zog die Synchronisation immer mehr ein. Firmen, wie MF, IH und Fiat, gaben dafür sogar ihre Zweistufenlastschaltungen [85] wieder auf. J. Deere gelang 1979 mit dem »Power-Synchron« ein guter Kompromiß. Währenddessen führten Fendt und Schlüter 40 km/h-Varianten ein – Deutz-Fahr folgte 1982.

Tabelle 18: Getriebeentwicklung bei Standardtraktoren: Vergleich wichtiger Funktionen 1958 mit 1985 am Beispiel der Bundesrepublik Deutschland für den Leistungsbereich größter Zulassungsdichte [11]

Merkmal		Stand 1958	Stand 1985
Motornennleistung	kW (PS)	11 . . . 18 (15 . . . 25)	45 . . . 66 (61 . . . 90)
Motornenndrehzahl	1/min	1800 . . . 2200	2200 . . . 2500
gängige Zugbereifung hinten		8–24 bis 10–28	16.9–30 bis 18.4–38
Standard-Nennfahrgeschwindigkeiten	km/h	1,5 . . . 20	2,4 (vereinzelt weniger) . . . 30
Standard-Gangzahl vorwärts/rückwärts		5/1, 6/2	12/4 – 21/4
Kriechgänge wahlweise	km/h	teilweise ab ca. 0,7	häufig ab 0,5
verfügbare Gesamtspannweite der Nennfahrgeschwindigkeiten		0,7 . . . 20 km/h (1:29)	0,5 . . . 40 km/h (1:80)
Stufensprung im Hauptarbeitsbereich (4 . . . 12 km/h)		um 1,5	um 1,2
Schaltungskonzept		meist Schieberäder, keine Synchronisation; Schalthebel mittig, keine Lastschaltung	meist synchronisierte Klauenschaltung, Schalthebel meist seitlich, teilweise lastschaltbare Splitgruppe
Riemenscheibe(n)		am Heck oder seitlich	nicht mehr vorhanden
Getriebezapfwelle		noch vorherrschend	nicht mehr vorhanden
Motorzapfwelle		aufkommend	Standard
Zapfwellennormdrehzahlen	1/min	540	540 und 1000 umschaltbar, vereinzelt Zwischendrehzahlen
Wegzapfwelle		mittlere Bedeutung	weitgehend nicht mehr vorhanden
Zwischenachs-Zapfwelle		große Bedeutung	nicht mehr vorhanden
Hauptkupplungen		einfache, trockene Reibungskupplung vorherrschend; Porsche hat zusätzlich Strömungskupplung	zweifache, trockene Reibungskupplung mit getrennter Betätigung für Fahrantrieb und Zapfwelle vorherrschend; z. T. Strömungskupplung
Allradantrieb		Stückzahl unbedeutend	überwiegend

Tabelle 19: Konstruktive Getriebemerkmale bei Standardtraktoren, Vergleich 1958 mit 1985 (siehe auch Tab. 18)

Stand 1958 (11 . . . 18 kW)	Stand 1985 (45 . . . 66 kW)
Getriebe mit querliegenden und längsliegenden Wellen, letztere als einfache Zweiwellengetriebe, vielfach noch ohne Gruppenbildung	ausschließlich Längsgetriebe als Zweiwellen- und Dreiwellengetriebe, ausschließlich mit Gruppenbildung
Geradverzahnung, relativ schmale Räder, große Achsabstände, Raddrehzahlen ≤ Motordrehzahl, kaum Laufbildoptimierung, kein Kugelstrahlen	meist Schrägverzahnung, relativ breite Räder, kleine Achsabstände, Raddrehzahlen teilweise > Motordrehzahl, Laufbildoptimierung, vereinzelt Kugelstrahlen
überwiegend Kugellager	Kegelrollen- und Zylinderrollenlager bedeutend
Wellen mit Paßfedern oder Keilprofilen	Wellen mit Evolventenprofilen
Ölstand »großzügig« bemessen, keine Schmierpumpe	Ölstand zur Verlustminderung so knapp wie möglich, teilweise Schmierpumpe für Synchronisierungen, Lager, Kupplungen, Zahnräder
Endantriebe mit Stirnrädern, teilweise sogar allein durch Kegeltrieb	Endantriebe mit Stirnrädern oder Planetengetrieben
Differentialgetriebe teilweise noch im Hochmomentbereich, Sperre oft mit Stiften	Differentialgetriebe meist im Niedrigmomentbereich, Sperre mit Klauen
Trommelbremsen am Treibrad (Hochmomentbereich)	überwiegend Scheibenbremsen vor der Enduntersetzung (Niedrigmomentbereich)
Werkstoffausnutzung z. T. uneinheitlich, Getriebe relativ schwer (kg/kW), noch wenig Laborerprobung	Werkstoffausnutzung homogener durch bessere Berechnung und Laborerprobung (Lastkollektive)

5.2 Grundaufbau und Funktionsprinzip

Der Grundaufbau des Getriebes wurde beim Standardtraktor seit langem stark durch die Konsequenzen der **Blockbauweise** geprägt **(Bild 122).** Schaltgetriebe und Hinterachse bilden einen kompakten Block, der mit dem ebenfalls fest angeschraubten Motor das Rückgrat des ganzen Traktors darstellt. Diese Bauart hat sich als besonders kostengünstig erwiesen und sie wird zumindest vorerst der Normalfall bleiben (elastisch in einem Rahmen aufgehängte Komponenten sind leiser – aber bisher teurer).

Der Motor gibt seine Leistung über *Fahrkupplung* und *Zapfwellenkupplung* an das Getriebe ab. Häufig baut man (bei europäischen Traktoren) beide Kupplungen kostengünstig zur *Doppelkupplung* zusammen. Einige deutsche Firmen wenden ferner *Strömungskupplungen* an – Bewertung siehe Kap. 5.7.2, Seite 114.

Die *Zapfwelle* muß heute mindestens die beiden Normdrehzahlen 540 und 1000/ min aufweisen – die Zahnräder mit der in Europa verbreiteten *Umschaltung* befinden sich häufig im hinteren Getriebeteil.

Nachdem *stufenlose Schaltgetriebe* sich nicht haben durchsetzen können, arbeitet man mit hochentwickelten *Zahnrad-Stufengetrieben.*

Das sog. **Gruppenprinzip** spart vor allem Zahnradaufwand und damit Kosten für das ganze Schaltgetriebe. Durch Multiplikationseffekt benötigt man z. B. für 16 Vorwärtsstufen bei vier Grundgängen und vier Gruppen höchstens acht Radpaare (mit weiteren Kniffen eher noch weniger). Demgegenüber würden 16 Radpaare notwendig sein, wenn jede Stufe ihre eigenen Zahnräder hätte: Das Schaltgetriebe würde doppelt so lang! In der Praxis legt man natürlich die Gruppenschaltgetriebe so aus, daß sich möglichst auch anwendungstechnische Vorteile ergeben, z. B. durch eine »Ackergruppe« und eine »Straßengruppe«.

Für die **Bezeichnung der Gruppen** bürgert sich folgender Vorschlag ein:

LL : **l**angsam **l**angsam (Kriechganggruppe)
L : **l**angsam (**l**ow)
M : **m**ittel (**m**edian)
H : **h**och (**h**igh)
R : **r**ückwärts (**r**everse)

Wie schon in Kap 5.1 (Seite 86) dargelegt, ist bei genauerer Betrachtung des Schaltgetriebes zwischen typisch europäischen und typisch nordamerikanischen Entwicklungen zu unterscheiden. Während sich bei großen Leistungen die Unterschiede verwischen, bevorzugt man bei uns im Hauptstückzahlbereich die *synchronisierte Schaltung* gegenüber einer *Schaltung unter Last* – nach [113] aus folgenden Gründen:

- Lastschaltstelle weitaus teurer
- Nachgeordnete Stufen schlechter schaltbar oder aber dort weitere Mehrkosten
- Größere Varianten- und Teilezahl
- Wartung und Reparatur anspruchsvoller
- Erhöhte Getriebeverluste

Weil die Lastschaltung andererseits aber viele Vorteile hat, arbeitet man sehr intensiv an weiteren Verbesserungen.

An das Schaltgetriebe schließt sich der *Kegeltrieb* mit **Differentialgetriebe** an. Die *Differentialsperre* dient zur Verbesserung der Effizienz bei ungleichen Treibradmomenten (siehe Kap. 3.6, Seite 66). Der schaltbare **Frontantrieb** wird meist von der Kegelritzelwelle abgenommen – möglichst mit einem einzigen Radpaar. Für die Endantriebe mit den Bremsen werden verschiedene Konzepte nebeneinander angewendet (siehe Kap. 3.4, Seite 62), wobei ein stetiger, wenn auch langsamer Trend zum hier gezeigten Konzept zu weisen scheint. Ebenso wird der seitliche Frontantrieb nach und nach zugunsten eines unter dem Rumpf verlegten *zentralen Frontantriebs* verlassen (siehe Kap. 3.1, Seite 54). In beiden Fällen werden die anwendungstechnischen Vorteile zuweilen etwas überschätzt.

Bild 123 zeigt ergänzend die (aufgeschnittene) Gesamtansicht eines in großen Stückzahlen produzierten deutschen Traktorgetriebes. Der aus zwei Großgußgehäusen und den Tragrohren bestehende Block beinhaltet im Schaltgetriebe 4–6 Grundgänge, deren Zahnräder z. T. mit denen der nachgeordneten Gruppe (LL), L, M, H und R verkettet sind, um Aufwand einzusparen. Zu sechs Grundgängen ging man wegen der Einführung von 40 km/h-Varianten über (siehe auch Seite 102).

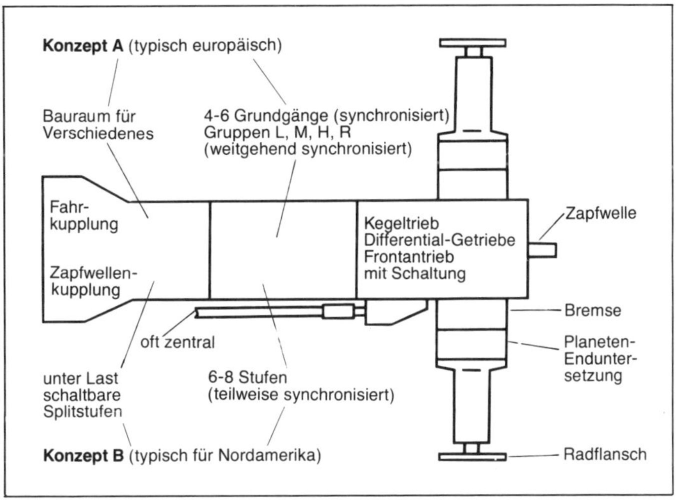

Bild 122 Häufige Anordnung der wichtigsten Funktionsgruppen bei Traktorgetrieben des Hauptstückzahlbereiches. Europa bevorzugt synchronisiertes Schalten gegenüber einem Schalten unter Last (Ausnahme: Oberer Leistungsbereich). Enduntersetzung hier einheitlich mit Planetengetrieben dargestellt. Einige Firmen bauen daneben auch bedeutende Stückzahlen mit Stirnrad-Vorgelegegetrieben ein.

Bild 123 Ansicht eines in großen Stückzahlen produzierten deutschen Traktorgetriebes, Bauart Deutz-Fahr TW 900 (Doppelkupplung weggelassen). Anwendung für 51–101 kW Motornennleistung (Stand 1985). Weitere Einzelheiten siehe Kap. 5.6.

5.3 Grundforderungen an Traktorgetriebe

5.3.1 Praktische Arbeitsgeschwindigkeiten

Die Arbeitsgeschwindigkeit hat für die Produktivität der landtechnischen Arbeitsverfahren eine zentrale Bedeutung. Das Traktorgetriebe muß für die verschiedensten Arbeitseinsätze stets die »richtigen« Geschwindigkeiten bereit halten.

Noch vor wenigen Jahrzehnten hätte die Frage nach einer möglichst hohen **Arbeitsgeschwindigkeit** wenig Sinn gehabt: Die tierische Anspannung gab einen Festwert von etwa 2,5–3,5 km/h vor (je nach Zugtier) und man mußte die Arbeitsverfahren danach ausrichten. Der Traktor brachte durch seine allgemeine Einführung nach dem 2. Weltkrieg in kurzer Zeit eine geradezu spektakuläre *Geschwindigkeitsanhebung* – für 1957 beim Pflügen auf bis zu 7 km/h (Verdoppelung), bei einigen leichten Feldarbeiten auf bis zu 10 km/h (Verdreifachung) und beim Straßentransport gar auf bis zu 20 km/h (Versechsfachung) [99].

In der Folgezeit flachte der Anstieg der Arbeitsgeschwindigkeiten trotz vieler kühner Prognosen deutlich ab – die Produktivitätssteigerungen erreichte man nun eher durch erheblich gesteigerte *Motorleistungen* in Verbindung mit neuen oder verbesserten Geräten und deren Kombination.

Wichtige **Geschwindigkeitsgrenzen** für landwirtschaftliche Arbeiten wurden aus neuerer Sicht in [29] diskutiert. Da frühere gute Übersichten über *praktische Geschwindigkeitsbereiche* (1957 in [99], 1970 in [100]) inzwischen etwas veraltet sind, wurde an Hand neuerer Einsatzdaten der verschiedenen Geräte und der Anhänger (u. a. auch an Hand von DLG-Prüfberichten) eine aktualisierte Übersicht erarbeitet **(Bild 124)**. Für alle Darstellungen dieser Art benutzt man zweckmäßig einen logarithmischen Geschwindigkeitsmaßstab (z. B. vom Rechenschieber oder Taschenrechner abgenommen). Die dargestellten Balken sind reale Geschwindigkeitsbereiche.

Beziehungen zur Getriebestufung müssen sowohl Abweichungen von der Nenndrehzahl wie auch eventuellen Schlupf berücksichtigen. Die Gesamtübersicht zeigt, daß mit Ausnahme des Transportierens der weitaus größte Teil der Arbeiten mit etwa 3–12 km/h erfolgt.

An der Untergrenze wird dabei zum Teil mit reduzierter Motordrehzahl gearbeitet, z. B. für die erste Rübenhacke mit 3 km/h in einem 5 km/h-Gang. Wegen dieser Konzentration wurde ein sog. **Hauptarbeitsbereich 4–12 km/h** definiert [97] und dafür eine gewisse *Verdichtung der Stufung* vorgeschlagen. Schon früher waren Ansätze in dieser Richtung gemacht worden [101, 102].

Die Berechtigung des Hauptarbeitsbereiches geht auch aus statistischen Betrachtungen der Benutzungsdauern vorgegebener Fahrgeschwindigkeitsklassen hervor. Der Verfasser hatte hierzu 1976 eine inzwischen verbreitete Verteilung veröffentlicht [103], mit der positive Erfahrungen vorliegen. Sie wird folgendermaßen verfeinert:

Verschiedene Hinweise deuten darauf hin, daß der Bereich von 2–4 km/h wegen der Zunahme *zapfwellengetriebener Bodenbearbeitung* inzwischen bezüglich Benutzungsdauer wieder etwas zugenommen hat – dieses wurde eingearbeitet, siehe **Bild 125**.

Weiterhin gibt es Hinweise dafür, daß eine Beschränkung der Aussage auf *Ersttraktoren* sinnvoll ist. Nach einer Befragung [18] kam für Zweit- und Drittmaschinen (usw.) ein deutlich weniger ausgeprägtes Maximum im Hauptarbeitsbereich heraus – vermutlich wegen der geringeren Bedeutung der Bodenbearbeitung für diese Traktoren.

Die in Bild 125 gezeigte Verteilung ist als geschätzter Durchschnitt einer großen Zahl mitteleuropäischer Ersttraktoren anzusehen. Im Einzelfall wird das Gesamtspektrum meist weniger gleichmäßig genutzt – gewisse Gänge im Getriebe werden individuell bevorzugt, andere selten genutzt. Im Einzelfall könnte man oft mit weniger Stufen auskommen, in der Gesamtheit aber nicht. Unterschiedliche Auffassungen bestehen zuweilen über den Zeitanteil der Transportarbeiten und Leerfahrten. Ein Faustwert von 20 % paßt gut zu den Aussagen von Bild 125. Insgesamt ergibt sich auch eine gewisse Harmonie mit den Informationen von Bild 19, S. 25.

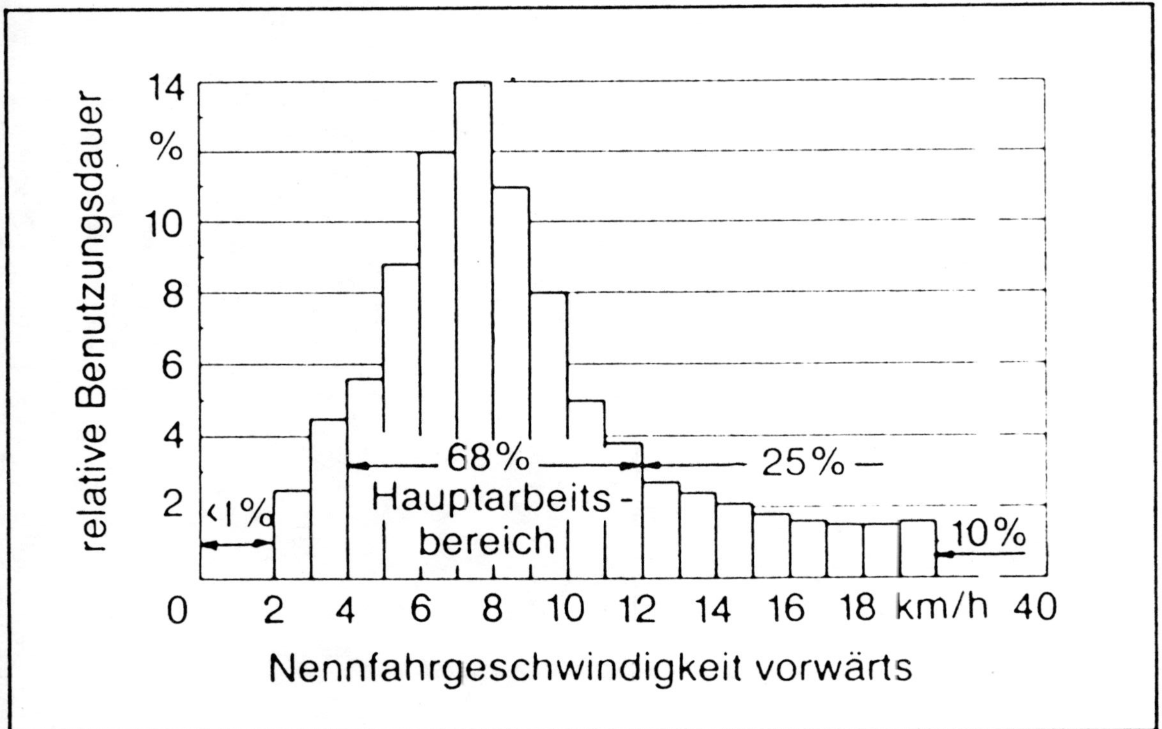
relative Benutzungsdauer
14
%
10
8
6
4
2
0
<1%
68%
Hauptarbeits-
bereich
25%
10%
2
4
6
8
10
12
14
16
18
km/h
40
Nennfahrgeschwindigkeit vorwärts

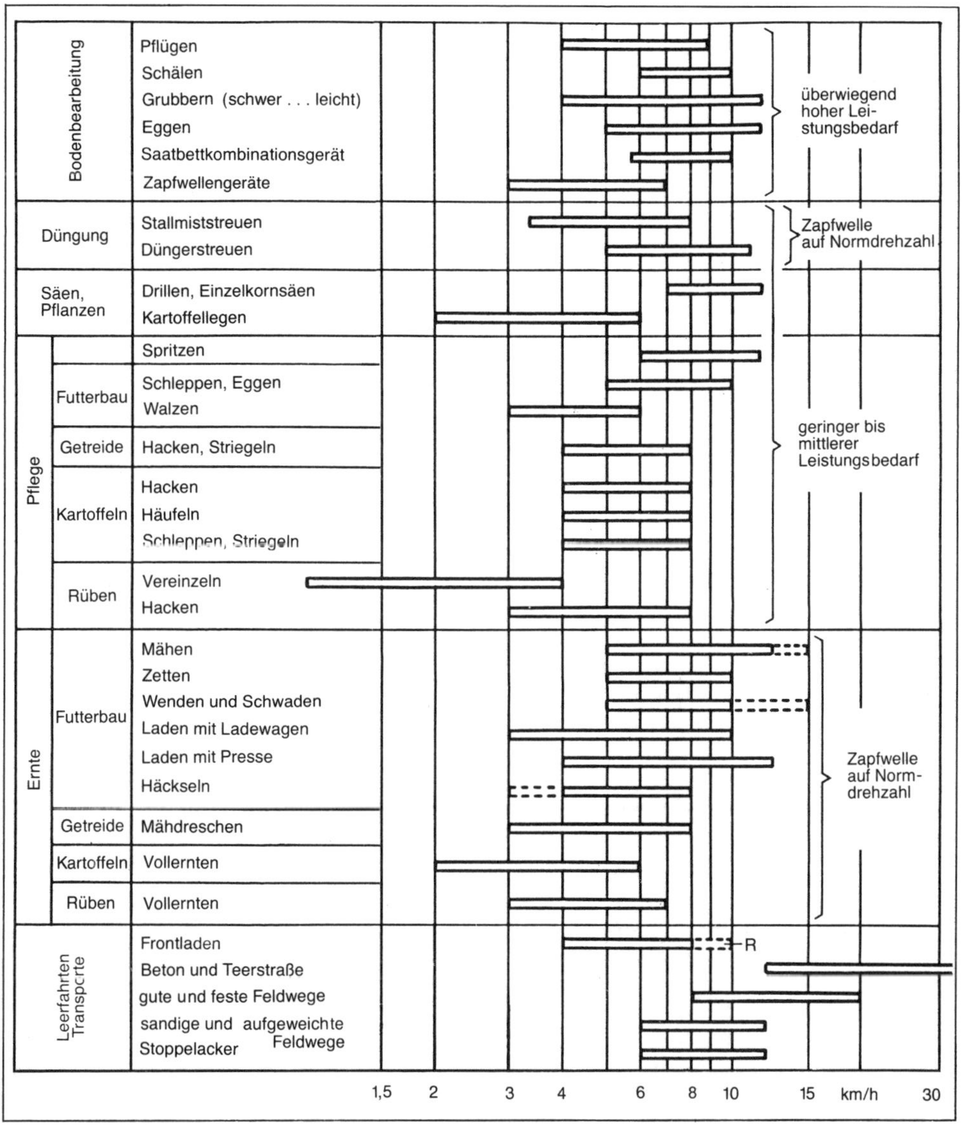

Bild 124 Praktische Arbeitsgeschwindigkeiten beim Einsatz von Traktoren mit Geräten und Transportwagen einschließlich der Leerfahrten.

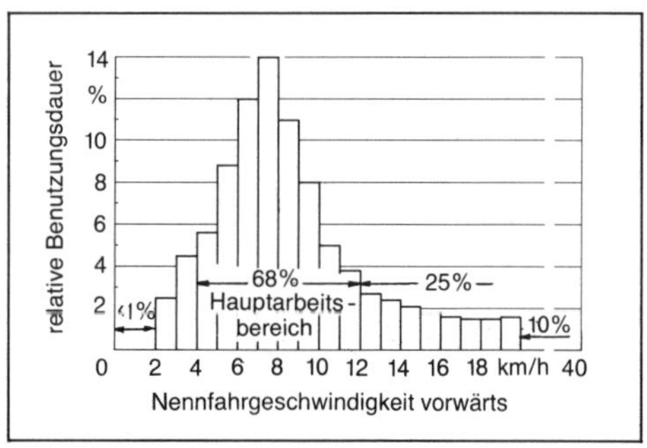

Bild 125 Durchschnittliche zeitliche Verteilung der Nennfahrgeschwindigkeiten aller in der Praxis benutzten Vorwärtsgänge für Ersttraktoren ab ca. 40 kW. Abschätzung des Verfassers für Mitteleuropa.

5.3.2 Was ist von einem Getriebe zu verlangen?

Anforderungen – Die Beurteilung des Getriebes erweist sich bei Traktoren in Anbetracht der vielen Funktionen und aufwendigen Technik als besonders schwierig – insbesondere für den Nichtfachmann. Dabei ist die wirtschaftliche Bedeutung für den Praxiseinsatz oft viel größer als z. B. die Bedeutung der Motorkennlinien.

Ein gutes Getriebe kann vor allem die **Einsatzmöglichkeiten** und die **Einsatzleistung** bedeutend steigern helfen. Worauf kommt es dabei besonders an? Hierauf soll **Tab. 20** eine straff formulierte Antwort geben – die Aussagen beruhen auf eigenen Untersuchungen [89] und langjährigen praktischen Erfahrungen.

Stufung, Handhabung und Auslegung der *Zapfwellen* stehen anwendungstechnisch besonders im Vordergrund – gefolgt von weiteren wichtigen Kriterien wie *Wirkungsgrad, Zuverlässigkeit* und Aufwand für *Reparatur* bzw. *Wartung.* Die zuletzt aufgeführten *Rahmenbedingungen* betreffen auch einige wichtige Gesichtspunkte, die der Hersteller intern berücksichtigen muß. Die Anforderungen lassen erahnen, wie anspruchsvoll und vielgestaltig sich die Getriebeentwicklung bei Traktorherstellern heute darstellt. Bei einem ganz neu zu konstruierenden Getriebe ist großer Weitblick bei der Konzeptfestlegung auch deswegen notwendig, weil die Hauptinvestitionen in der Fertigung für etwa 15 Jahre vorhalten sollen.

Zielkonflikte – Will man die zuvor aufgelisteten Anforderungen in der Getriebeentwicklung erfüllen, so stößt man auf zahlreiche Zielkonflikte, die zu Kompromissen zwingen. Für den Praktiker sind die Gründe zuweilen nicht so einfach zu durchschauen – daher sollen hierzu einige charakteristische Beispiele angeführt werden:

Beispiel 1: *Unter Last schaltbare Gänge* verbessern deren *Handhabung* und können auch die *Einsatzleistung* des Traktors erhöhen. Dafür sind sie *teurer*, erschweren gegebenenfalls die *Schaltbarkeit nachgeordneter Stufen*, weisen etwas höhere *Energieverluste* und z. T. auch *Geräusche* auf und sind technisch etwas *komplizierter.*

Beispiel 2: Eine *»nasse«* (im Ölbad laufende) *Fahrkupplung* reduziert erheblich die *Reparaturkosten,* erhöht jedoch gleichzeitig die *Herstellkosten* beträchtlich und verschärft infolge des Schleppmomentes die Randbedingungen guter *Schaltbarkeit.*

Beispiel 3: *Nasse Betriebsbremsen* lassen sich heute praktisch *verschleißfrei* auslegen – sie sind jedoch relativ *teuer* und weisen vor allem bei höheren Fahrgeschwindigkeiten gewisse *Energieverluste* auf.

Beispiel 4: Ein Baukasten mit großer *Funktionenspannweite* (für Kundenwünsche in vielen Ländern) bedingt, daß bei nicht voller Bestückung zum Beispiel leerer Getriebebauraum mit ungenutzten Bearbeitungen produziert wird – *Gewicht* und *Kosten* sind dann für diese Varianten nicht optimal und insgesamt hat man eine große *Teilezahl.*

Beispiel 5: Eine *Lamellenkupplung* im hinteren Bereich des *Zapfwellenstranges* verbessert nicht nur die *Handhabung,* sondern erhöht auch die *Flexibilität* bezüglich des *Antriebs der Hydraulikpumpe,* der dichter am Kraftheber vor der Kupplung möglich wird. Die Lamellenkupplung selbst wird *teurer.*

Beispiel 6: Eine nachträglich *verfeinerte Stufung* durch eine zusätzliche *Splitgruppe* mit Extrahebel kann eine *kostengünstige Verbesserung* der Stufung sein – in der *Handhabung* geht man gewisse Kompromisse ein bezüglich *Übersichtlichkeit* und *Einfachheit der Schaltung* (Hebelzahl).

Beispiel 7: Die *Verringerung der Reparaturkosten* durch bessere Zugänglichkeit – etwa mit Hilfe seitlicher Getriebeöffnungen – bedingt höhere *Herstellkosten.*

Aus den Beispielen wird deutlich, daß man bei Traktorgetrieben mit gewissen Kompromissen leben muß, um einen wirtschaftlichen und vernünftigen Mittelweg zu gehen. Dieses wird auch die Besprechung ausgeführter Konzepte noch vertieft zeigen (siehe Kap. 5.6, Seite 102).

Tabelle 20: Grundanforderungen an europäische Traktorgetriebe

1. Stufung vorwärts Spannweite der Nennfahrgeschwindigkeiten – Mittelklasse-Universaltraktor ca. (0,5) 2,4–30 (40) km/h (ohne verfügbare Kriechgänge Untergrenze ca. 1,5 km/h; obere Standardgrenze 30 km/h durch EG-Richtlinien bestimmt) – schwere Zugtraktoren ca. 2,8–30 (40) km/h Stufensprünge – Im Hauptarbeitsbereich (4–12 km/h) 1,15–1,25 (je nach Nennleistung, Motor-»Drehmomentanstieg« und Marktniveau, Einfachtraktoren auch über 1,25) – außerhalb 4–12 km/h gröber
2. Stufung rückwärts – Spannweite der Nennfahrgeschwindigkeiten ca. 3,5–12 km/h – Stufensprünge 1,3–1,4; Einfachtraktoren auch darüber (Untergrenze 1,3 Mindestanforderung bei Dauerrückfahrt, betrifft große Traktoren) – Zuordnung vorwärts–rückwärts (V–R) für Frontladen und Rangieren geeignet: Korrespondenz mehrerer Gänge, dabei Geschwindigkeit R $\geqslant$ Geschwindigkeit V
3. Handhabung – Sichere, bequeme, sinnfällige und rasche Schaltbarkeit aller entsprechenden Getriebeelemente auf Acker, Straße und beim Frontladen – Besonderheit Straßentransporte: Langsames Anfahren und bequemes Durchschalten (1 Hebel) – Geringes Unfallrisiko – Geringer Kontroll- und Wartungsaufwand, gute Übersicht über die Getriebestufung
4. Zapfwellen – Zweifach-Motorzapfwelle nach ISO-Norm (Normdrehzahl 540 und 1000/min) bis ca. 100 kW, möglichst umschaltbar – Motor-Referenzdrehzahl der 540er ca. 90 % Nenndrehzahl, für die 1000er 90–100 % Nenndrehzahl – Gelenkwellen sollen leicht aufsteckbar sein, Stummelhöhe nicht zu knapp an oberer Toleranzgrenze – Praktische Leistungsgrenzen der Zapfwellen höher als Norm
5. Wirkungsgrad (Eingangswelle bis Radnaben) – Im Hauptarbeitsbereich (4–12 km/h) betriebswarm bei Vollast 85–90 % – bei höheren Fahrgeschwindigkeiten, kalter Witterung und Teillast möglichst wenig abfallend
6. Zuverlässigkeit, Reparatur, Wartung – Lebensdauer bei Beanspruchung entsprechend der »Intensivnutzungsphase« ca. 6000–10 000 h (steigend mit der Leistung), bei großen Maschinen möglichst ohne Getriebeöffnung – Verschleißteile möglichst von außen ersetzbar – Möglichst wenig Spezialwerkzeug und Vorkenntnisse – Geringer Wartungsaufwand
7. Verschiedene Rahmenbedingungen – Wettbewerbsfähige Herstellkosten – Flexibles Konzept bezüglich folgender Hauptkriterien: Verschiedene Märkte, verschiedene Traktorleistungen (Familie), verschiedene angrenzende Baugruppen, Änderungen in den Marktforderungen – Konzept der Fertigung, insbesondere Gußteile und Montage – Geringes Gewicht – Ausreichende Bodenfreiheit – Vorschriften und Normen

5.4 Sinnbilder für Getriebeelemente, Geschwindigkeitspläne

Kaum ein Fahrzeuggetriebe hat so vielfältige Funktionen und Bauelemente wie das Traktorgetriebe. Deswegen erscheinen alle Hilfsmittel angebracht, die den Überblick über die Funktionsweise verbessern und möglichst auch die anwendungstechnische Beurteilung erleichtern.

Sinnbilder für Getriebeelemente – Ähnlich wie in der Elektrotechnik, der Ölhydraulik, der Datenverarbeitung und anderen Bereichen ist auch für Traktorgetriebe die Darstellung der Funktionsweise mit **Sinnbildern** zweckmäßig. **Bild 126** gibt einen Auszug aus eigenen Vorschlägen für Sinnbilder wieder, mit denen der Verfasser seit 1968 arbeitet [85]. Auf einen Blick kann man mit ihrer Hilfe das Grundkonzept eines Getriebes deutlich machen und an Hand der Schaltstellen den Leistungsfluß in allen Gängen und auch für die Zapfwelle bzw. den Frontantrieb und sonstige Elemente veranschaulichen. Dieses wird an den folgenden Beispielen verdeutlicht werden. Zuvor sei jedoch noch ein weiteres Hilfsmittel zur Analyse und Beurteilung von Getrieben besprochen.

Geschwindigkeitspläne – Sie dienen zur anwendungstechnischen Beurteilung der **Getriebestufung** und man wendet verschiedene mehr oder weniger gute Darstellungsarten an.

Eine der weniger guten wird bewußt als nicht nachahmenswert in **Bild 127** gezeigt. Für einen bestimmten Drehzahlbereich (hier 1000–2300/min) stellt man die Geschwindigkeiten über *linearem Maßstab* als Balken dar. Es entsteht ein anscheinend eindrucksvolles Bild – der praktische Nutzen aber ist begrenzt: Die Balken bei kleinen bis mittleren Geschwindigkeiten sind nur noch mit der Lupe auswertbar und die schnellen, selten benutzten Gänge verbrauchen in der Darstellung unnötig viel Platz. Im übrigen ist die Qualität der Stufung kaum erkennbar, denn es kommt weniger auf die Differenz benachbarter Geschwindigkeiten, als vielmehr auf deren Verhältnis an. Oft geht auch die Zuordnung der Geschwindigkeiten zu Gruppen und Grundgängen unter, die u. a. für die Frage wichtig ist, wieviel Schalthebel beim Hoch- und Runterschalten zu betätigen sind.

Wesentlich informativer wird das Bild, wenn man lediglich statt des linearen Maßstabs eine *logarithmische Geschwindigkeitsskala* vorsieht. Man kann sich entsprechendes Papier kaufen oder die Skala vom Rechenschieber bzw. Taschenrechner abnehmen. Alle Geschwindigkeitsbalken werden nun gleichlang – die Ablesegenauigkeit ist überall gleich gut und die Ausbildung der Treppung vermittelt einen weit besseren Eindruck von der Stufungsqualität.

Will man sich mit noch weniger Aufwand einen ersten *Überblick über Gesamtstufung und Gruppenbildung* verschaffen, so wird das in **Bild 128** dargestellte Vorgehen empfohlen. Es beschränkt sich auf die *Nennfahrgeschwindigkeiten* und deren Aufteilung auf die Gruppen – wiederum über logarithmischer Teilung. Jeder Balken stellt eine komplette Gruppe dar und die Reiterchen kennzeichnen die Lage der Grundgänge innerhalb der Gruppe. Der horizontale Abstand zwischen zwei Nennfahrgeschwindigkeiten ist ein Maß für den Stufensprung – dieses Maß ist im gesamten Skalenbereich gültig (Anhalt siehe Vergleichs-Stufensprünge).

Das erkennt man auch daran, daß sich die *Stufensprünge* der Grundgänge in allen vorhandenen Gruppen gleichartig abbilden. Ein solches Diagramm kann man daher auch sehr elegant durch Verschieben eines Papierstreifens mit einmal markierter Grundstufung herstellen. Diese Technik wendet man u. a. beim Entwerfen von Getrieben an – man kann damit im übrigen auch rasch prüfen, wie die im Prospekt vermerkten Geschwindigkeiten gerundet wurden – und gegebenenfalls auch Druckfehler richtigstellen.

Als ein weiteres Hilfsmittel zur übersichtlichen Darstellung der Getriebefunktionen kann die Wiedergabe der **Schaltbilder** bzw. **Schaltschemata** angesehen werden, die häufig am Schalthebelknopf eingraviert sind. Auch davon wird in den nachfolgenden Beispielen Gebrauch gemacht.

Bild 126 Rechts: Wichtigste Sinnbilder für das vereinfachte Darstellen von Traktorgetrieben in sog. »Getriebeplänen« nach [85].

Benennung	Sinnbild
Vollwelle, koaxial in Hohlwelle koaxiale Vollwellen Zapfwellenstummel Kardanelement	
Verbrennungsmotor	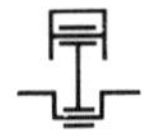
Hauptkupplung als Einfach- oder Doppelkupplung Lamellenkupplung Lamellenbremse	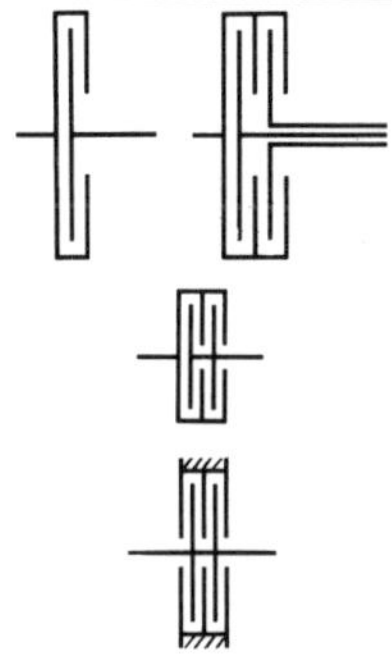
Zahnrad, frei laufend Zahnräder im Eingriff; rechte Darstellung nur als Ausnahme Schaltrad, Schieberad, axial verschiebbar doppelte Klauen- oder Muffenschaltung an Zahnrädern (Losrädern) doppelte Klauen- oder Muffenschaltung an Zahnrädern, synchronisiert	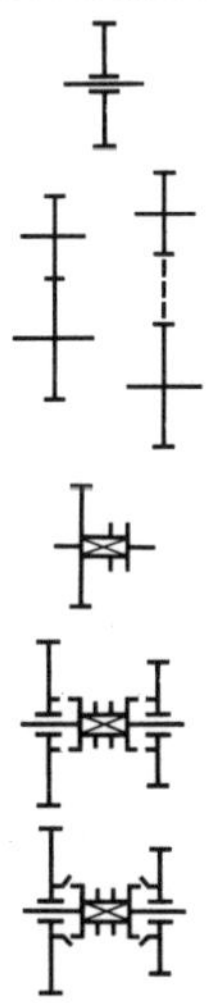
Bremse mit Innenbacken Vollscheibenbremse (links) und Teilscheibenbremse (rechts)	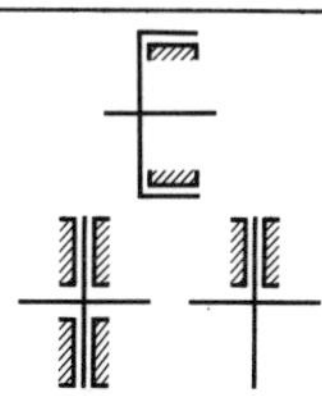

Bild 127 Weniger gute Darstellung einer Getriebestufung durch Balkenpläne über einer linearen Geschwindigkeitsskala für Motordrehzahlen von 1000–2300/min. Der Nutzen wäre größer bei Benutzung einer logarithmischen Skala.

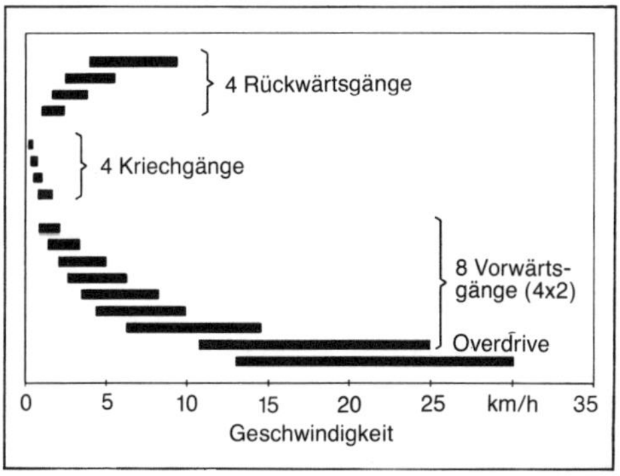

Bild 128 Geschwindigkeitsplan zum Veranschaulichen und Bewerten der Stufung. Optische Beurteilung erleichtert durch logarithmische Skala. Balken kennzeichnen Gruppen, Reiterchen Grundgänge. Beispielgetriebe wie in Bild 127.

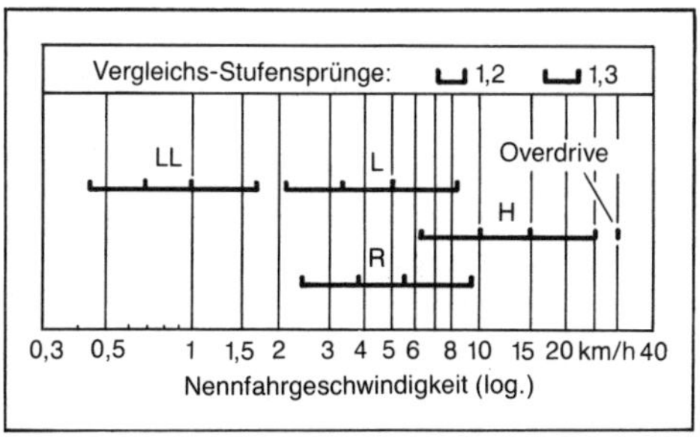

5.5 Zapfwellen

5.5.1 Konzepte

Die mechanische Zapfwelle erlaubt eine besonders verlustarme Leistungsübertragung vom Motor auf die Arbeitsgeräte, weil die Verluste zwischen Treibradreifen und Boden umgangen werden (siehe Kap. 2.8, Seite 50). Jeder Traktor hat schon seit Jahrzehnten mindestens eine **Heckzapfwelle**. Zeitweise waren auch **Zwischenachs-Zapfwellen** für den Antrieb von Messerbalken-Mähwerken verbreitet (heute hydraulisch).
In neuerer Zeit kamen bei Standardtraktoren zunehmend auch **Frontzapfwellen** auf (oft in Verbindung mit Frontkrafthebern). Diese Entwicklung war durch die 1972 vorgestellten Systemtraktoren Daimler-Benz »MB-trac« und Deutz »Intrac« sowie durch die anhaltend guten Erfolge der Fendt-Geräteträger gefördert worden.
Konzepte der Heckzapfwellen – Man unterscheidet im wesentlichen drei Grundbauarten **(Bild 129)**. Die **Getriebezapfwelle** hat keine eigene Reibungskupplung, sondern wird von der Getriebeeingangsstelle abgezweigt. Beim Betätigen der Fahrkupplung bleibt auch die Zapfwelle stehen – das Freiarbeiten von Geräten wird erschwert.
Daher entwickelte man in den fünziger Jahren die sog. **Motorzapfwelle** mit eigener Kupplung, also unabhängig vom Fahrantrieb. Fahrkupplung und Zapfwellenkupplung baute man (kostengünstig) zusammen. Die ersten Lösungen hatten ferner auch eine gemeinsame Betätigung: Der erste Teilweg des Fußpedals betätigte nur den Fahrantrieb – im zweiten Teil wurden beide Kupplungsteile gelüftet. Später führte man eine separate Betätigung auch für die Zapfwellenkupplung ein, häufig über einen seitlichen Handhebel.
Das Zusammenbauen beider Kupplungen zur *Doppelkupplung* ist aus Kostengründen immer noch verbreitet. Die bedeutendste (ganz leicht zunehmende) Alternative besteht in einer separaten *Zapfwellen-Lamellenkupplung*, die sich oft im hinteren Teil des Getriebes befindet, um eine günstige Anschlußmöglichkeit für kupplungsunabhängige Hydraulikpumpen zu gewinnen. Die Lamellenkupplungen laufen häufig im Ölbad und werden hydraulisch geschaltet. Diese Bauart ist sehr verschleißfest und bequem zu schalten, weist allerdings den Nachteil eines Schleppmomentes auf. Eingebaute automatische Bremsen können z. T. auch zum Verzögern von Geräteschwungmassen benutzt werden. Die Steuerung sollte möglichst feinfühlig möglich sein.
Motorzapfwellen werden heute in Mitteleuropa allgemein mit den beiden *Normdrehzahlen* 540 und 1000/min umschaltbar angeboten. Eine weitere Zwischendrehzahl von z. B. 750/min dient vor allem zum Antrieb leichter 540er Geräte mit verminderter Motordrehzahl (Kraftstoff sparen, Geräusch reduzieren).
Als dritte charakteristische Bauart gilt die **Wegzapfwelle** mit einer zur Fahrgeschwindigkeit proportionalen Stummeldrehzahl. Sie hat allerdings heute bei Standardtraktoren kaum noch Bedeutung. Eine wichtige Anwendung war z. B. in der Nachkriegszeit der Antrieb von Einachsanhängern mit Treibachse (Steilhänge, Fahrsilos, Forstbetrieb u. a.). Die heute viel größeren Traktoren und der Durchbruch des Allradantriebs drängten das Verfahren zurück – die Wegzapfwelle lebt nur bei Einachstraktoren in Gebirgsgegenden weiter.
Konzepte der Frontzapfwellen – Man bevorzugt die Normdrehzahl 1000/min, meistens mit eigener Reibungskupplung (bei Fendt z. T. mit zusätzlicher Strömungskupplung). Die Leistung wird häufig mit einer Zahnradstufe vom vorderen Kurbelwellenende abgenommen **(Bild 130)**. Die *Drehrichtung* ist seit Beginn dieser Entwicklung etwas umstritten. Bei einer Zahnradstufe (kostengünstig) dreht sich die Frontzapfwelle absolut betrachtet in gleicher Richtung wie die Heckzapfwelle. Schaut man jedoch (beim Ankuppeln) auf den Stummel, dreht sich die Heckzapfwelle im Uhrzeigersinn und die Frontzapfwelle entgegengesetzt dazu (beide gegenläufig zum Motor). Für Geräte ist das kaum von Bedeutung, weil sie sowieso speziell für Frontanwendung auszulegen sind. In der ISO wurden diese (deutschen) Argumente bisher überstimmt: Der Normentwurf DIS 8759/1 sieht eine Drehrichtung entgegen der vorherrschenden Praxis vor.

Bild 129 Typische Grundkonzepte für Heckzapfwellen. G Getriebezapfwelle, M Motorzapfwelle, W Wegzapfwelle

G

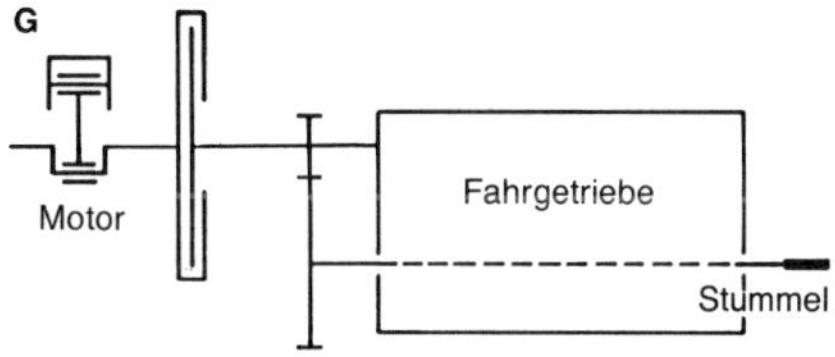

Getriebezapfwelle, gemeinsame Kupplung mit dem Fahrgetriebe, früher häufig, heute meist durch M1 oder M2 ersetzt.

M1

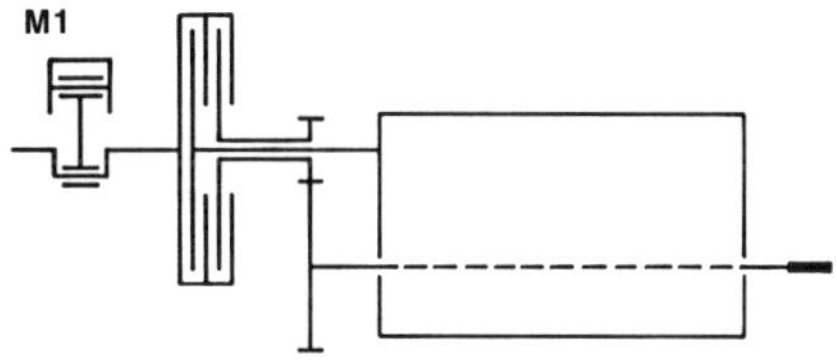

Motorzapfwelle, Ein- und Auskuppeln unabhängig vom Fahrgetriebe möglich.
M1 Zapfwellenkupplung mit Fahrkupplung zusammengebaut (Doppelkupplung).

M2

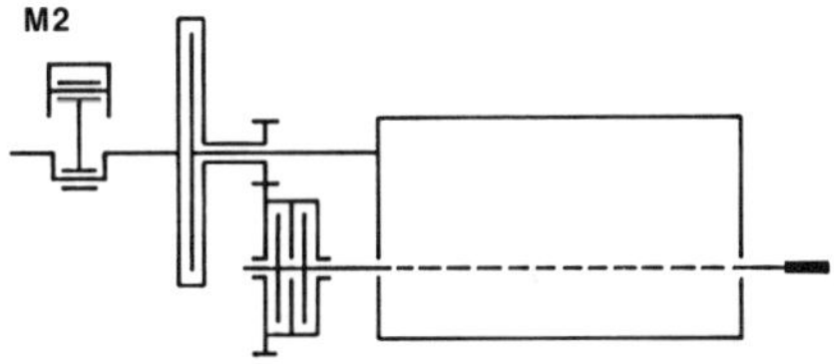

Motorzapfwelle, Ein- und Auskuppeln unabhängig vom Fahrgetriebe möglich.
M2 Zapfwellenkupplung separat angeordnet, meist als trockene oder nasse Lamellenkupplung. Diese Lösung ermöglicht u. a. den Anbau von unabhängigen Hydraulikpumpen am Zapfwellenstrang (vor der Kupplung).

W

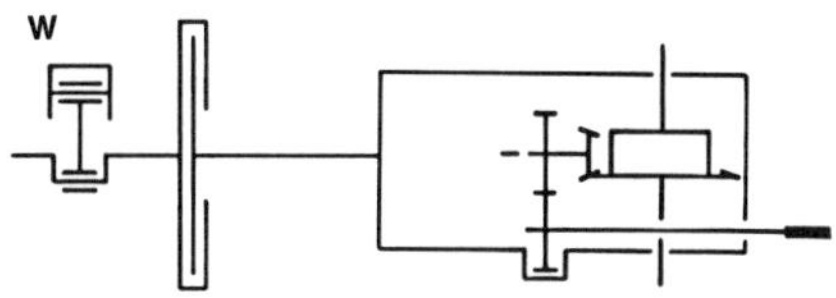

Wegzapfwelle, Drehzahl proportional zur Fahrgeschwindigkeit. Früher zusätzlich zur Motorzapfwelle verbreitet, heute selten.

Bild 130 Konzept der Frontzapfwelle bei Traktoren, vorzugsweise mit 1000/min Normdrehzahl. Die hier gezeigte Lösung mit Strömungskupplung wird in der oberen Baureihe von Fendt verwendet (Favorit-Traktoren). Im Bereich der Hauptstückzahlen arbeiten alle Hersteller aus Kostengründen ohne Strömungskupplung.

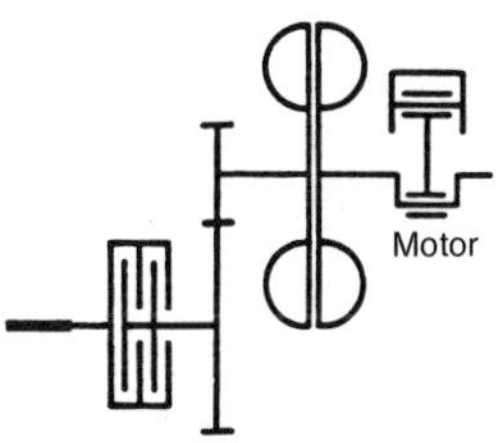

5.5.2 Stummelformen, Drehzahlen, Leistungen

Übersicht – Man schätzt, daß heute in der Bundesrepublik Deutschland mindestens etwa 5 Mio. Geräte mit Zapfwellenantrieb in Gebrauch sind. Ihr Einsatz wäre wohl kaum denkbar, wenn nicht gut entwickelte Normen vereinheitlichte »Schnittstellen« zwischen Traktor und Gerät geschaffen hätten.

Schon 1940 hatte man mit der damaligen DIN-Norm 9611 zwei *Stummelformen* A und B mit 35 und 42 mm Nenndurchmesser und sechskeiligem Profil festgelegt – beide damals für 540/min *Normdrehzahl*. Der 42er Stummel konnte sich nicht allgemein durchsetzen, weil es über Jahrzehnte gelang, die Festigkeit des kleineren Stummels mit den steigenden Motorleistungen mitwachsen zu lassen und so mit einem Stummel auszukommen.

Inzwischen hatte man in den USA das Prinzip der 1000er Zapfwelle entwickelt, um die dort wesentlich höheren Motorleistungen zu bewältigen. Dem technischen Fortschritt entsprechend wählte man dafür ein 21-zähniges Evolventenprofil (billiger, etwas höhere Grenzdrehmomente). Entsprechende Normen der SAE und ASAE hatten wegen des beträchtlichen Erfahrungsschatzes großen Einfluß auf die Ausarbeitung von ISO-Normen. 1966 erschien die erste ISO-Empfehlung, 1979 wurde die erste internationale Zapfwellennorm als ISO 500 veröffentlicht. Danach richtete man die alte DIN 9611 neu aus, ließ die alte Form B fallen und arbeitet heute bei ISO und DIN mit folgenden **Grunddaten der Heckzapfwellen:**

	Form 1	Form 2	Form 3
Profil	Keile	Evolventen-verzahnung	
Nenn-∅ mm	35	35	45
Zähnezahl	6	21	20
Drehzahl/min	540	1000	1000
Stummelnenn-leistung kW	bis 48	bis 92	bis 185

Die Normdrehzahl soll nach ISO (DIN) bei 80–90 % der Motornenndrehzahl erreicht werden. Aus heutiger Sicht strebt man für die 540er die obere Grenze an, für die 1000er geht man z. T. sogar darüber. Die genormten Grenzleistungen bedeuten nicht, daß die betrachtete Zapfwelle für leistungsstärkere Traktoren verboten ist – sie ist jedoch dann u. U. nicht voll belastbar.

Stummelformen und Zapfwellenpraxis – Die Gestalt der Stummelformen wird in **Bild 131–133** gezeigt. Trotz verschiedener Vorteile haben sich die für 1000/min vorgesehenen Evolventenprofile bei uns nicht so stark durchgesetzt wie in Nordamerika. Man möchte gern alles mit einer einzigen Stummelform erledigen und bevorzugt heute seitens der praktischen Landwirtschaft **Form 1** umschaltbar für 540 und 1000/min – vereinzelt auch zusätzlich oder alternativ mit Zwischendrehzahlen.

Dieses Vorgehen hat den Nachteil, daß 540er Geräte bei Unachtsamkeit durch versehentliches Einschalten der 1000er Zapfwelle überdreht werden. Die Praxis zeigt aber, daß sehr wenig passiert und ein Verbot aus Sicherheitsgründen wohl nicht gerechtfertigt wäre.

Leistungsgrenze Form 1 – Nach jahrzehntelanger Verbesserung der *Stummelfestigkeit* stößt man für Form 1 bei 540/min in neuerer Zeit an Grenzen. Da jedoch Form 1 bei uns so verbreitet ist, versuchen die Traktorhersteller alles, um die Stummelfestigkeit hoch zu treiben im Interesse größtmöglicher Grenzleistungen. Für durchschnittliche Bedingungen kann man heute eine *Dauerleistung* von etwa 55–60 kW am Stummel erwarten (60–65 kW am Motor) – also mehr als die Norm mit 48 kW verlangt. Im Einzelfall sind folgende Faktoren dabei günstig:

- Geringe Abwinkelungsfehler der Gelenkwelle (Z- und W-Beuge anstreben)
- Strömungskupplung [104]
- Möglichst geringe Querkräfte (Biegung)
- Überlastkupplungen und Schwungmassen am Geräteeingang
- Gut geschmierte Schiebeprofile

Gegebenenfalls lohnt sich auch ein Blick in die Betriebsanleitung oder sogar eine Anfrage beim Hersteller.

Lagerschäden am Getriebe können auf schlecht geschmierten Schiebeprofilen beruhen (beim Kurvenfahren Zwangskräfte in Längsrichtung).

Bild 131 Wichtige Grundmaße der genormten Heckzapfwelle **Form 1 (540/min)** nach DIN 9611 und ISO 500. In den Toleranzen weichen die entsprechende ASAE-Norm (USA) und die TGL-Norm (DDR) geringfügig von ISO (= DIN) ab. Austauschbarkeit ist jedoch gewährleistet. In der Praxis hat sich für ein verbessertes Aufstecken ein »Anspitzen« der Profilleisten sehr bewährt.

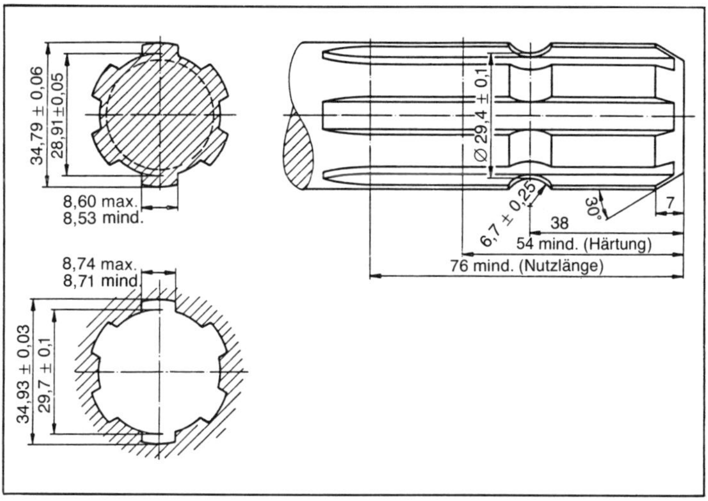

Bild 132 Wichtige Grundmaße der genormten Heckzapfwelle **Form 2 (1000/min)** nach DIN 9611 und ISO 500.

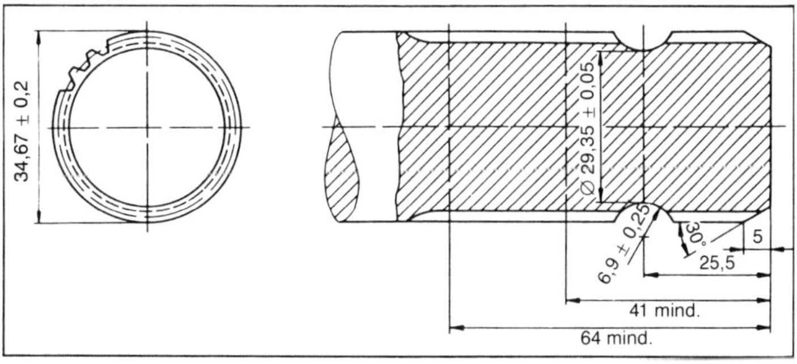

Bild 133 Wichtige Grundmaße der genormten Heckzapfwelle **Form 3 (1000/min)** nach DIN 9611 und ISO 500. Bedeutung in Mitteleuropa äußerst gering.

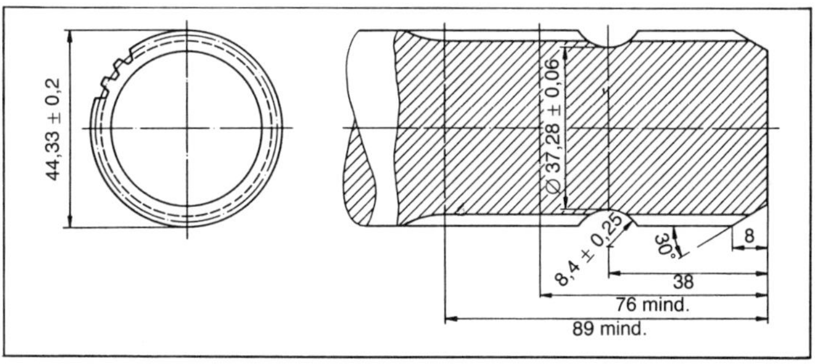

5.6 Aufbaupläne von Traktorgetrieben

Getriebepläne sollen den Überblick über Aufbau und Funktionen erleichtern. Am besten sieht man sich zuerst die Geschwindigkeitspläne und die Schaltbilder an, danach die Schaltstellen der Grundgänge und Gruppen. Ebenso erkennt man Art und Position von Kupplungen, Endantrieben, Bremsen, Zapfwellenelementen und Allradantrieben.

Getriebe Deutz-Fahr TW 900 für DX-Traktoren – Anfang 1978 brachte KHD die ersten fünf DX-Traktoren heraus, von denen die drei unteren Modelle DX 85, DX 90 und DX 110 (59, 65 und 75 kW) mit dem neuen Deutz-Dreiwellengetriebe TW 90 ausgestattet wurden. Die erste Konzeption arbeitete mit vier (bzw. für 30 km/h mit fünf) Grundgängen, drei Standard-Vorwärtsgruppen, einer Rückwärtsgruppe und einer wahlweisen Kriechganggruppe. Seit Anfang 1979 baute man das schrägverzahnte TW 90 auch in Traktoren von Steyr ein. Die Getriebegrenzleistung konnte man im DX 120 (1980) auf 81 kW steigern. Der DX 145 (1980) erhielt sogar 97 kW – dieses erreichte man durch Anheben der inneren Getriebedrehzahlen bei Hinzufügen eines Planetenendantriebes.

Ende 1982 ersetzte man die Typen DX 85 und DX 90 durch die kompakteren DX-Mittelklassetypen DX 80, DX 86 und DX 92 (55, 60 und 66 kw), für die man das Getriebe zum TW 900 weiterentwickelte **(Bild 134).** Für 40 km/h baute man es auf sechs synchronisierte Grundgänge aus und synchronisierte alle Standardgruppen. Die im Hauptarbeitsbereich verdichtete Stufung erfüllt die Praxisanforderungen recht gut.

Selbst bei voller Bestückung gibt es nur zwei Schalthebel – die Übersicht über die Stufung stößt allerdings jetzt an Grenzen. Die gute Zuordnung M-R und die 6 weitgespannten Transportgänge erlauben elegante Einhebelschaltungen. Die R-Gänge sind allerdings für Dauerrückfahrt unten zu schwach besetzt. Den seitlichen Allradantrieb stellte man auf Zentralantrieb mit nur einem Radpaar um. Eine (z. T. auch bei anderen Herstellern übliche) Druckölschmierung reduziert den Verschleiß und die Getriebeverluste (niedriger Ölstand). Ende 1983 übernahm man die Neuerungen für die größeren DX6-Modelle und 1984 kam noch ein DX-Traktor mit 51 kW hinzu.

Fendt »Overdrive-Getriebe« für Traktorenbaureihe »300« – Im Jahre 1980 stellte Fendt das erheblich weiterentwickelte Farmergetriebe in den vier neuen Traktoren 305 LS, 306 LS, 308 LS und 309 LS (46, 52, 57 und 63 kW) vor. Der große Erfolg läßt sich vor allem auf die erstmals in dieser Leistungsklasse angebotene 40 km/h-Ausführung bei Standardtraktoren zurückführen. Daher erweiterte man die Baureihe 1982 um die Dreizylindermodelle 303 LS und 304 LS (38 und 43 kW). Schließlich wurde 1984 mit den neuen Typen 310 LSA und 311 LSA (68 und 74 kW) eine Dreifachsplittung eingeführt **(Bild 135).** Dieser Stand ist weitgehend auch für die neue Geräteträgerbaureihe »GT 300« verfügbar.

Der Motor treibt bei den Standardtraktoren über eine Strömungskupplung sowohl den Fahrantrieb wie auch die Zapfwelle an. Zusätzlich zu den üblichen zwei schaltbaren Zapfwellen 540 und 1000/min führte man 1980 eine alternativ zu 1000/min lieferbare 750er Zwischendrehzahl ein, um damit leichte 540er Geräte kraftstoffsparend und leise zu betreiben. Ab 1982 gab es alle drei Drehzahlen auch nebeneinander (dann aber ohne Wegzapfwelle).

Die »Grundstufen« bestehen aus drei Vorwärtsstufen und dem Rücklauf, alle synchronisiert. Eine erste Grobauffächerung bilden die mit Klaue und Schieberad geschalteten Gruppen H und L. Die weitere Verfeinerung erreicht man durch die synchronisierten »Splitstufen«. Auf Wunsch gibt es Kriechgänge. Im »Overdrive« erzeugt man auf kurzem Weg drei schnelle, synchronisierte Transportgänge. Die Rückwärtsgänge sind infolge der Einbindung ins Hauptgetriebe etwas schwach besetzt.

Zapfwellenstrang und Allradantrieb weisen relativ viele Radeingriffe auf. Die Getriebeschaltung erfolgt normal durch drei Hebel – vier bei Kriechgangausführung. Für Ackerarbeiten kommt man allerdings häufig mit dem Splithebel aus und bei Straßenfahrt reicht meist der Hauptschalthebel.

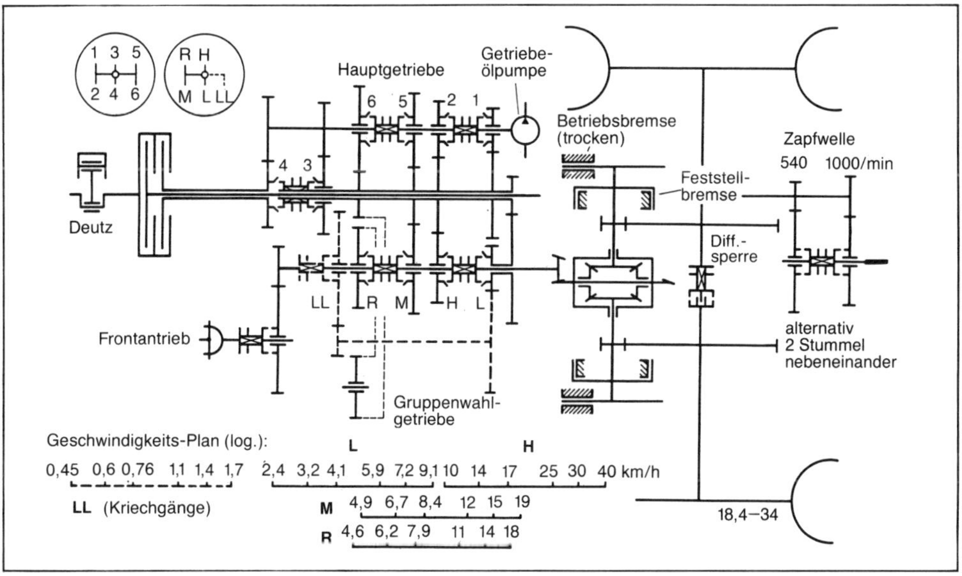

Bild 134 Stufengetriebe 15/5 bzw. 18/6 (24/6), Bauart Deutz-Fahr »TW 900«, vorgestellt 1982 für die neuen 4-Zylinder-DX-Traktoren. Dargestellte Geschwindigkeiten für DX 4.50.

Bild 135 Stufengetriebe 14/4 (15/4) bzw. 21/6, Bauart Fendt »Overdrive-Getriebe«, vorgestellt 1980. Dargestellte Geschwindigkeiten für 310 LSA mit Dreifachsplitstufe (1984).

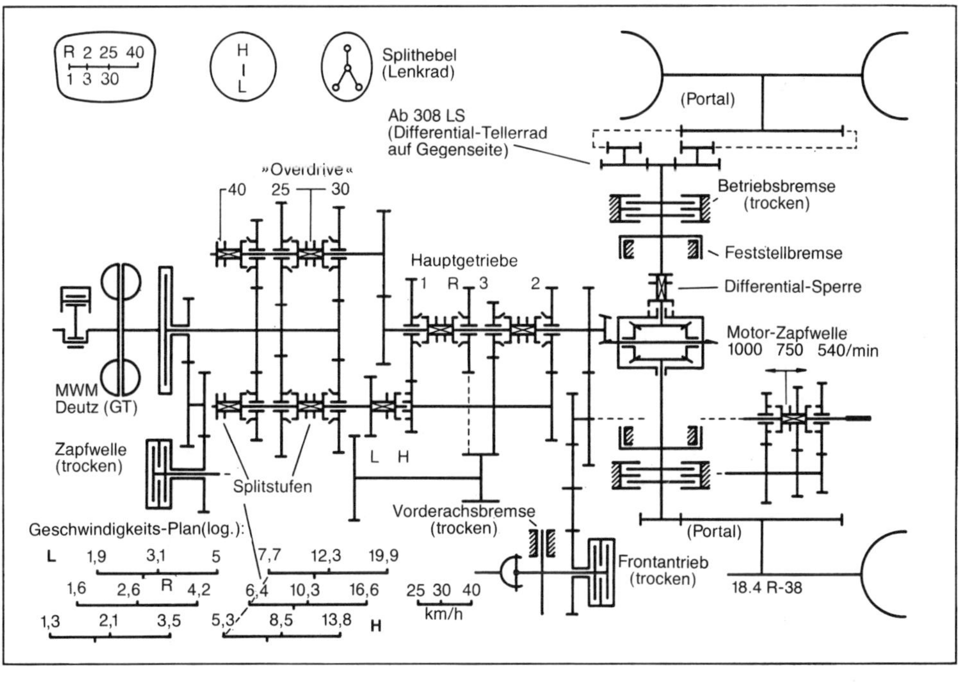

Getriebe IH »Synchron 16 + 8« – Die International Harvester Company (Neuß) baut derzeit in die Traktoren 956 XL und 1056 XL (70 und 77 kW) das in **Bild 136** gezeigte Getriebe ein, das man 1977 für diesen Leistungsbereich vorgestellt hatte (Typen 955 und 1055 mit 66 bzw. 74 kW). Mit angepaßten Planetenendantrieben baut man das Getriebe auch in die B-Familie ein: 743 XL, 745 XL, 844 XL und 856 XL mit 49/53/59 und 63 kW.

Der Motor treibt über eine Doppelkupplung (Fahrantrieb, Zapfwelle) zunächst das Hauptgetriebe mit vier synchronisierten Grundgängen an. Es folgt eine synchronisierte Splitstufe ins Langsame (normal) oder ins Schnelle (40 km/h-Version). Danach kommt das vollsynchronisierte Gruppenwahlgetriebe L, H, R. Im Bauraum der Splitstufe kann wahlweise auch eine Kriechganggruppe geliefert werden (acht Stufen bis ca. 9 km/h) – beide Möglichkeiten schließen sich gegenseitig aus. Das Differentialgetriebe arbeitet mit Bolzensperre, die Ausgangswellen führen über nasse Scheibenbremsen zu den Planetenenduntersetzungen. Der Zapfwellenstrang mit drei Zahnradeingriffen bietet neben dem Zweistummelkonzept ab Ende 1985 auch eine umschaltbare Einstummelvariante. Wegzapfwelle ist möglich.

Die Vorwärtsstufungen sind in den Splitausführungen anwendungstechnisch recht günstig und auch die Rückwärtsgeschwindigkeiten sind sehr fein und liegen absolut gesehen richtig. Relativ sind sie gegenüber der zugordneten L-Gruppe schon etwas zu schnell, z. B. beim Frontladen. Bei eingebauter Kriechganggruppe wird die gesamte Stufung ungünstiger, da die Splittung wegfällt. Bei drei Schalthebeln reicht für Transportarbeiten meistens ein Hebel.

Getriebe John Deere »Power Synchron« für die Mannheimer Baureihe 40 – Ende 1979 präsentierte J. Deere mit der »Mannheimer Baureihe 40« eine Traktorfamilie von 28 bis 71 kW Nennleistung, bei der man das Schaltgetriebe unter Beibehaltung des Gehäusekonzepts innen vollständig neu gestaltete **(Bild 137)**. Die dargestellte 16/8-Variante mit Zweifachlastschaltung »Hi-Lo« bot man im oberen Leistungsbereich als Standard und für die unteren Modelle auf Wunsch an. Dem Prinzip der Zweifachlastschaltung gab man wegen der hohen Exportquote nach Nordamerika eine besondere Priorität.

Der Motor treibt über die Fahrkupplung zunächst die Hi-Lo-Lastschaltung an, unmittelbar danach folgt im Leistungsfluß das Hauptgetriebe mit vier synchronisierten Grundgängen. Die Gruppen L, H und R sind mit Klauenschaltung nachgeordnet. Die trotz der Massenwirkungen der Lastschaltung gute Schaltbarkeit der Grundgänge beruht darauf, daß alle vier Synchronschaltstellen auf der Eingangswelle liegen. Die Voraussetzungen für eine Synchronisierung der Gruppen (besonders L) sind demgegenüber viel ungünstiger.

Auf Wunsch kann eine Kriechganggruppe geliefert werden, die allerdings den Bauraum der Lastschaltung beansprucht und diese daher ausschließt. Die Zweifachlastschaltung ist inzwischen so konstruiert, daß bei stehendem Dieselmotor die Lo-Stufe automatisch durch Federkraft eingerückt ist. Dadurch kann das Fahrzeug durch Gangeinlegen sicher abgestellt oder auch angeschleppt werden.

Die erreichte Getriebestufung erfüllt verhältnismäßig gut die europäischen Anforderungen. In drei Gruppen L, H und R sind mit Lastschaltung jeweils acht Gänge verfügbar und bequem schaltbar. 1982 vereinigte man Lastschalthebel und Gangschalthebel im Interesse überwiegender Einhebelschaltungen. Gewisse Kompromisse nahm man für das Schalten beim Frontladen in Kauf: Zwar liegen die sich entsprechenden Gruppen L und R günstig in einer Schaltgasse, jedoch sind sie nicht synchronisiert. Ebenso ist das Geschwindigkeitsverhältnis von R zu L mit etwa 1,5 schon etwas groß.

Der Frontantrieb (ab 1040) wird über eine Lamellenkupplung elektrohydraulisch geschaltet (Kippschalter). Bequem ist auch die Betätigung der hydraulisch beaufschlagten Zapfwellen-Lamellenkupplung. Die Zapfwelle liefert man für Mitteleuropa mit Feststummel und Umschaltvorrichtung.

Das Hinterachskonzept arbeitet mit nassen Einscheiben-Betriebsbremsen und Planetenendantrieben.

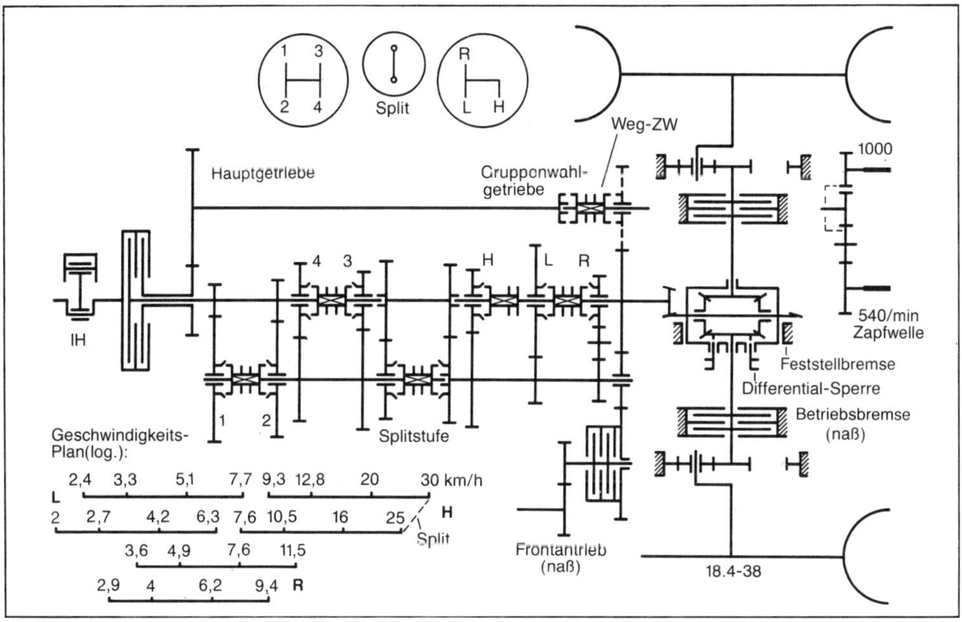

Bild 136 Stufengetriebe 16/8, Bauart IH »Synchron«, vorgestellt 1977. Dargestellte Geschwindigkeiten für 1056 XL.

Bild 137 Stufengetriebe 16/8 mit Zweifachlastschaltung, Bauart John Deere »Power Synchron«, vorgestellt Ende 1979. Dargestellte Geschwindigkeiten für 3140.

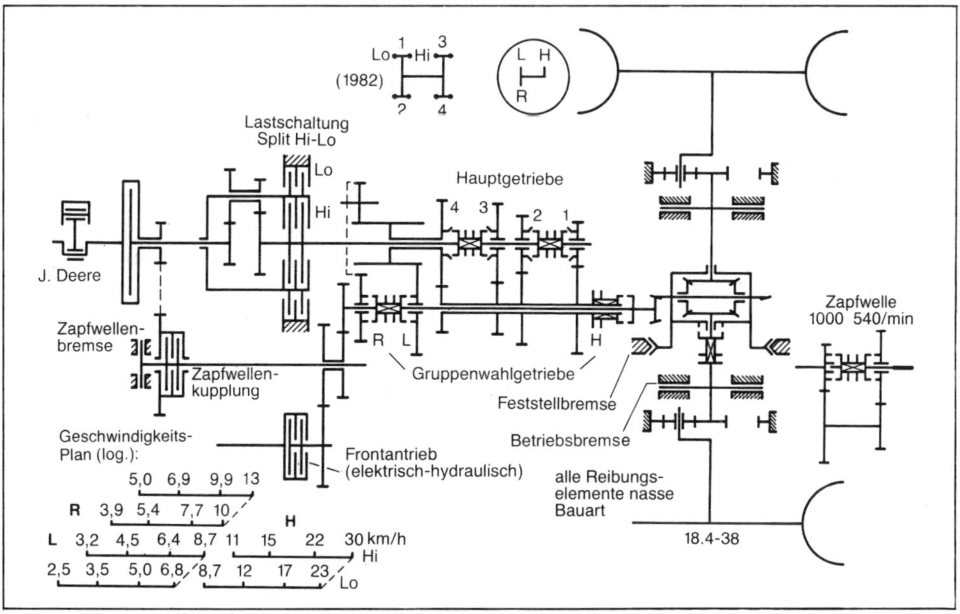

Getriebe Daimler-Benz UG 2/30 für MB-tracs – Auf der DLG-Ausstellung 1982 präsentierte Daimler-Benz mit dem neuen Modell MB-trac 1000 (70 kW) auch ein erheblich überarbeitetes Getriebe **(Bild 138)**. 1983 übernahm man den neuen Baukasten auch für die übrigen Typen 700, 800 und turbo 900. Über eine klassische Doppelkupplung wird der Fahrantrieb und die zweistufig schaltbare Zapfwelle (front- und heckseitig) angetrieben. Das Schaltgetriebe läßt sich in drei Unterbaugruppen einteilen. Ganz vorn (»Vorschaltgetriebe«) liegen zwei Splitstufen (Sprung ca. 1,28), die wahlweise durch eine Kriechganggruppe zu erweitern sind. Es folgen die Vorwärtsgruppen L und H mit einer zu L entsprechenden Rückwärtsgruppe R. Ganz hinten liegen die vier Grundgänge.

Alle Schaltstellen mit Ausnahme der Kriechganggruppe hat man synchronisiert. Zapfwellenkupplung, Splitstufe, Allradantrieb und Differentialsperren werden durch Druckluft betätigt. Die Umsteuerung der Splitstufe wählt man durch einen Schalter am Hauptschalthebel vor – die Schaltung erfolgt dann automatisch bei Kupplungsbetätigung (Iststellung wird angezeigt). Im Praxisbetrieb wählt man eine der beiden Gruppen L und H vor und kann nun acht Geschwindigkeiten mit einem Hebel schalten. L dient vorwiegend für den Ackereinsatz – H mehr für Straßentransporte. Die Überdeckung führt zu einer guten Stufungsverdichtung bei 4–12 km/h. Der Geschwindigkeitsplan weist ferner eine praxisnahe Rückwärtsstufung aus. Die R-Gruppe ist zum Frontladen und Rangieren der L-Gruppe vorteilhaft zugeordnet. Auch die Kriechgänge liegen günstig.

Vorder- und Hinterachse arbeiten mit sperrbaren Differentialgetrieben, äußeren Portal-Stirnraduntersetzungen und trockenen Festsattelscheibenbremsen, deren hydraulische Betätigung durch Druckluft unterstützt wird. Der Aufwand ist groß – er führt jedoch zu sehr schlanken Achsen mit guter Bodenfreiheit bei guter Zugänglichkeit zu den Bremsen.

Getriebe Massey Ferguson »12/4« – Nachdem MF 1961 das ehrwürdige 3 × 2-Schieberadgetriebe durch die Zweistufenlastschaltung »Multi Power« aufgewertet hatte, baute man von diesem Konzept weltweit über 500 000 Einheiten (siehe Kap. 5.1.2). Erst 1977 gab es einen Nachfolger: Das in **Bild 139** gezeigte neue Getriebe »12/4« startete damals in den Traktortypen 274, 284 und 294 (44/50/55 kW). Seit 1982 baut man es in die MF-Traktoren 233 bis 293 (28–55 kW) sowie in die Typen 254S bis 294S (33–55 kW) ein und verwendet es ebenso in den Typen 1004 bis 1134 (66 bis 97 kW) – hier allerdings mit Planetenachse statt Portalachse und einigen weiteren Anpassungen. Auch die MF-Plantagentraktoren werden damit ausgerüstet. An eine klassische Doppelkupplung für Fahrantrieb und Zapfwelle schließt sich zunächst das Hauptgetriebe an mit vier synchronisierten Grundgängen. Danach folgen drei nicht synchronisierte Vorwärtsgruppen L, M und H und die Rückwärtsgruppe R. Sowohl R wie auch L arbeiten noch mit Schieberädern.

Das Differentialgetriebe kann über eine Bolzenschaltung gesperrt werden. An den Ausgangswellen befinden sich nasse Scheibenbremsen (Bauart Girling) mit nachfolgenden äußeren Stirnraduntersetzungen in Portalbauart (bei 1000er Typen in Planetenbauart). Bei Allradantrieb liegt die Feststellbremse an der Allrad-Ausgangswelle im Getriebe.

Der Geschwindigkeitsplan weist günstige Vorwärtsgänge auf mit gezielter Stufungsverdichtung bei 4–12 km/h. Die Anfahrgeschwindigkeit beim Transport ist noch annehmbar und die Rückwärtsgänge wurden der mittleren Gruppe (in einer Gasse) gut zugeordnet – aber ohne Synchronisation. Varianten mit 40 km/h gibt es nicht. Dafür bietet man zeitgemäße umschaltbare Motorzapfwellen 540 und 1000/min sowie zwei Wegzapfwellen. Der zentrale Allradantrieb arbeitet mit Klauenschaltung.

Das Schaltgetriebekonzept ist für heutige Begriffe relativ schlicht – es bietet jedoch vor allem in der unteren Mittelklasse ein sehr interessantes Kosten : Nutzen-Verhältnis. Für die 1000er Typen wünscht man sich z. T. mehr Technik, so z. B. eine synchronisierte Schaltung R–M (Frontladen) und eine weiter verfeinerte Stufung mit 40 km/h-Varianten.

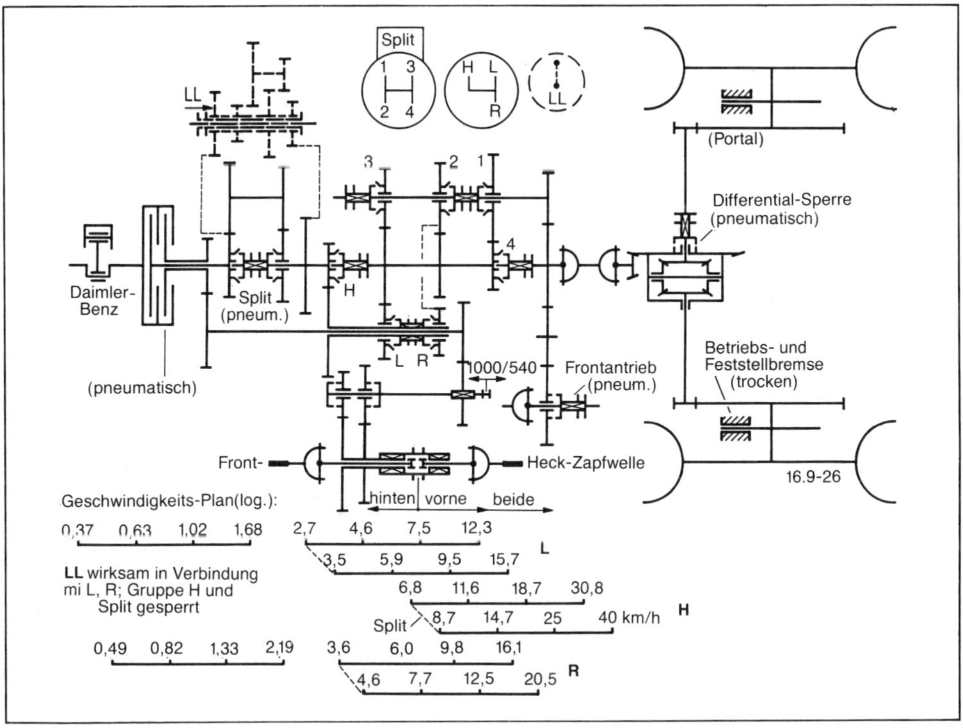

Bild 138 Stufengetriebe 16/8 (20/12), Bauart Daimler-Benz »UG 2/30«, vorgestellt 1982. Dargestellte Geschwindigkeiten für MB-trac 1000, normale Achsübersetzung.

Bild 139 Stufengetriebe 12/4, Bauart Massey Ferguson, vorgestellt 1977. Dargestellte Geschwindigkeiten für MF 274 S.

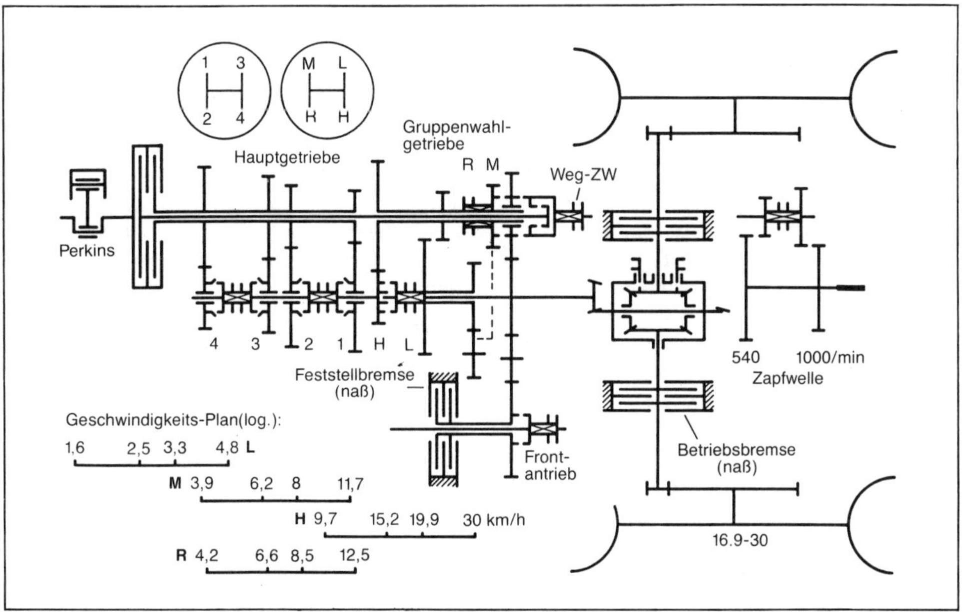

Getriebereihe T 3000 der Zahnradfabrik Friedrichshafen AG (ZF) – Die erste Entwicklungsstufe dieser Baureihe wurde schon 1966 vorgestellt. Bis heute (1985) hat man über 100 000 Exemplare in Traktoren der oberen Leistungsklassen eingebaut – in den letzten Jahren insbesondere bei IH, Fendt, Schlüter und Eicher. **Bild 140** zeigt den Getriebeaufbau des Typs T 3550 im Traktor Schlüter Super 1800 TVL (132 kW). Der Motor treibt das Getriebe über eine Strömungskupplung an, die übrigens auch bei Fendt und IH üblich ist. Danach folgt bei Schlüter eine Doppelkupplung – Fendt verwendet hier eine Einfachkupplung mit getrennter Zapfwellenlamellenkupplung.

Trotz der großen Motorleistungen bietet das ZF-Getriebe eine schaltbare Zweifachzapfwelle an, um die Maschine möglichst universell einsetzen zu können. Die 540er Zapfwelle kann dabei naturgemäß nicht voll belastet werden – man läßt jedoch infolge der soliden Stummelkonstruktion und der dämpfenden Wirkung der Strömungskupplung Dauerleistungen zu, die erheblich über der internationalen Norm von 48 kW liegen (am Stummel gemessen).

Das Schaltgetriebe des Fahrantriebs besteht aus sechs hinten liegenden, weitgehend synchronisierten Grundgängen (Hauptgetriebe), zwei vornliegenden synchronisierten Vorwärtsgruppen und einer ebenfalls vorn liegenden synchronisierten Rückwärtsgruppe. Auf Wunsch kann man eine Kriechganggruppe bekommen.

Der Endantrieb besteht aus Differentialgetriebe mit unter Last schaltbarer Sperre, Trommelbremsen und zweistufigen Planetengetrieben. Letztere findet man bei Traktoren selten – sie erlauben jedoch große Untersetzungen bei besonders robuster Bauweise und sind damit bei sehr großen Leistungen vorteilhaft (wenn auch aufwendig). Demgegenüber wird man in der Zukunft versuchen, die trockenen Bremsen durch nasse zu ersetzen.

Der Geschwindigkeitsplan zeigt die typische ZF-Stufungsphilosophie: Sechs sehr weit gespannte Grundgänge und ein relativ kleiner Gruppensprung H-L zur »Splittung« (Unterteilung) der sonst zu großen Stufen. Eine Stufungsverdichtung bei 4–12 km/h ist kaum vorhanden – die hier liegenden fünf Vorwärtsgänge reichen nur noch in Verbindung mit einem bulligen Motor aus (Drehmomentanstieg hier 22 %). Eine besondere Stärke des Getriebes ist dagegen seit langem die synchronisierte Vorwärts-Rückwärts-Schaltung – dieses Konzept wurde zum allgemeinen Vorbild im Traktorgetriebebau. Ein anderer Pluspunkt ist auch die gute Eignung für Dauerrückfahrt bei der Kriechgangausführung (sehr feine Rückwärtsstufung!). Schließlich muß auch die hervorragende Tauglichkeit für Straßentransporte erwähnt werden: Fast alle Manöver sind mit Einhebelschaltung möglich.

Nur wenig bekannt ist, daß die ZF anfangs auch eine unter Last schaltbare Variante der Splitgruppe im Baukasten hatte, die sich jedoch nicht durchsetzte.

Überbrückbare hydrodynamische Wandler – Mehrere frühere Einführungsversuche in großen Traktoren bei Schlüter und Fendt haben gezeigt, daß hydrodynamische Wandler als dauernd benutztes Arbeitsgetriebe bei Traktoren ungeeignet sind (siehe Kap. 5.9.4, Seite 126). Durch eine Überbrükkungskupplung kann man die Nachteile (Verluste, Lastabhängigkeit) für den Dauerbetrieb ausschalten – der Wandler wird nur zeitweise benutzt. Dabei muß leider ein komplettes Stufengetriebe beibehalten werden – mit insgesamt hohen Kosten. Ein entsprechender Vorstoß von Schlüter hatte 1966 keinen Erfolg [82]. Nach längerer Diskussionspause stellten Schlüter und Fendt 1984 überraschend derartige Lösungen für sehr große Maschinen vor **(Bild 141** und **142)**. Diese Wandler dienen zum Anfahren und Überbrücken von Zugkraftüberhöhungen (kick down). Beide Einheiten erreichen beim Anfahren eine gut zweifache Überhöhung des Motordrehmoments.

Die Konzepte unterscheiden sich im Anschluß der Zapfwelle: Leistungsabzweigung bei Fendt *vor* dem Wandler (Zapfwellendrehzahl unbeeinflußt – keine Zapfwellen-Anfahrdämpfung), bei Schlüter *hinter* dem Wandler (klassische Motor-Wandler-Abstimmung, Zapfwellendrehzahl fällt beim Ansprechen mit ab). Beide Wandler baut man zwischen Motor und herkömmlicher Doppelkupplung in ZF-Getriebe ein.

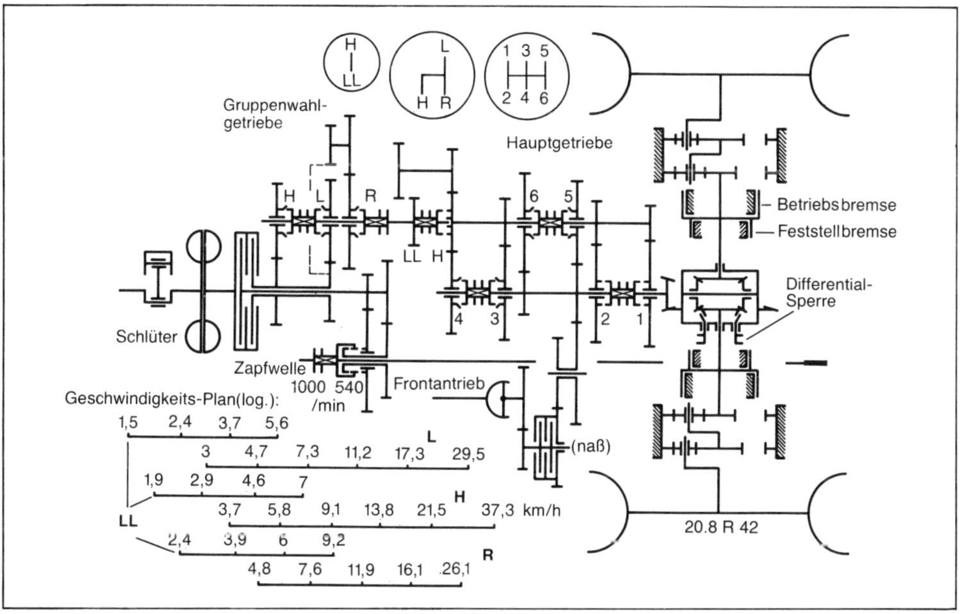

Bild 140 Stufengetriebe 12/5 (20/9), Bauart ZF T 3550 im Traktor Schlüter »1800 TVL« (132 kW), Stand 1985.

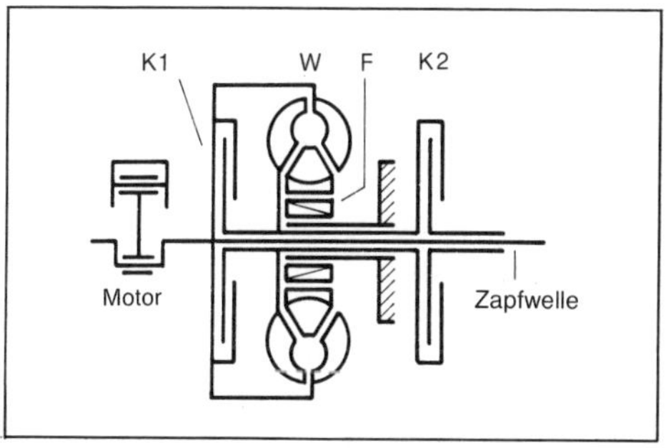

Bild 141 Hydrodynamischer Wandler mit Überbrückungskupplung, Bauart Fendt »Turbomatik E«, vorgestellt 1984 (Zapfwelle vom Wandler unabhängig); F: Freilauf, K: Kupplung, W: Wandler.

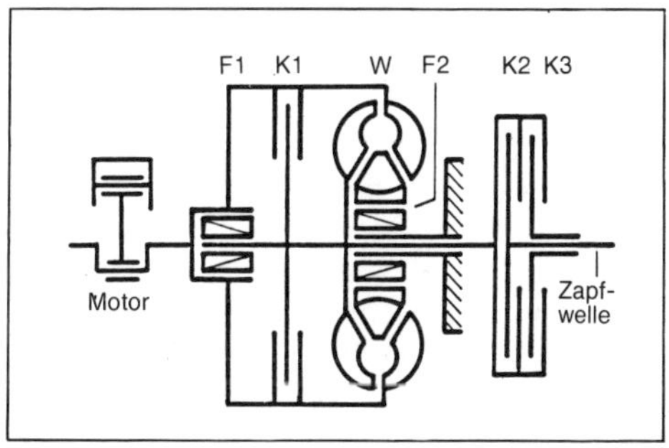

Bild 142 Hydrodynamischer Wandler mit Überbrückungskupplung, Bauart Schlüter »Wandler- Schaltkupplung«, vorgestellt 1984 (Zapfwelle vom Wandler abhängig); F: Freilauf, K: Kupplung, W: Wandler.

Getriebe John Deere »15 Speed Power Shift« – Das bemerkenswerte Getriebe für große Traktoren der Baureihe 50 mit 15 durchgehend unter Last schaltbaren Vorwärts- und vier Rückwärtsgängen wurde 1982 in den USA von J. Deere mit den neuen Traktoren 4050, 4250, 4450, 4650 und 4850 vorgestellt (74,6–141,7 kW Zapfwellen-Nennleistung). Der in **Bild 143** gezeigte Getriebeaufbau läßt bei einem Vergleich mit früher erkennen, daß man auf dem Konzept des seit 1963 in 250 000 Einheiten produzierten »Power Shift« (acht Vorwärtsgänge) aufbaute. Die größere Gangzahl des neuen Getriebes wurde im Prinzip durch Hinzufügen eines weiteren Planetenradsatzes (mit Bremse B1, Kupplung K3) erreicht – aber auch der Rest wurde überarbeitet.

Tab. 21 zeigt die Betätigung der einzelnen Bremsen und Kupplungen in den Gängen. Die auch eingetragenen Stufensprünge weisen aus, daß man das Prinzip der Stufungsverdichtung im Hauptarbeitsbereich 4–12 km/h sehr konsequent realisierte. Bei gleich feiner geometrischer Stufung des gesamten Geschwindigkeitsbereiches hätte man fünf Gänge mehr gebraucht.

Die Rückwärtsstufung ist für Europa nicht ganz so gut geeignet: Sie ist etwas grob geraten – insbesondere der Sprung zwischen R2 und R3 von 1,52 ist für Dauerrückfahrt zu groß.

Die gesamte Getriebesteuerung erfolgt (für den Benutzer unsichtbar) durch ein kleines Drehschieberventil – dadurch erreicht man eine vorteilhafte Einhebelbetätigung für alle Vorwärts- und Rückwärtsgänge ohne jede Betätigung des Kupplungspedals. Dieses wird nur zum Feinrangieren getreten – wirkt dann aber nicht direkt auf eine Kupplung, sondern greift in die Drucksteuerung ein.

Gegenüber dem Vorgängergetriebe hat man auch die Zapfwelle verbessert: nur noch ein Radpaar (zuvor drei Eingriffe) mit entsprechend geringeren Eingriffsverlusten. Die Plantschverluste des Großrades reduzierte man durch Einbettung in angepaßte Blechformteile (diesen Weg gehen auch andere Hersteller).

Das Konzept der früher hydrostatisch (vom Fahrgetriebe unabhängig) angetriebenen Frontachse wurde verlassen. Den neuen mechanischen Frontantrieb zweigt man nach europäischem Vorbild von der Kegelritzelwelle ab, das Ein- und Ausschalten erfolgt recht elegant über eine elektrohydraulisch geschaltete Lamellenkupplung. Die relativ große Zahl der Radeingriffe wurde in Kauf genommen, um nicht das ganze Getriebe neu konzipieren zu müssen. Dadurch sparte man nicht nur Entwicklungsaufwand ein, sondern man umging auch kostspielige Eingriffe in die Fertigung. Abschätzende Auswertungen der Zugversuche des Nebraska-Tests ergeben für das neue Getriebe im Hauptarbeitsbereich relativ gute Wirkungsgrade. Für die bei uns auch wichtige schnelle Straßenfahrt liegen noch keine Erfahrungen über Verluste vor.

Getriebe ZF »Power Split T 6500« – Auf der DLG-Ausstellung 1984 stellte die ZF dieses achtstufig teillastschaltbare 16/8-Getriebe vor [105], dessen Ersteinbau in den Traktor Schlüter »Super 2000« (154 kW) vorgesehen wurde. Das Getriebe besteht im wesentlichen aus Strömungskupplung, unter Last schaltbarem Achtgang-Hauptgetriebe, synchronisiertem Gruppenwahlgetriebe L, H, R und wahlweisen Kriechgängen. Die Hinterachse arbeitet mit nassen Bremsen und zweistufigen Planetenendantrieben. Das Differentialgetriebe ist durch eine Lamellenkupplung sperrbar, die durch Öldruck geschlossen wird.

Durch Einsatz einer elektronisch-hydraulischen Getriebesteuerung unter Einbeziehung synchronisierter Schaltstellen konnte man den Aufwand an Reibungselementen gegenüber vergleichbaren Konzepten reduzieren. Man sparte Kosten, Platz und Verluste – dafür sind die Schaltzeiten etwas größer. Das Getriebe erfüllt im übrigen die gestellten Anforderungen vor allem als 30-km/h-Variante sehr gut und weist nach ZF-Angaben auch infolge des niedrigen Ölstands (Druckölschmierung) besonders geringe Verluste auf. Die Entwicklung repräsentiert viel Mut zur Innovation. Ein gewisses Problem bedeuten die in Europa im obersten Leistungsbereich relativ kleinen Stückzahlen. ZF strebt daher z. B. einen Einstieg in den USA-Traktorenmarkt an.

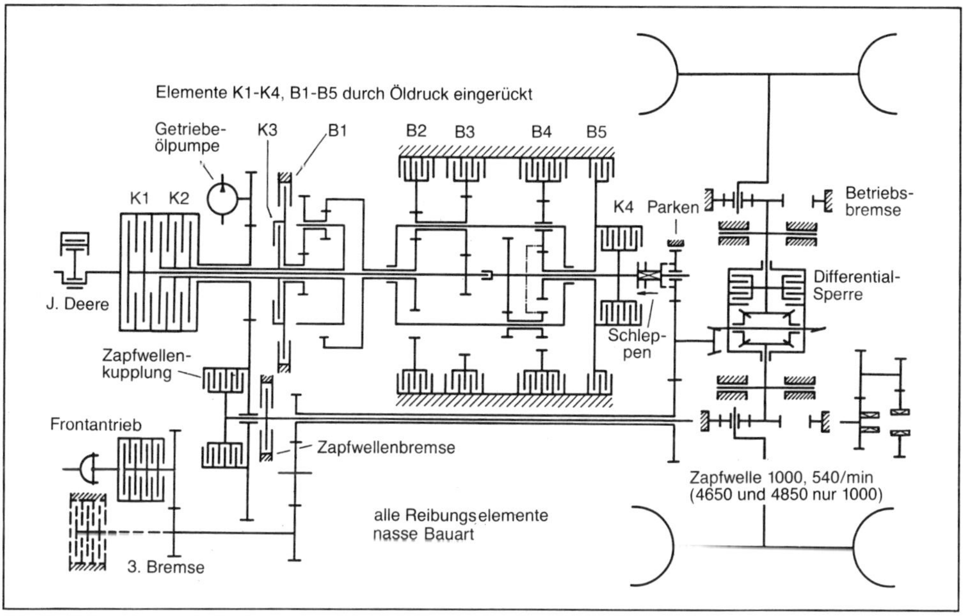

Bild 143 Durch alle Gänge unter Last schaltbares Stufengetriebe 15/4, Bauart J. Deere »15 Speed Power Shift«, vorgestellt in USA 1982.

Tabelle 21: Steuerungsplan, Geschwindigkeiten und Stufensprünge (φ) für das in Bild 143 gezeigte Getriebe, Bauart J. Deere »15 Speed Power Shift«, Geschwindigkeiten für Modell 4450 mit Reifen 18.4-38

rückwärts ↕ vorwärts

Gang	km/h	φ	K1	K2	K3	B1	B2	B3	B4	B5	K4
R4	9,74	1,51		×		×		×	×		
R3	6,47	1,52		×	×		×		×		
R2	4,26	1,43	×			×		×	×		
R1	2,98		×		×		×		×		
1	2,15	1,43	×			×	×				×
2	3,08	1,21	×			×		×			×
3	3,72	1,26	×		×		×			×	
4	4,67	1,15		×	×		×				×
5	5,38	1,14		×		×	×				×
6	6,11	1,15		×	×			×			×
7	7,04	1,15		×		×		×			×
8	8,08	1,15		×	×		×			×	
9	9,31	1,14		×		×	×			×	
10	10,6	1,15		×	×			×		×	
11	12,2	1,11		×		×		×		×	
12	13,6	1,24	×	×	×						×
13	16,9	1,40	×	×		×					×
14	23,6	1,24	×	×	×					×	
15	29,2		×	×		×				×	

5.7 Getriebeelemente

5.7.1 Reibungskupplungen

Bei Traktorgetrieben kommen im wesentlichen die in **Tab. 22** aufgelisteten Bauarten vor. Die **trockene Doppelkupplung** hat in Europa die mit Abstand größte Bedeutung **(Bild 144)**. Sie realisiert den geringstmöglichen technischen Aufwand, um den Fahrantrieb und die Zapfwelle unabhängig voneinander aus- und einzukuppeln. Im Prinzip handelt es sich dabei um zwei geschickt zusammengebaute Einzelkupplungen. Die *Zuordnung* der Scheiben hängt vom Getriebekonzept ab. Schließt sich der Zapfwellenstrang als Kernwelle an (z. B. bei Deutz-Fahr und ZF), so gilt die linke Scheibe der Zapfwelle und die rechte dem Fahrantrieb – wie hier gezeigt. Führt demgegenüber die Kernwelle ins Fahrgetriebe (z. B. bei Fendt, IH, J. Deere, MB-trac), liegt links die Fahrkupplungsscheibe.

In allen Fällen wird bei den heute führenden Konzepten die Anpreßkraft an den Reibungsflächen durch eine einzige Tellerfeder erzeugt (früher viele Schraubenfedern). Als *Belag* ist für die Zapfwellenkupplung organisches Material üblich (Asbest in Kunstharz bzw. Asbest-Ersatzstoffe) – für die Fahrkupplung wendet man zunehmend keramisch-metallische Sinterbeläge an, die leider die Gegenflächen etwas angreifen (die entsprechenden Bauteile sollten möglichst leicht und kostengünstig austauschbar sein).

Besonders im Zapfwellenstrang treten im Betrieb oft starke *Drehmomentschwingungen* auf [104] – daher hat man im vorliegenden Beispiel die entsprechende Kupplungsscheibe mit einer Torsionsfederung (Schraubenfedern) und Torsionsdämpfung (Reibringe) versehen. Dieses Prinzip wendet man z. T. auch beim Fahrantrieb an, um störende Leerlaufgeräusche infolge Anlagewechsel-Schwingungen (besonders an Zahnrädern) zu unterdrücken.

Zum *Auskuppeln* gelangt die Fuß- oder Handkraft über ein Gestänge mit Untersetzung auf die Ausrückwelle, von hier über die Ringnut auf den Ausrücker, der seinerseits über das Ausrückerlager auf die rotierenden Ausrückhebel der Kupplung wirkt. Die zur Kraftunterbrechung notwendigen Lüftwege sind am Belag sehr klein. Um ein Schleifen (Durchrutschen) der Kupplung sicher auszuschließen, sieht man ein gewisses Mindestspiel in der Betätigung vor [106].

Die **trockene Einscheibenkupplung** arbeitet ähnlich wie eine Hälfte der Doppelkupplung. Man setzt sie z. B. ein, wenn die Zapfwelle eine separate Lamellenkupplung besitzt. Bei neueren Konzepten nutzt man häufig die Tellerfeder gleichzeitig als Ausrückhebel.

Nasse Lamellenkupplungen werden vor allem bei größeren Traktoren zunehmend eingesetzt **(Bild 145)**, am häufigsten für die Zapfwelle, das Schalten unter Last und den Allradantrieb. Sie haben folgende **Vorteile:**

- Nahezu verschleißfreier Betrieb
- Kompakte, raumsparende Bauweise
- Für hydraulische Betätigung gut geeignet
- Drehmoment über Öldruck dosierbar

Dagegen stehen als **Nachteile:**

- Teurer als trockene Kupplungen
- Bei üblichen Lüftwegen verbleiben gewisse Restmomente durch Ölscherung
- Vereinzelt Neigung zu Schwingungen beim Einschalten (nicht bei »Papierbelägen«)

Trockene Lamellenkupplungen werden z. B. bei Fendt-Traktoren (mehrfach) eingesetzt. Sie sind kostengünstig und weisen kein Restmoment auf – dafür bieten sie infolge üblicher Handkraftbetätigung weniger Komfort. Dem größeren Verschleiß begegnet man z. B. durch leichte Austauschbarkeit.

Eine **nasse Zweischeibenkupplung** als Hauptkupplung wurde 1972 von J. Deere eingeführt [86]. Sie wurde mit der Zapfwellenkupplung gleicher Grundbauart sozusagen zu einer nassen 2 × 2-Doppelkupplung vereint. Der Bauaufwand ist groß, zumal man eine Fremdkraftbetätigung und einen sehr kräftigen Kühlölstrom benötigt. Die höheren Herstellkosten werden jedoch bei großen Motorleistungen durch die eingesparten Reparturkosten mehr als wettgemacht. Daher wird man dieses Prinzip sicher weiterentwickeln und versuchen, die Wirtschaftlichkeitsgrenze zu kleineren Leistungen zu verschieben.

Tabelle 22: Bauarten von Reibungskupplungen bei Traktorgetrieben (Etwa nach der Bedeutung der Anwendung aufgelistet; die Anwendungen sind auch aus den in Abschnitt 5.6 (Seite 102) behandelten Getriebeplänen ersichtlich)

Bauart	Hauptanwendungen
trockene Doppelkupplung	Hauptkupplung, Zapfwellenkupplung
trockene Einscheibenkupplung	Hauptkupplung (Fahrantrieb)
nasse Lamellenkupplung	Zapfwellen, Lastschaltstufen, Allradantrieb, Hauptkupplung (selten)
trockene Lamellenkupplung	Zapfwellen, Allradantrieb
nasse Ein- oder Zweischeibenkupplung	Hauptkupplung, Zapfwellenkupplung

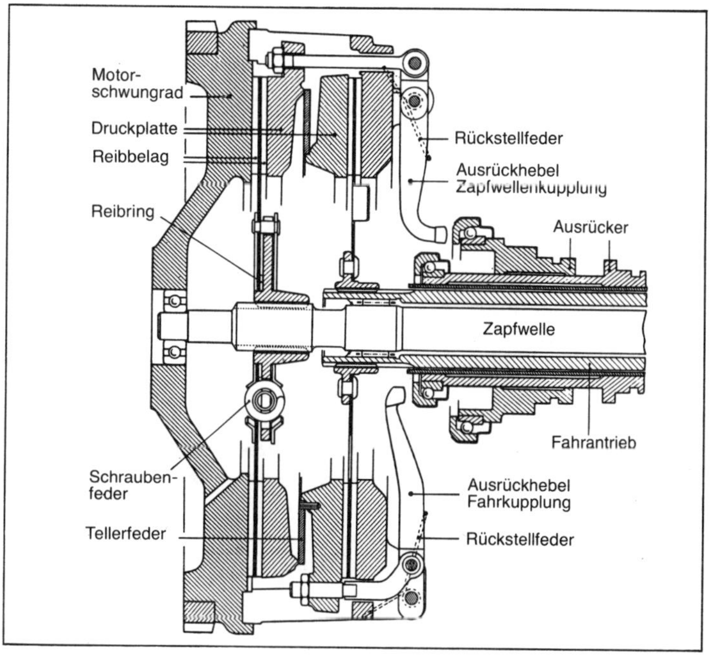

Bild 144 Typische Bauart einer Doppelkupplung für Traktoren. Unabhängige Betätigung für Fahrantrieb und Zapfwelle. Neben der hier gezeigten gibt es eine zweite Grundausführung mit Kernwelle für den Fahrantrieb (linke Scheibe zum Fahren). Mittlere Rutschmomente als Vielfaches des Motornennmomentes: Fahrantrieb ca. 2,5, Zapfwellenantrieb ca. 2,2.

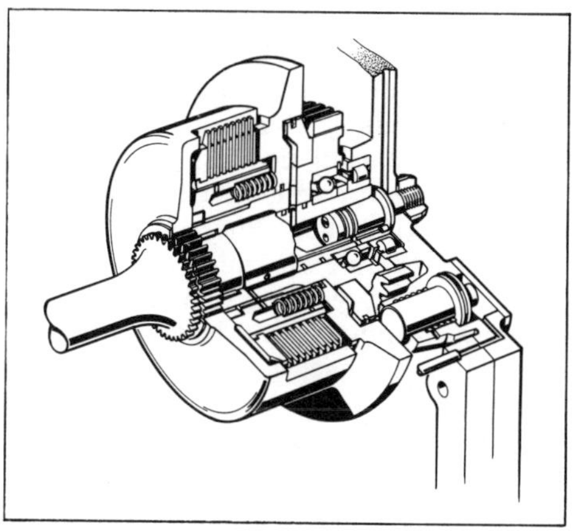

Bild 145 Einsatz einer nassen Lamellenkupplung für die Schaltung der Zapfwelle, Schaltung durch Öldruck (zentrale Zuführung). Der zylindrische Kolben dient zum automatischen Abbremsen der Abtriebsseite bei ausgeschalteter Kupplung (Schleppmoment).

5.7.2 Strömungskupplungen

Strömungskupplungen übertragen ein Drehmoment durch die Massenkräfte einer strömenden Flüssigkeit – meist Öl. Eine Veränderung des Übertragungsverhaltens (Anfahren) ist über die Antriebsdrehzahl möglich. Verschiedene **Bezeichnungen** sind üblich: FÖTTINGER-Kupplung (nach dem Erfinder, Patent 1905), Turbokupplung, Hydrodynamische Kupplung, Flüssigkeitskupplung.

Verbreitung – Die Strömungskupplung ist vor allem wegen ihres weichen Anlaufverhaltens und der Trennungs- und Dämpfungseigenschaften bei Drehschwingungen im Maschinenbau verbreitet [107]. Bei Traktoren kann sie als eine mitteleuropäische Spezialität gelten. Die erste serienmäßige Anwendung erfolgte hier 1950 mit einer Einheit von Voith beim Allgaier Porsche AP 17 (18 PS), gefolgt von Holder im Jahre 1956.

Ein dauerhafter Durchbruch gelang allerdings erst wesentlich später der Firma Fendt, die 1965 mit dem »Farmer 3 S« (48 PS) den Grundstein zu einem bis heute erfolgreichen Einsatz von Strömungskupplungen bei Traktoren legte. Im oberen Leistungsbereich folgte bald Schlüter und später Deutz-Fahr sowie in neuerer Zeit auch IH (Neuß). Bis Ende 1985 wurden weit über 250 000 Stömungskupplungen in deutsche Traktoren eingebaut.

Arbeitsprinzip – Die Einheit besteht aus *Pumpenrad* und *Turbinenrad* **(Bild 146** und **147)**. Beide Räder sind radial eng beschaufelt. Zur Drehmomentübertragung ist eine kleine *Nacheilung* (Schlupf) des Turbinenrades hinter dem Pumpenrad erforderlich, damit die Füllung kreisen kann. Im Pumpenrad strömt dann die Flüssigkeit nach außen und nimmt infolge der erhöhten Umfangsgeschwindigkeit Energie auf. Diese Bewegungsenergie wird nun dadurch an das Turbinenrad abgegeben, daß sich die Umfangsgeschwindigkeit infolge der Strömung in Richtung Drehachse wieder verringert.

Wirkungsgrad – Bei Nennleistung beträgt der Schlupf in Traktorgetrieben 1–2 % (beim Einsatz für die Frontzapfwelle etwas mehr). Der in Wärme umgesetzte **Leistungsverlust** entspricht dem Schlupf plus einem kleinen Zuschlag für die *Ventilationsarbeit* durch die außen angebrachten Kühlluftschaufeln. Für den Nennwirkungsgrad gilt im Traktorgetriebe ein Faustwert von 98 %. **Bild 148** zeigt das **Betriebskennfeld** einer Strömungskupplung. Je niedriger die Drehzahl und je höher das Drehmoment, desto größere Verluste entstehen durch den Schlupf. Im »Festbremspunkt« wird die gesamte Eingangsleistung in Wärme umgesetzt (nur kurzzeitig zugelassen). Nach verschiedenen Hinweisen [70, 104] fährt man in der Praxis aber mit relativ geringem Zeitanteil im ungünstigen Betriebsbereich, so daß der durchschnittliche **Wirkungsgrad** auf 97 bis 98 % geschätzt wird. Die Kennlinien lassen sich vor allem durch die Größe der Einheit und den *Füllungsgrad* beeinflussen [108].

Landtechnische Bewertung – Etwa folgende **Vorteile** haben sich herausgestellt:

- Stufenloses, verschleißloses Anfahren durch »Gasgeben«
- Schonung des Getriebes – vor allem des Zapfwellenstrangs [104]
- Schonung des Bodens (Grasnarbe!) und der Reifen durch weichen Drehmomentaufbau
- Halten am Hang möglich (Bergstütze)
- Weniger Schalten und Kuppeln (Komfort)
- Fahrkupplung hält bei gleicher Größe länger (weniger benutzt und beansprucht)
- Kein Abwürgen des Motors (Komfort)
- Reversieren (Vor-/Zurück-Schaltung z. B. beim Frontladen) etwas verbessert

Dagegen stehen als **Nachteile:**

- Traktor in der Anschaffung teurer
- Ca. 2–3 % höherer Kraftstoffverbrauch
- Überhitzungsgefahr bei Fehlbetätigung

Sieht der Traktorhersteller eine Strömungskupplung nur auf Wunsch vor, so verteuert sich leider auch die Einfachvariante infolge der notwendigen baulichen Vorkehrungen. Aus physikalischen Gründen wird die Strömungskupplung mit steigender Traktorgröße relativ immer kleiner und kostengünstiger [109]. Insgesamt sieht daher der Verfasser wirtschaftliche Anwendungen vor allem im oberen Leistungsbereich, wo sie auch zugenommen haben.

Bild 146 Beschaufelung und Ölstrom in einer Strömungskupplung: Pumpenrad treibt, Turbinenrad wird angetrieben und eilt geringfügig nach (Schlupf).

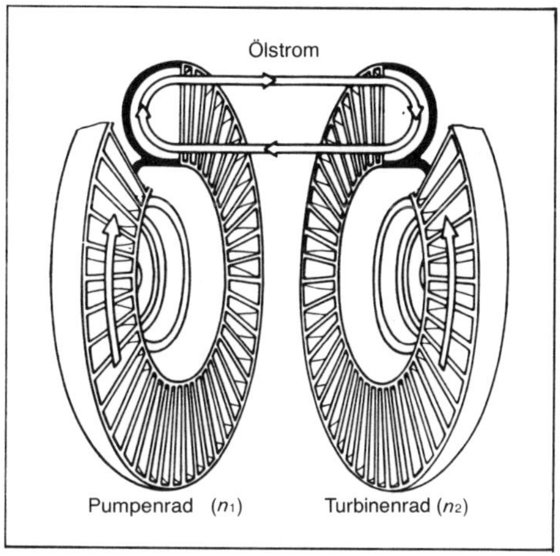

Bild 147 Unten: Typische Gestaltung und Einbausituation einer Strömungskupplung bei einem landwirtschaftlichen Traktor. Pumpenrad und Kurbelwellenende verschraubt, Turbinenrad führt die Leistung zur herkömmlichen Fahrkupplung. Das Bild zeigt einen Ausschnitt aus dem vorderen Getriebebereich der Fendt-»Farmer«-Traktoren mit eigenem Getriebe und Voith-Strömungskupplung (siehe Bild 135, Seite 103).

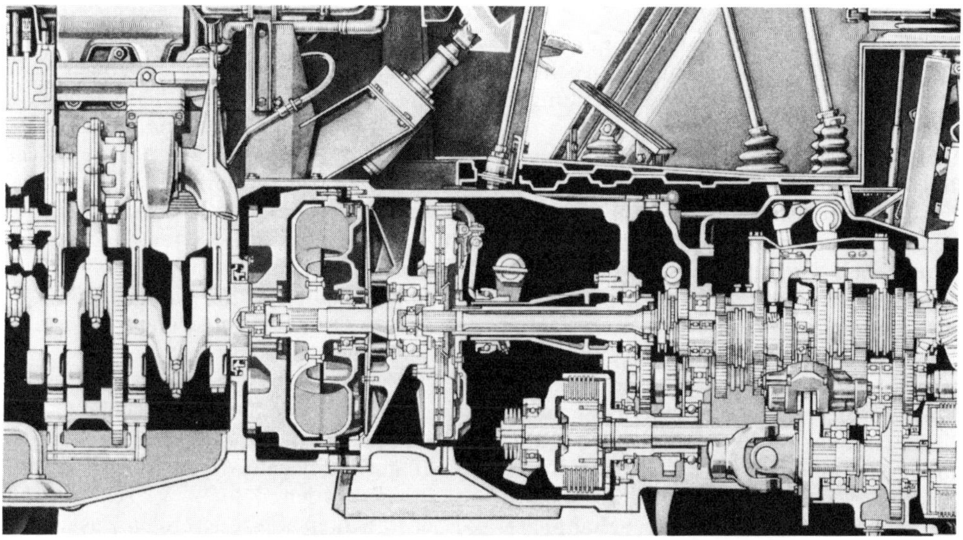

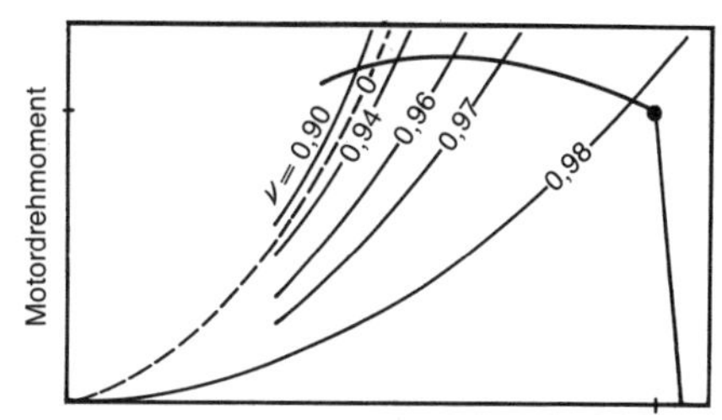

ν	0	0,90	0,94	0,96	0,97	0,98
i	100%	10%	6%	4%	3%	2%

Bild 148 Typisches Betriebskennfeld einer Strömungskupplung in landwirtschaftlichen Traktoren. Übliche Definitionen: Drehzahlverhältnis $\nu = n_2/n_1$, Schlupf $i = 1 - \nu$. Nennschlupf (bei ●) in diesem Beispiel etwas unter 2 %.

5.7.3 Übersicht über Getriebeschaltungen

Schaltungen unter Last seien in diesem Abschnitt ausgeschlossen, weil Kupplungen bereits behandelt worden sind.

Schalthebel – Die meisten herkömmlichen Getriebe haben im Standardumfang für das Fahrgetriebe zwei Schalthebel, den ersten für die *Grundgänge* und den zweiten für die *Gruppenwahl.* Weitere können für *Splitstufen* und *Kriechgänge* (letztere meist wahlweise) vorhanden sein. Im gängigen Leistungsbereich schaltet man auch *Differentialsperre, Allradantrieb, Heckzapfwelle* und gegebenenfalls die *Frontzapfwelle* häufig noch über Hebel, damit die Kosten im Rahmen bleiben.

Um trotzdem etwas gegen zu viele Hebel zu tun, wurde z. B. die Anzahl der mit einem Hebel geschalteten Gänge auf bis zu acht erhöht bzw. bis zu sechs Gruppenschaltungen in einem Hebel vereinigt.

Arbeitsprinzip der Fahrgetriebeschaltung – **Bild 149** zeigt den Grundaufbau einer modernen Seitenschaltung für sechs Grundgänge des Fahrantriebs. Die *Handkraft* des Schalthebels wird entsprechend den Hebelverhältnissen verstärkt und über die Schaltwelle zu den Schaltstangen geleitet. Durch die Längsbewegung der Schaltwelle kann man eine der drei Schaltstangen anwählen (Quergasse). Die angeschraubten oder angeklemmten Schaltgabeln greifen in die Ringnuten der Schaltelemente (z. B. Schaltmuffen) ein.

Die Untersetzung zwischen Schalthebelknopf und Schaltstange beträgt bei Traktorgetrieben etwa 5–7. Die Wege der schaltenden Hand werden um diesen Faktor verkleinert und die Handschaltkräfte entsprechend vergrößert, wobei allerdings etwa 20 % *Reibungsverlust* abzuziehen sind.

Beispiel: Handkraft 150 N bei 96 mm Weg. Mit der Übersetzung 6 beträgt der Schaltstangenweg $96:6=16$ mm und die Schaltstangenkraft (bei 20 % Reibungsverlust) $150 \times 6 \times 0{,}8 = 720$ N.

Bei »Gewaltschaltungen« können die Kräfte auch zwei- bis dreimal größer sein. Die Gleitflächen zwischen Schaltgabel und Ringnutanlage werden infolge ungünstiger Voraussetzungen für Schmierdruckentwicklungen hoch beansprucht.

Beurteilung synchronisierter Schaltungen – Die synchronisierte Schaltstelle hat sich stark durchgesetzt. Im *Schaltkomfort* gibt es erhebliche Unterschiede. Folgende **Anforderungen** dienen einer praxisnahen Beurteilung:

- Hebelknopf in griffgünstiger Position
- Annehmbare Schaltkräfte
- Kurze Schaltzeiten
- Schaltwege nicht zu groß
- Präzise Schaltgassen

Führt man an der Schaltung Messungen durch, so ergibt sich immer für einen bestimmten Gang eine Abnahme der Schaltzeit mit zunehmender Schaltkraft. Als **Faustzahl** für eine gute Synchronschaltung kann folgendes Wertepaar gelten: eine Sekunde Schaltzeit mit 100 N Handkraft.

Zur **praktischen Bewertung** beliebiger Fälle wurde mit **Bild 150** ein *Beurteilungsdiagramm* für Schaltkräfte und Schaltzeiten entwickelt. Alle häufig vorkommenden Schaltungen sollten hiernach möglichst gut abschneiden – seltene Schaltungen dürfen (aus Kostengründen) ewas nachstehen. Hochschalten ergibt meist bessere Noten als Herunterschalten – die Unterschiede können durch Druckölschmierung (statt Tauchschmierung) reduziert werden.

Je größer die Untersetzung zwischen Getriebeeingang bzw. Kupplungsscheibe und Synchronschaltstelle ist, desto schwierigere Bedingungen liegen vor, und die Synchronisationen werden dann z. B. relativ groß. Ebenso wirken alle rotierenden Zusatzmassen erschwerend. Die im Vergleich zu anderen Fahrzeuggetrieben beim Traktor oft höhere *Beanspruchung der Synchronisationen* hat man vor allem durch Druckölschmierung und Molybdänbeschichtung gut in den Griff bekommen.

Das Drucköl dient dabei vor allem der besseren Wärmeabfuhr. **Druckölschmierungen** haben übrigens noch weitere Vorteile: Man kann den Ölstand absenken und gelangt infolge verringerter Plantschverluste (»Abbremsen« ins Öl tauchender Elemente) zu besseren Getriebewirkungsgraden. Ferner vermindert sich infolge der üblichen Feinfilterung der Getriebeverschleiß.

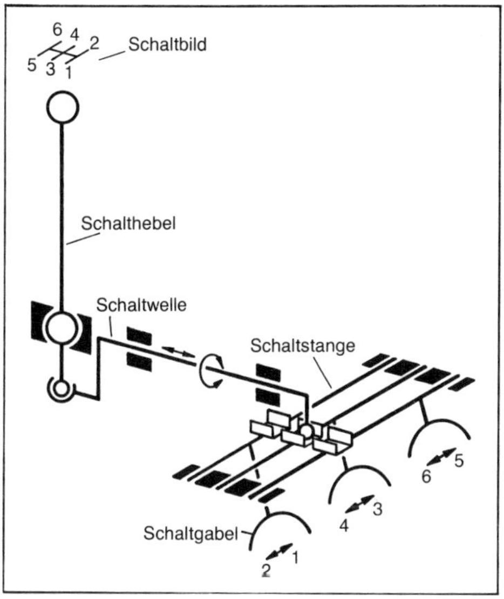

Bild 149 Arbeitsprinzip einer Fahrgetriebe-Schaltung (Seitenschaltung für sechs Grundgänge). Schaltgabeln wirken jeweils auf Doppelschaltstellen. Eine praktische Ausführung ist in Bild 155 zu sehen (Seite 121).

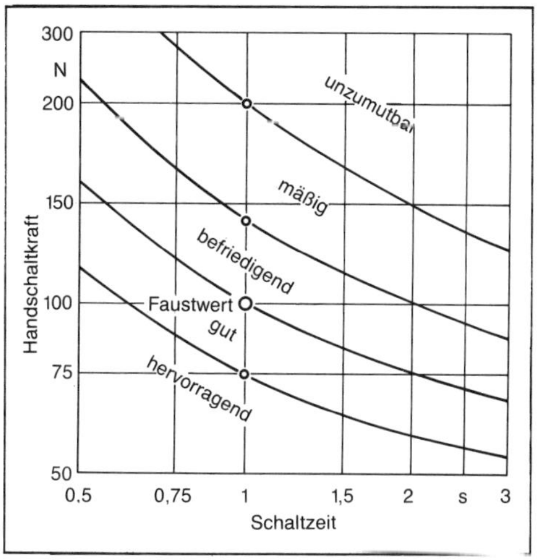

Bild 150 Beurteilungsdiagramm für Schaltkräfte und Schaltzeiten synchronisierter Schaltstellen in Traktorgetrieben. Schaltzeiten über 1,5 s sind nur für Vergleiche sinnvoll.

5.7.4 Formschlüssige Schaltstellen

Die Zahl bekannter Konstruktionsprinzipe ist in der Technik sehr groß. Die folgende Auswahl berücksichtigt die wichtigsten Bauarten. Aus Kostengründen strebt der Konstrukteur Doppelschaltstellen an.

Schieberadschaltung (Bild 151) – Das Prinzip besteht darin, daß man die zur Leistungsübertragung vorgesehenen Zahnräder gleichzeitig auch zum Schalten benutzt. Das kann in einfacher Weise durch axiales Verschieben des *Schaltrades* in das wellenfeste *Gegenrad* geschehen mit folgenden **Vorteilen:**

- Sehr kostengünstig
- Einfacher Aufbau, wenige Bauteile
- Guter Wirkungsgrad

Die **Nachteile:**

- Mäßige Schaltbarkeit
- Absplitterungen an den Zähnen möglich
- Nicht synchronisierbar
- Ungünstig für schrägverzahnte Räder

Wegen dieser Nachteile beschränkt man die Anwendung auf selten benutzte Schaltstellen (z. B. Kriechganggruppe) mit Ausnahme kleiner Traktoren, bei denen z. T. auch die Gruppenwahl des Fahrgetriebes noch mit Schieberädern erfolgt, um besonders niedrige Herstellkosten zu erreichen.

Stiftschaltung (Bild 152) – Die Zahnräder der zu schaltenden Übersetzung stehen hier in ständigem Eingriff – das gilt auch für alle folgenden Schaltstellen. Das »Losrad« wird durch einen Kranz zylindrischer Stifte mit der Welle gekoppelt. Die Bauart hat folgende **Vorteile:**

- Relativ gute Schaltbarkeit
- Schrägverzahnung möglich
- Stifte durch Zwischenelemente durchführbar, kann kostengünstig sein [90]
- Kein Schaltverschleiß an den Zahnrädern

Als **Nachteile** sind zu nennen:

- Genaue Herstellung schwierig bzw. teuer
- Schlecht auf Synchronisierung umstellbar
- Ausgeschaltet höhere Verluste als bei Schieberädern (Leerlaufeingriff)

In den 60er und 70er Jahren war die Stiftschaltung in der Bundesrepublik Deutschland vor allem durch ZF und Deutz bei Fahrgetrieben verbreitet und wurde auch bei Differentialsperren als »Bolzenschaltung« angewendet. Heute ist ihre Bedeutung gering.

Klauenschaltung (Bild 153) – Am häufigsten setzt man die gezeigte Lösung mit *Evolventen-Schaltverzahnung* ein. Zur Verhinderung des Gangspringens gestaltet man die Schaltzähne etwas konisch (Verhakung).

Die **Vor-** und **Nachteile** liegen ähnlich wie bei der Stiftschaltung mit folgenden Besonderheiten: Die Herstellung erweist sich als viel einfacher (billiger), während die Schaltbarkeit eher schlechter abschneidet. Dafür kann man aber das Konzept relativ einfach auf eine wahlweise Bestückung mit synchronisierten Schaltstellen hin ausführen, wie es häufig gemacht wird. Weniger gut eignet sich das Prinzip für die Sperrschaltung von Differentialgetrieben. Hier hat sich z. B. der Einsatz von *Stirnklauen* bewährt.

Synchronisierte Schaltung (Bild 154) – Das früher häufig benutzte System von Porsche wurde in Traktoren vor allem durch das Prinzip von Borg Warner verdrängt. Daneben existieren spezielle Bauformen (z. B. hauseigen beim MB-trac). Alle dem Verfasser bekannten Systeme für Traktorgetriebe arbeiten mit *eindeutiger (zwangsweiser) Sperrwirkung,* wie in Bild 154 (System Borg Warner) erläutert. Durch Verschieben der *Schaltmuffe* wird in der konischen Reibungsfläche zwischen *Synchronring* und *Kupplungskörper* ein Reibungsmoment erzeugt, das die Drehzahl angleicht. Der Synchronring hat relativ zum *Synchronkörper* ein begrenztes Spiel in Umfangsrichtung (Nase in Synchronkörpernut mit Spiel). Solange das Reibungsmoment vorhanden ist, liegt die Nase einseitig an, und die Synchronringzähne stehen blockierend vor den Schaltmuffenzähnen. Bei Gleichlauf verschwindet das Reibungsmoment – die Schaltmuffenzähne schieben die Synchronringzähne ein wenig zur Seite, und man kann nun durchschalten. Die **Vorteile** liegen ähnlich wie bei der Klauenschaltung mit zusätzlich wesentlich erhöhtem Komfort. Von **Nachteil** ist vor allem der höhere technische Aufwand (u. a. auch für das Kühlen der Reibungsflächen durch Schmieröl).

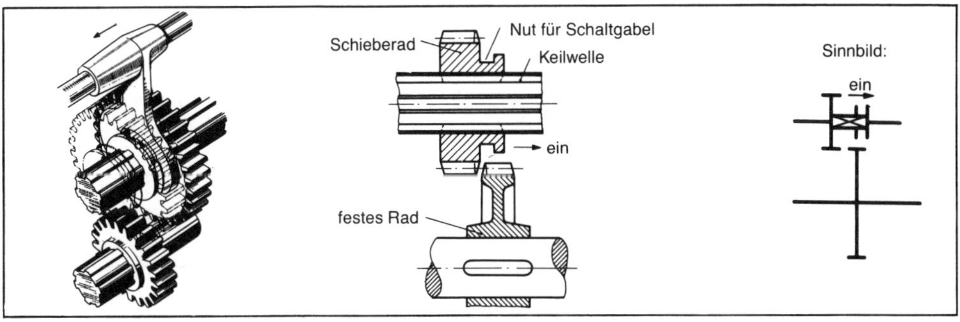

Bild 151 Oben: Schieberadschaltung

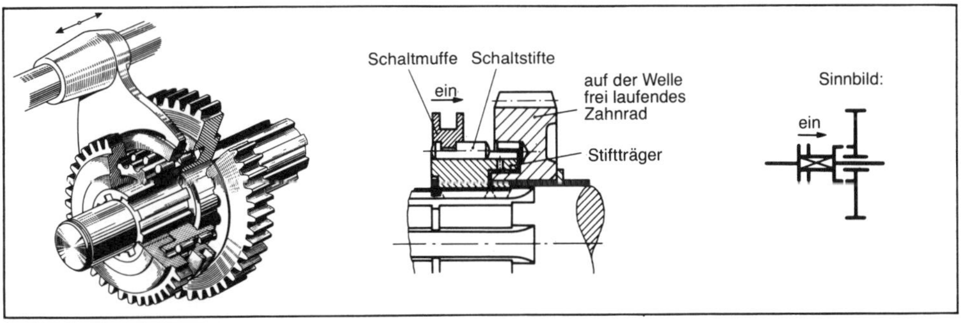

Bild 152 Oben: Stiftschaltung

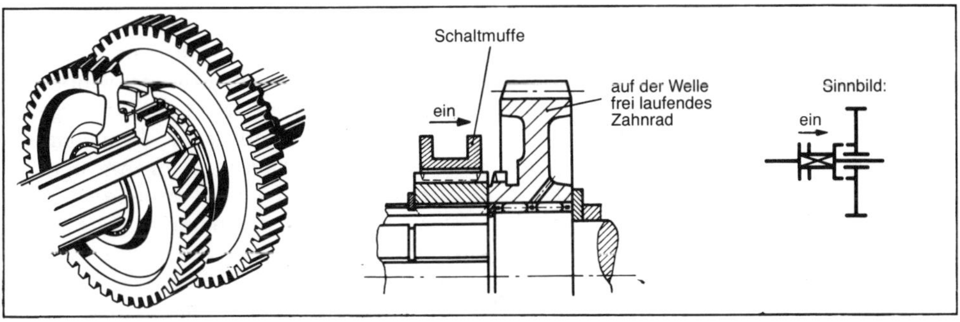

Bild 153 Oben: Klauenschaltung

Bild 154 Unten: Synchronisierte Schaltung

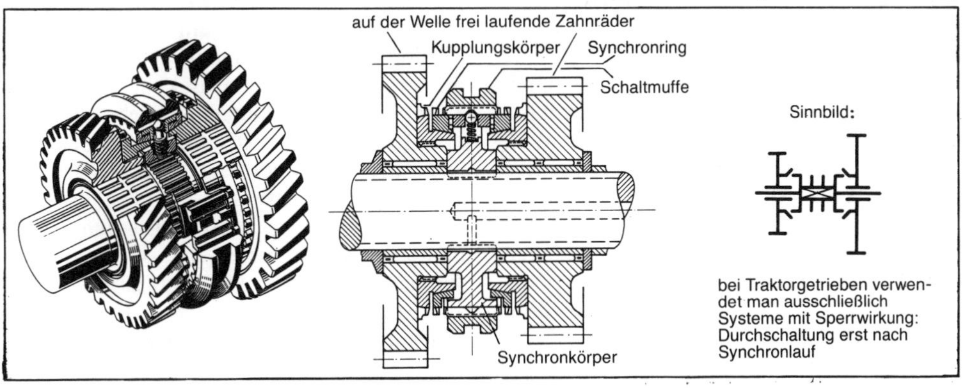

5.7.5 Zahnräder, Lager, Planetengetriebe

Zahnräder – Sie können als wichtigste Getriebebauteile gelten. Von ihrem *Raumbedarf* hängt ein erheblicher Teil des gesamten Getriebeaufwands und damit der Gesamtkosten ab. Die *Leistungsübertragung* auf möglichst kleinem Raum soll mit einem hohen Maß an Zuverlässigkeit verbunden sein. Wohl wegen dieser Schlüsselfunktion hat man Traktorgetriebezahnräder zu einer technischen Reife entwickelt, die in der gesamten Getriebetechnik an der Spitze steht. Dieses gelang im wesentlichen durch die Anwendung hochfester *Einsatzstähle,* ausgefeilter *Fertigungsmethoden* und modernster Berechnungs- bzw. Erprobungsverfahren nach sog. *Lastkollektiven* [22, 103].

Im Interesse hoher Festigkeit und Werkstoffausnutzung schmiedet man zunächst Zahnradrohlinge im Gesenk vor, danach bearbeitet man den Rohling und schneidet insbesondere die Verzahnung ein. Nun wird die äußere Haut etwa 0,5–1,0 mm tief mit Kohlenstoff angereichert, so daß hier nach dem Abschrecken eine entsprechende glasharte Panzerschicht entsteht. Diese bildet zusammen mit dem zähen und auch sehr festen Kernmaterial ideale Zahnradeigenschaften. Geschliffen wird wegen der hohen Kosten nur vereinzelt – manchmal zur Reduzierung des Getriebegeräusch-Pegels.

Die höchsten **Beanspruchungen im Getriebe** entstehen einerseits bei sehr hartem Anfahren, andererseits bei hoher Ausnutzung der Motorleistung im Bereich von etwa 3–5 km/h Nennfahrgeschwindigkeit, z. B. beim schweren Tiefenlockern. Ein derartiger Einsatz über längere Zeit kann sich u. U. zum »Getriebekiller« entwickeln. Neben bestimmten Zahnrädern (vor allem der langsamen Gruppen und des Endantriebes) können auch Lager und Wellen darunter leiden.

Ein typisches **Schadensbild** bei Zahnrädern und Wälzlagern ist die sog. *Grübchenbildung* (auch »Pittings«). Zahnräder können mit leichten Grübchen noch relativ lange leben – Wälzlager hingegen weniger (hier entstehen meist bei Grübchenbildung ungewohnte Geräusche).

Wälzlager – Sie baut man seit langem in großer Zahl in Traktorgetriebe ein, früher vor allem als *Kugellager* (besonders problemlos), *Zylinderrollenlager* (hohe Lasten) und *Nadellager* (Hohlwellen). Heute werden auch *Kegelrollenlager* in bedeutendem Umfang benutzt, überwiegend in paarweiser Anordnung. Sie leisten sehr viel – verlangen allerdings eine relativ genaue Einstellung und gute Schmierung (Kühlung).

Planetengetriebe – Diese werden vor allem als kompakte *Endantriebe* bei Traktorachsen (vorn und hinten) eingesetzt, siehe **Bild 155**. An zweiter Stelle stehen die Anwendungen bei *unter Last schaltbaren Getrieben* (siehe Abschnitt 5.6, Seite 102). Schließlich findet man sie vereinzelt auch als *Gruppenwahlgetriebe.* Eine Sonderbauform (räumliches Planetengetriebe) stellen die *Differentialgetriebe* in den *Antriebsachsen* dar.

Tab. 23 zeigt die einfache **Standardbauart** mit *Sonnenrad, Planetenrädern* (meist 3, seltener 4 oder 5), *Hohlrad* und *Steg* [111]. Diese Grundform kann im allgemeinen Fall an drei Stellen An- und Abtriebe haben: Zwei Antriebe und ein Abtrieb (Summierungsgetriebe) oder ein Antrieb und zwei Abtriebe (Differentialgetriebe). Hält man Steg, Sonne oder Hohlrad fest, so verschwindet der überzählige Freiheitsgrad und es ergeben sich drei charakteristische **Grundübersetzungen** – mit Vertauschen von An- und Abtrieb sind es dann sechs. Werden zwei beliebige Glieder miteinander verbunden, kommt durch blockiertes Umlaufen die Möglichkeit 1:1 hinzu. Damit hat man insgesamt sieben *Übersetzungsmöglichkeiten.* Trotzdem weist dieses Standardplanetengetriebe drei typische *»Untersetzungslücken«* auf: Nicht möglich ist ein Halbieren oder Verdoppeln der Eingangsdrehzahl sowie die reine Drehrichtungsumkehr.

Kompliziertere Planetengetriebe wendet man für unter Last schaltbare Getriebe an. Das Ermitteln der Übersetzungen ist hier am einfachsten mit sog. »KUTZBACHschen Geschwindigkeitsplänen« möglich [111]. Planetengetriebe bieten eine sehr hohe Leistungsdichte [112]. Die Standardbauform als Endantrieb ist dem Stirnradpaar im Wirkungsgrad etwas überlegen [111].

Bild 155 Traktorgetriebe-Baureihe T 3000 der ZF. Siehe hierzu Bild 140 (S. 109). Seitenschaltung, 2 × 6-Fahrgetriebe, umschaltbare Zapfwelle, hydraulische Trommelbremsen und Planetenendantrieb (für höchste Leistungen zweistufig).

Tabelle 23: Struktur und wichtigste Rechenregeln für das Bestimmen der Übersetzung beim einfachen Planetengetriebe (auch »Standardplanetengetriebe«)

Struktur	allgemeine Übersetzungsgleichung	spezielle Übersetzungsgleichungen: Steg (St) fest	Sonne (1) fest	Hohlrad (3) fest
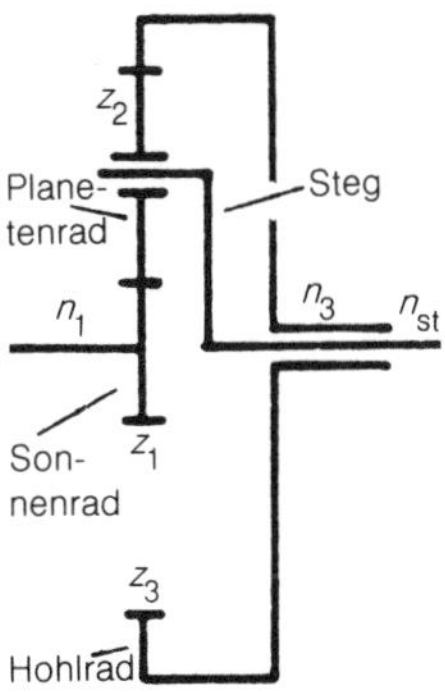	$n_1 \cdot z_1 + n_3 \cdot z_3 = n_{st} \cdot (z_1 + z_3)$	$n_{st} = 0$ $\frac{n_1}{n_3} = -\frac{z_3}{z_1}$	$n_1 = 0$ $\frac{n_3}{n_{st}} = \frac{z_1 + z_3}{z_3}$	$n_3 = 0$ $\frac{n_1}{n_{st}} = \frac{z_1 + z_3}{z_1}$
	n Drehzahlen z Zähnezahlen	Drehrichtungsumkehr!		wichtigster Fall! Untersetzungen von etwa 2,5–8

5.8 Das langlebige, verlustarme Getriebe

Reparaturen kosten Geld – Verluste kosten Sprit. Indem man beide Faktoren klein hält, kann man die Wirtschaftlichkeit des Traktors erhöhen.

Zuverlässigkeit – Für die Zuverlässigkeit des Getriebes tun die Hersteller heute wesentlich mehr als der Nichtfachmann vermutet. Der Aufwand für die Erprobung ist so groß geworden, daß Versuchseinsätze nur im Feld mit kompletten Prototypen nicht mehr zu bezahlen wären. Daher testet man die Getriebe zuvor mit einem erheblichen Zeitaufwand als Einzelbaugruppe auf automatischen Laborprüfständen. Die aufgebrachten Drehmomente und Drehzahlen simulieren den Praxiseinsatz unter Weglassen niedriger Auslastungen – dadurch erreicht man in Verbindung mit 24-Stunden-Betrieb eine bedeutende Zeitraffung. Erst im Anschluß geht man ins Feld.

Die modernen Methoden der Berechnung und Erprobung konnten durch die sog. *Betriebsfestigkeitslehre* (Auslegung nach regellos schwankenden Lasten) erheblich verbessert werden. Sog. *Last- und Fahrgeschwindigkeitskollektive* haben sich als praxisnahe Dimensionierungsgrundlagen bewährt [103]. Der Landwirt sollte folgende **Regeln zum Schonen des Getriebes** beachten:

- Schweren Dauerzug an der Leistungsgrenze in Gängen unter 4,5 km/h vermeiden **(Bild 156)**
- Leistungsgrenze der 540er Zapfwelle beachten (wichtig ab etwa 60 kW, z. B. beim Fräsen), Betriebsanleitung lesen!
- Übergroße (nicht freigegebene) Reifendurchmesser vermeiden (auch die ABE erlischt!)
- Bei überwiegend schweren Einsätzen hohe Ölviskosität bevorzugen
- Kupplung nicht ständig überbeanspruchen, Spiel kontrollieren, Fuß weg vom Pedal
- Synchronisierte Gänge nicht ständig mit Gewalt schalten (geeigneten Fahrstil suchen), nicht am Schalthebel festhalten
- Allradantrieb auf der Straße nur bei Bedarf benutzen (Ausnahme: Fahrzeuge mit sog. Längsdifferential)
- Winkelfehler bei Gelenkwellen vermeiden, Schiebeprofile gangbar halten
- Häufiges scharfes Anfahren vermeiden
- Betriebsanleitung studieren, Traktor warten und bei Bedarf im Winter durchsehen

Gelegentliche **Überbeanspruchungen** schaden einem guten Getriebe praktisch nicht, selbst wenn z. B. beim »Schnappenlassen« des Kupplungspedals am Getriebeeingang kurzzeitig das Vierfache des maximalen Motormoments wirkt oder wenn im OECD-Test für einige Stunden die volle Motorleistung in einem 3,9-km/h-Gang in Zugleistung umgesetzt wird. Dauerüberlastung kann aber viel Geld kosten!

Getriebeverluste – Hohe Getriebeverluste bedeuten nicht nur mehr Kraftstoffverbrauch, sondern auch Einbußen an Produktivität, was oft mehr wiegt. Zahnräder arbeiten an sich sehr verlustarm: Bei Spritzschmierung lassen sich Wirkungsgrade über 99 % je Radpaar erreichen! Infolge von Lagerverlusten, Eintauchverlusten und Verlusten anderer leerlaufender oder belasteter Elemente kann man für den Hauptarbeitsbereich 4–12 km/h bei guten Getrieben mit einem Faustwert von etwa 1,5 % Verlust je belastetem Zahneingriff rechnen – beim Kegeltrieb 2 %. Abweichungen gibt es je nach Konstruktion nach beiden Seiten – **Tab. 24** listet hierzu bedeutende Einflüsse auf.

Informationen über Getriebewirkungsgrade lassen sich aus OECD-Testen näherungsweise gewinnen.

Im praktischen Einsatz sollten folgende **Regeln zum Verringern der Getriebeverluste** beachtet werden:

- Traktor auslasten, Geräte nicht zu klein
- Traktor mit Allradantrieb möglichst nur für schwere Zugarbeiten und Frontladen einsetzen – ungünstig: Pflegearbeiten, Transporte in der Ebene, Fräsen, Düngerstreuen, leichte Erntearbeiten
- Bei überwiegend leichten Einsätzen Ölviskosität möglichst gering wählen
- Zapfwelle nicht mitlaufen lassen, bei nasser Lamellenkupplung Dauerwirkung der Zapfwellenbremse vermeiden
- Traktor im Winter warm abstellen
- Bei Transporten niedertourig fahren (spart auch motorseitig Sprit)
- Ölstand nicht höher als notwendig

Tabelle 24: Durch die Konstruktion bedingte Einflüsse auf Getriebeverluste – etwa in der Reihenfolge der Bedeutung: Synthetisches Öl ist leider 5–10mal so teuer wie Mineralöl und agressiver – daher derzeit keine Anwendung

verlustreduzierende Faktoren	verlusterhöhende Faktoren
– niedriger Ölstand mit Druckölschmierung	– ins Ölbad eintauchende Räder
– trockene Bremsen	– nasse Bremsen ohne Luftspalt
– hinterer Zapfwellenstrang abschaltbar	– hohes Drehzahlniveau
– synthetisches Öl	– Zapfwelle mit Lamellenkupplung ohne zusätzliche Ausschaltklaue
– wenige Radeingriffe	– viele Radeingriffe
– Schieberäder	– nasse Kupplungen ohne Luftspalt bei Lastschaltung
– stehende Radeinfassungen bei ins Öl eintauchenden Rädern	– synchronisierte Schaltstellen
– Verwendung von Motoröl	– Getriebeöl hoher Viskosität
– Planetenendantriebe	– Zahnräder ständig im Eingriff
– kleine Ölmenge	– große Ölmenge
– glatte Zahnflanken	– rauhe Zahnflanken
– leichtläufige Dichtungen	– stramme Dichtringe großen Durchmessers
– nicht vorgespannte Lager	– nicht synchroner Allradantrieb (Straßenbetrieb)
– Zylinderrollenlager	– verspannte Lagerungen
– geringe Differenzdrehzahlen	

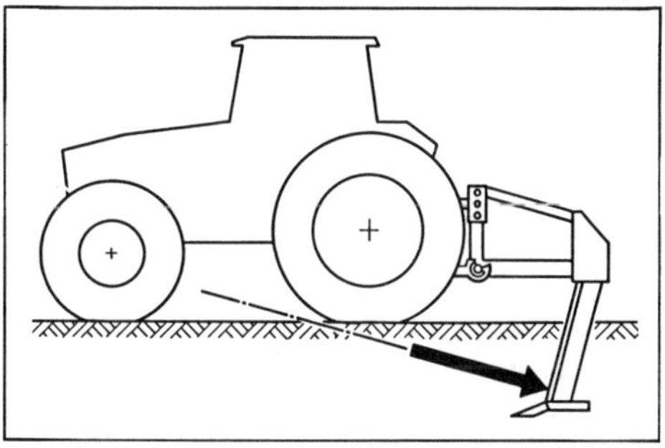

Bild 156 Traktoreinsatz mit starrem Tiefenlockerer. Resultierende aus Gerätegewicht und Bodenkräften liegt sehr tief und durchstößt Oberfläche zwischen den Traktorachsen. Traktor wird an den Boden gezogen, große Achslasten ermöglichen hohe Motorauslastungen bei relativ kleinen Geschwindigkeiten – besonders mit zusätzlichem Ballast. Durch sehr große Treibradmomente besteht u. U. Gefahr der Getriebeüberlastung.

5.9 Haben stufenlose Getriebe Zukunft?

5.9.1 Übersicht

Zahnrad-Stufengetriebe – Die **Stärken** des modernen Zahnrad-Stufengetriebes für den Traktor-Fahrantrieb bestehen vor allem in folgenden Eigenschaften:
- Günstige Herstellkosten
- Hohe Leistungsdichte
- Hoher Wirkungsgrad, kleine Verluste
- Jahrzehntelang bewährte Elemente
- Traktorhersteller kann fast alle wichtigen Getriebeelemente selbst entwickeln

Dagegen stehen folgende **Schwächen:**
- Keine Stufenlosigkeit
- Volle Nutzung der vielen Gänge überfordert manchmal den Fahrer: nicht selten sind vier Hebel zu betätigen (zwei Schathebel, Kupplung Gaspedal)
- Automatisierungen schwierig

Hierbei muß man einschränken, daß durch unter Last schaltbare Stufen diese Schwächen abgemildert werden.

Stufenlose Antriebe – Sie unterteilt man nach ihren physikalischen Wirkungen in *hydrostatische, mechanische* und *hydrodynamische Wandler.* Zahlreiche technische Lösungen untersuchte der Verfasser seit 1969 kritisch [82, 90, 113]. Im Hauptstückzahlbereich konnte sich bisher keine dieser Alternativen durchsetzen. Nur für spezielle Marktsegmente bestehen gewisse Aussichten – daher sollen die Funktionen der genannten drei Bauarten kurz besprochen werden.

5.9.2 Stufenlose hydrostatische Fahrantriebe

Arbeitsprinzip – Die stufenlose Drehzahl-Drehmoment-Wandlung erreicht man im Prinzip durch das Zusammenwirken zweier »Verdrängermaschinen«: Eine vom Dieselmotor angetriebene *Hydraulikpumpe* fördert den Ölstrom zu einem *Ölmotor* – dieser treibt nachfolgende Zahnradstufen oder auch direkt die Achse an. Mindestens die Pumpe muß im Hubvolumen verstellbar sein – noch besser arbeitet der Wandler mit ebenfalls verstellbarem Ölmotor. Die *Betriebsdrücke* liegen bei Vollast je nach Betriebspunkt bei etwa 100–300 bar.

Bild 157 zeigt die Funktion mit Hilfe der international genormten *Schaltzeichen.* Verstellpumpe **1** und Verstellmotor **2** arbeiten in einem geschlossenen Kreislauf. Da Hoch- und Niederdruckseite beim Bremsen oder bei Fahrtrichtungswechsel vertauscht werden, ist die Absicherung (Hochdruckbegrenzungsventil **10**) doppelt vorhanden. Zur Erzeugung eines Vordrucks im jeweiligen Niederdruckbereich, zum ständigen Austausch der relativ kleinen Ölmenge (Wärmeabfuhr, Filterung) sowie für den Ersatz des Leckölstromes dient das sog. Speisesystem (3–9). Dabei erzeugt die Speisepumpe **3** einen durch das Ventil **4** abgesicherten Niederdruckstrom von z. B. 10 bar, der über das Filter **5** und eines der beiden Speiserückschlagventile **6** in den jeweiligen Niederdruckteil des Hauptkreislaufes gelangt. Dabei wird das Spülventil **7** durch die Hochdruckseite so angesteuert, daß der überschüssige Speisestrom aus dem Niederdruckbereich über das Vorspannventil **8** und den Kühler **9** in den Ölbehälter abfließen kann. Um eine Zerstören des Wandlers beim Ausfall der Speiseeinrichtung zu verhindern, ermöglichen die Rückschlagventile **11** einen Selbstansauge-Notbetrieb. Der Wandler erlaubt eine stufenlose Geschwindigkeitsverstellung von voll vorwärts über null bis voll rückwärts.

Was sagen bisherige Anwendungen aus? – In Serie setzt man hydrostatische Wandler z. B. bei folgenden Produkten erfolgreich ein: Gartentraktoren (vor allem in den USA), Kommunaltraktoren, Hoftraktoren, Lader, Stapler, Straßenbaumaschinen, große Mähdrescher, selbstfahrende Häcksler und andere große Erntemaschinen.

Bei Traktoren erschien das erste Versuchsmuster 1954 (siehe Kap. 5.1, Seite 86). Die erste Serienanwendung startete Eicher 1965 mit dem englischen Wandler Dowty »Taurodyne« im Traktor »Mammut HR« [114], der Erfolg blieb aus. 1967 stellte IH in den USA ein in Zusammenarbeit mit der US-Firma Sundstrand speziell für Traktoren entwickeltes hydrostatisches Getriebe vor [115]. **Bild 158** zeigt den benutzten Wandler

Bild 157 Hydrostatischer Wandler mit Primär- und Sekundärverstellung. Schaltplan des geschlossenen Kreislaufes mit Schaltzeichen nach DIN ISO 1219 (siehe Kap. 7.2, S. 156). Erläuterung der Zahlen im Text.

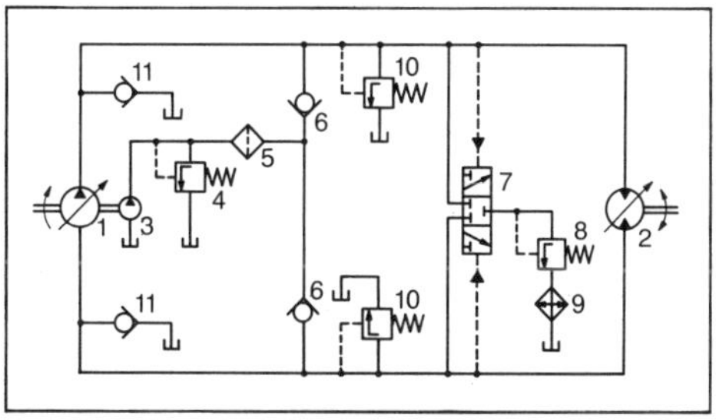

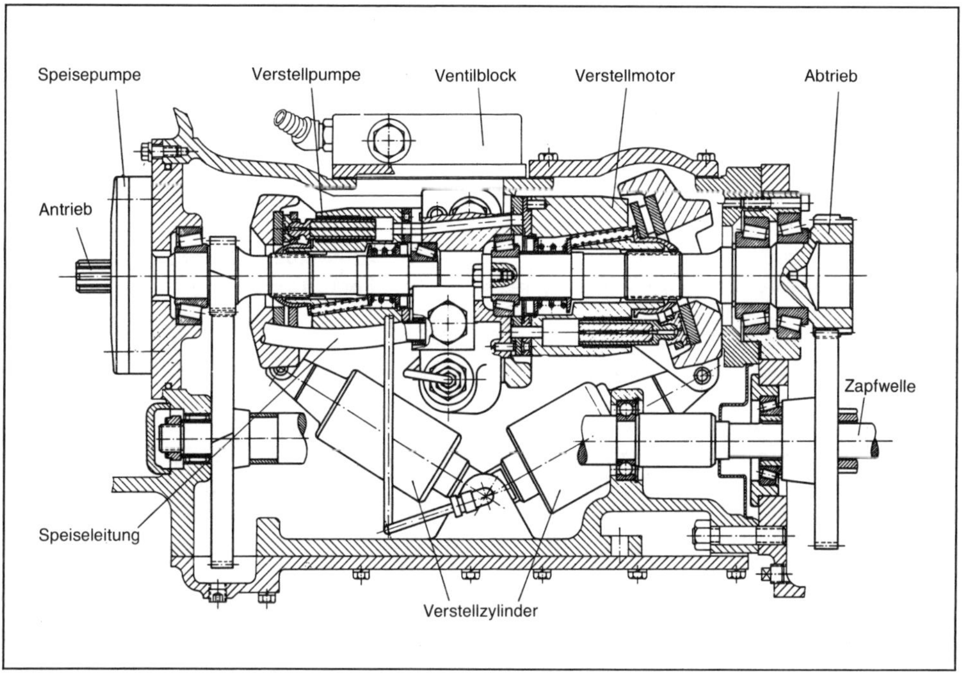

Bild 158 Kompakter hydrostatischer Wandler Bauart IH-Sundstrand, vorgestellt 1967 im Traktor IH 656 (Nennleistung des Motors ca. 60 kW).

mit sog. Schrägscheiben-Axialkolbenmaschinen, primär und sekundär verstellbar und sehr kompakt gebaut.
Bild 159 zeigt den **Getriebeplan** [82]. Man ersetzte das 10/2-Schaltgetriebe (Zweifachlastschaltung plus 5/1 Gänge) durch den Wandler mit nachgeordneter H-L-Gruppe (zur Verbesserung der Kennlinien). Der Weiterbau der herkömmlichen Variante reduzierte das Risiko des Neuen. Bis in die jüngste Zeit rüstete man verschiedene Typen mit diesem Getriebe aus. Die Stückzahlen blieben hinter den Erwartungen zurück.
Gründe für die Mißerfolge – Bei aller Eleganz der technischen Lösung hat der stufenlose hydrostatische Wandler im Vergleich zu modernen Stufengetrieben bei Standardtraktoren folgende **Nachteile:**

- Höhere Herstellkosten
- Wesentlich höhere Verluste, die sich bei Teillast besonders stark äußern
- Hohes Geräuschniveau (Singen)
- Höhere Anforderungen an Wartung und Reparatur

Zur Verminderung der Verluste hat man verschiedentlich Systeme mit *Leistungsverzweigung* vorgeschlagen. Dabei wird die Leistung in einen mechanischen Weg (Zahnräder, guter Wirkungsgrad) und einen hydrostatischen Pfad aufgeteilt und später wieder zusammengeführt [90]. Der beste Vollastwirkungsgrad (ohne Hinterachse) läßt sich dadurch insgesamt z. B. von 80 % auf 85 % bringen – bei großem Aufwand auch darüber. Ein Zahnradgetriebe ist aber immer noch besser. Die Firma Sundstrand entwickelte in den siebziger Jahren das leistungsverzweigte Getriebe »Responder« für Lastkraftwagen [116], eine Großserieneinführung fand nicht statt.

5.9.3 Stufenlose mechanische Fahrantriebe

Im Deutschen Museum München steht der in **Bild 160** dargestellte bemerkenswerte stufenlose mechanische Antrieb eines der ersten Stock-Motorpflüge. Er arbeitet mit einer Stahlscheibe und darauf laufenden, im Wirkradius verstellbaren **Gummi-Reibrädern.** Durch Verschieben der ganzen Verstelleinrichtung konnte man infolge unterschiedlicher Reibradien an der Stahlscheibe auch lenken. In der Serie verwendete man allerdings Zahnräder.
In den sechziger Jahren erprobten viele Firmen den sog. **»Kettenwandler«**, Bauart Reimers, in Traktorgetrieben – besonders auch die ZF [81, 117]. Trotz relativ guter Wirkungsgrade kam es auch hier zu keiner Serienanwendung, vermutlich wegen der Mehrkosten und des etwas ungünstigen Bauraumanspruchs. Neuerdings entwickelten die Firmen Van Doorne und Reimers das Prinzip für eventuelle Anwendungen in Automobilen weiter **(Bild 161).** Dies könnte Chancen für kleine Standardtraktoren eröffnen.

5.9.4 Stufenlose hydrodynamische Fahrantriebe

Der hydrodynamische Drehzahl-Drehmoment-Wandler (nach seinem Erfinder auch »FÖTTINGER-Wandler« genannt) besteht aus Pumpenrad, Leitrad und Turbinenrad **(Bild 162).** In Millionenstückzahlen baute man ihn in automatische Automobilgetriebe ein – er ist relativ einfach aufgebaut und arbeitet praktisch verschleißlos. Beim Anfahren verstärkt der Wandler das Eingangsmoment etwa auf das zwei- bis vierfache (je nach Bauart). Beim verbreiteten *Trilok-Prinzip* arbeitet der Wandler bei kleinen Abtriebsmomenten als Strömungskupplung – zu Gunsten des Wirkungsgrades.
Die erste Anwendung bei Radtraktoren versuchte Case (USA) 1958 [118], ohne Erfolg. Störend waren die hohen Verluste und die Lastabhängigkeit der Übersetzung. Daher kommt diese Bauart als eigentliches Arbeitsgetriebe für Traktoren nicht in Frage. Als Zusatzeinrichtung mit Überbrückungskupplung hat der hydrodynamische Wandler bei sehr großen Traktoren gewisse Chancen, die Schlüter und Fendt seit 1984 mit entsprechenden Entwicklungen zu nutzen versuchen (siehe Kap. 5.6, Seite 108).

Bild 159 Eingliederung des in Bild 158 gezeigten hydrostatischen Kompaktwandlers in den Antriebsstrang des Traktors IH 656.

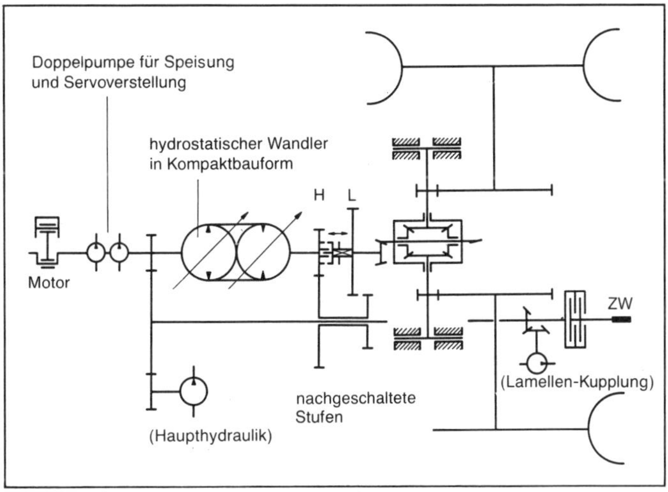

Bild 160 Unten: Stufenloser, mit Reibungsschluß arbeitender Antrieb einer frühen Ausführung des Stock-Motorpfluges (Prototyp um 1907), zu sehen im Deutschen Museum München. Motorleistung in der Größenordnung von 5 kW (nicht genau bekannt).

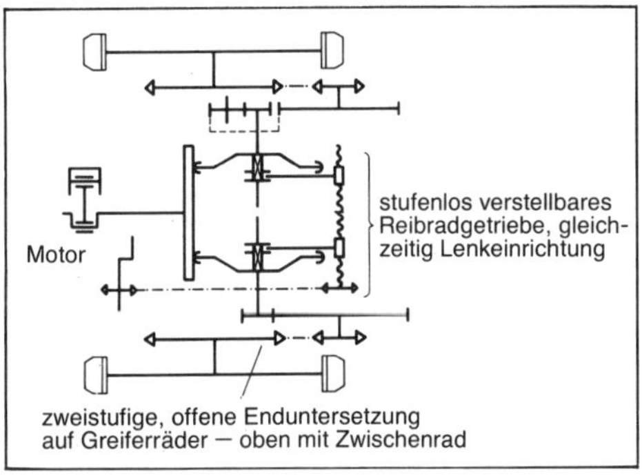

Bild 161 Rechts: Stufenloser mechanischer Wandler nach dem Prinzip des sog. Umschlingungsgetriebes. Kraftübertragung über eine Stahlgliederkette mit Reibungsschluß; Keilscheiben hydraulisch fernverstellt.

Bild 162 Prinzipieller Aufbau des hydrodynamischen Wandlers. Für Fahrzeuganwendungen stützt man das Leitrad oft über einen Freilauf ab. Dadurch kann es bei kleinen Abtriebsmomenten (kleiner als das Eingangsmoment) mitlaufen – der Wandler arbeitet dann verlustarm als Strömungskupplung.

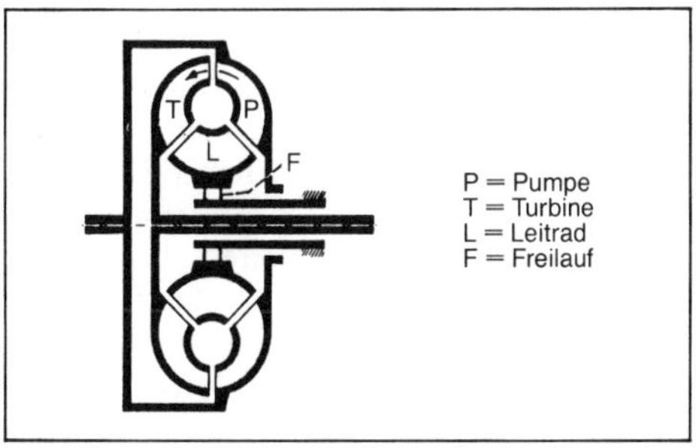

6 Mensch – Maschine – Umwelt

6.1 Einführung und Übersicht

Umweltbelastung – Sie erscheint durch landwirtschaftliche Traktoren im Vergleich zu den übrigen für den Straßenverkehr zugelassenen Fahrzeugen sehr gering. Einmal ist die Anzahl aller Traktoren etwa 20mal kleiner, und zum anderen ist ihr *Schadstoffausstoß* durch die Dieselmotoren noch für längere Zeit niedriger als bei Ottomotoren.
Bei allen Beurteilungen muß man auch bedenken, daß Traktoren **Arbeitsgeräte** für die *Produktion von Nahrungsmitteln* sind und im Zweifelsfall daher bei der Verschärfung von Vorschriften mildere Maßstäbe anzusetzen sind als z. B. für private Automobile (auch wenn diese unbestritten zu einem erheblichen Teil gewerblich oder für den Weg zur Arbeit benutzt werden). Weniger gut als viele andere Fahrzeuge schneidet der Traktor bezüglich der *äußeren Geräuschabstrahlung* ab – dafür fährt er aber auch überwiegend auf dem Feld, wo kaum jemand gestört wird (die Fahrerkabine ist heute meist geräuschisoliert).
Fahrerbelastung – Der Fahrer verbringt im Durchschnitt etwa 20–30 % seiner gesamten Arbeitszeit auf dem Traktor. Im Zusammenhang mit der Gestaltung dieses **Arbeitsplatzes** verfolgt man folgende Ziele:

- Volle Entfaltung der *Leistungsfähigkeit* des Systems »Fahrer-Traktor-Gerät«
- Erhaltung der *Gesundheit* des Fahrers durch begrenzte Belastung und ausreichende Arbeitssicherheit
- Steigerung des *Wohlbefindens* durch Komfort und angenehme Umgebung

Besonders in neuerer Zeit machte man in Richtung der genannten Ziele bemerkenswerte Fortschritte **(Bild 163).** In den letzten 10 Jahren erreichte man mehr als davor in 50 Jahren, wobei nach Ansicht des Verfassers die wirtschaftlichen Rahmenbedingungen eine größere Rolle spielten als etwa die technischen Möglichkeiten. (Das Geld für den Komfort mußte immer schon zuerst verdient werden.) Bei einem modernen Mittelklassetraktor von z. B. 60 kW mit Allradantrieb und guter Kabine werden inzwischen etwa *20 % des Anschaffungspreises für den Menschen* ausgegeben (Kabine plus alle Hilfen zum Reduzieren von Betätigungskräften und sonstigen Belastungen). Das ist mehr, als der Motor kostet!
Die spektakulärsten **Fortschritte** für den Fahrer erreichte man wohl auf dem Gebiet der **Geräuschreduzierung in der Kabine.** Kaufte man z. B. 1974 einen großen Traktor mit »Komfortkabine«, so war ein Vollastgeräuschpegel von 95–100 dB(A) in Kauf zu nehmen – oft mehr als ohne Kabine! Ein Dauerbetrieb bei derartigen Werten ohne Gehörschutz macht schwerhörig – mancher leidet heute darunter. In der zweiten Hälfte der 70er Jahre konnte man durch neu eingeführte Kabinenkonzepte den Pegel um etwa 10–12 dB(A) absenken, wobei die elastische Lagerung auf dem Rumpf (Körperschallisolierung) und die dichte Ausführung (Luftschallisolierung) am meisten brachten. Heute ist die frühere Traummarke von 80 dB(A) bei Vollast längst unterschritten und Werte von etwa 82–84 dB(A) gelten als Mindestforderung. Macht man die Scheiben auf, geht einiges von diesem Fortschritt wieder verloren. Andernfalls wird einem aber im Sommer zu heiß. Schon hieraus wird deutlich, daß eine gute Fahrerplatzgestaltung nur bei möglichst ganzheitlicher Sicht zustande kommt – auch Geräte sind einzubeziehen [119].
Die **Gesamtbelastung des Fahrers** und die berührten technischen Einrichtungen bzw. Maßnahmen werden in **Tab. 25** [nach 120] vereinfacht dargestellt. Ein Abklopfen auf besonders vordringliche Aufgaben führt etwa zu den folgenden **technischen Hauptzielen** der nächsten Zukunft:

- Kontrolle bzw. Führung des *Arbeitsprozesses* verbessern (Elektronikanwendung)
- *Betätigungskomfort* weiter verbessern (z. B. bei den Hebeln: kleine Anzahl, gute Position, sinnvolle Form, kleine Wege/Kräfte, günstige Bewegungsrichtung)
- *Klima im Sommer* verbessern (kleine, kostengünstige und energiesparende Klimaanlagen, Kabinen-Abschattung)
- *Schwingungsbelastung* reduzieren (langfristig durch gefederte Kabinen?)

Tabelle 25: Belastungen des Fahrers auf landwirtschaftlichen Traktoren und berührte technische Einrichtungen bzw. Maßnahmen

	Belastung des Fahrers	berührte Technik
Arbeits-prozeß	– Führen des Arbeitsprozesses: Einleiten, Überwachen, Korrigieren, Beenden; Mindestaufwand: Lenken des Fahrzeugs	– Betätigungseinrichtungen, Fahrerinformation, Bordrechner, automatische Regelung – Sicherheitstechnik
Arbeits-umgebung	– Klima – Schwingungen – Lärm – Fremstoffe in der Luft	– Klimatisierung – Schwingungsdämpfung – Lärmminderung – Schutz gegen Fremdstoffe

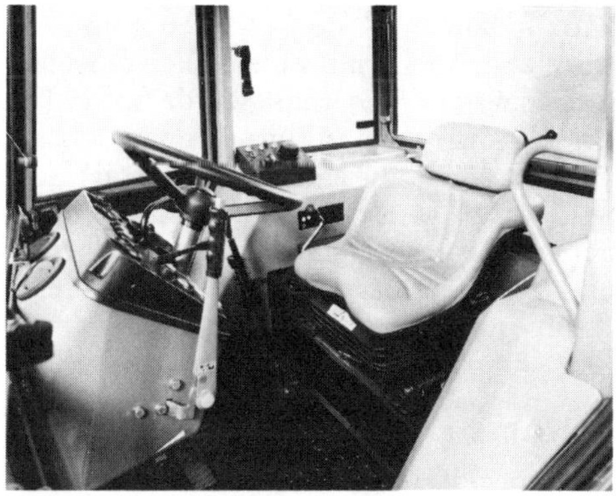

Bild 163 Fahrerplatzgestaltung (Stand 1985), links: IH, rechts: Fendt. Etwa 20 % des Traktorpreises werden heute für den Menschen ausgegeben.

6.2 Gedanken zur Kabinenentwicklung

Sicherheit – Die geschlossene und in Gummilagern aufgehängte Traktorkabine kann als jüngste Hauptbaugruppe angesehen werden. Etwa gleichzeitig mit der vorgeschriebenen Ausrüstung aller Neutraktoren mit **Umsturzschutzrahmen** (ab. 1. 1. 1970) setzte bei großen Traktoren eine zunehmende Nachfrage nach Kabinen ein. Man baute zunächst Kabinen als »Nachkonstruktion« fest oder mit Gummiplatten (kaum geräuschisoliert) auf den Traktor auf. Damit erreichte man einen guten Wetterschutz, hatte in hohem Maße Sicherheit beim Umsturz, aber das Lärmproblem blieb ungelöst.

Kabinenbau – Fieberhaft wurde sowohl in den USA wie auch in Europa an einer ganz neuen Generation von Kabinen gearbeitet. 1972 wurde der erste Standardtraktor mit einer auf **weichen Gummielementen** gelagerten und als **geschlossene Zelle** ausgebildeten Kabine im Nebraska-Test Nr. 1110 getestet: Der John Deere 4430 mit der neuen »Sound-Gard«-Kabine hatte am Fahrerohr bei voller Leistung nur 82,5 dB(A). Das neue, in **Bild 164** gezeigte Kabinenkonzept setzte man bei leistungsstarken Traktoren ein – es wurde ein großer Erfolg. Schon ein Jahr später wurde von Allis Chalmers die »80-dB(A)-Schallmauer« nach unten durchstoßen.

Gleichzeitig leistete man auch in Europa bemerkenswerte Pionierarbeit: Nur wenige wissen, daß der 1972 auf der DLG-Ausstellung in Hannover präsentierte Intrac 2005 von Deutz eine auf weichen Gummielementen gelagerte, geschlossene Kabinenzelle aufwies [121] mit Geräuschwerten weit günstiger als der damals übliche Stand. Leider wurde diese gute Kabine niemals in Serie gebaut.

Ebenso stand damals ein Fendt-Prototyp auf der Ausstellung, mit dem man die Kundenreaktion auf die (aufwendigere) Kabine testete – die **Mehrkosten** erschienen damals fast unüberbrückbar. Niemand hätte die Prognose gewagt, daß nur 6–8 Jahre später der komfortable Kabinentraktor die »normale« Ausführung sein würde. Die tatsächlich bedeutenden Kosten erzwangen allerdings einen Start bei den oberen Leistungen, weil hier der prozentuale Mehraufwand am geringsten ist (der Mensch als Maß ist ja immer gleich groß).

1976 brachte IH (in Zusammenarbeit mit Fritzmeier) eine leise Kabine heraus, deren Gummilager **Bild 165** zeigt. Im gleichen Jahr präsentierte Fendt seine «Favorit»-Traktoren mit leisen Kabinen und 1978 folgte Deutz mit einer Eigenkonstruktion auf den neuen DX-Traktoren **(Bild 166).** Andere Firmen reihten sich ein bzw. folgten kurz danach.

Der **Geräuschpegel** am Fahrerohr war nun bei leistungsstarken Traktoren so niedrig, daß man hier auch den härtesten Vorschriften gelassen entgegensehen konnte. Ganz anders bei den *kleineren Maschinen:* Der bei sehr großen Traktoren nur um 10 % betragende Anteil am Gesamtaufwand steigt mit fallender Leistung bis auf etwa das Doppelte, teilweise wird die Kabine hier teurer als der Motor. Daher kam ihr Vordringen bei kleinen Leistungen zum Stehen und der technische Mindestaufwand wird hier mehr durch die (über alle Leistungen gleichen) Vorschriften bestimmt.

Für das Verständnis der modernen Kabinentechnik lohnt sich eine Betrachtung moderner **Grundanforderungen:**

- Möglichst mit nur einem Konzept viele Typen abdecken; zwei Kabinengrößen reichen für eine ganze Baureihe aus
- Niedriges Gewicht und Herstellkosten
- Erfüllen sicherheitstechnischer Anforderungen, vor allem bezüglich Umsturzschutz sowie Ein- und Ausstieg
- Erfüllen gängiger Normen und Straßenverkehrsvorschriften
- Kabine im Hauptstückzahlbereich für Spurweite 1500 mm geeignet (Reifenbreite 16.9)
- Angenehmer, effektiver Arbeitsplatz für den Fahrer, im oberen Leistungsbereich auch bezüglich Dauerrückfahrt
- Einfache Demontage der Kabine vom Rumpf oder Kippbarkeit
- Lange Haltbarkeit (einschließlich der Ausrüstung)
- Unempfindlichkeit bezüglich Verschmutzung, leicht zu reinigen (auch naß!)
- Reparatur- und wartungsfreundlich

Bild 164 Konzept der ersten, in großen Stückzahlen (ab 1972) hergestellten leisen Traktorkabine J. Deere »Sound Gard« für Traktoren der oberen, in den USA entwickelten Baureihe. Geschlossene Sicherheitszelle auf weichen Gummilagern.

Bild 165 Typische Gestaltung eines elastischen Gummilagers zur körperschallisolierten Abstützung von Traktorkabinen, Bauart Fritzmeier, eingebaut in die erste leise Kabine von IH, 1976.

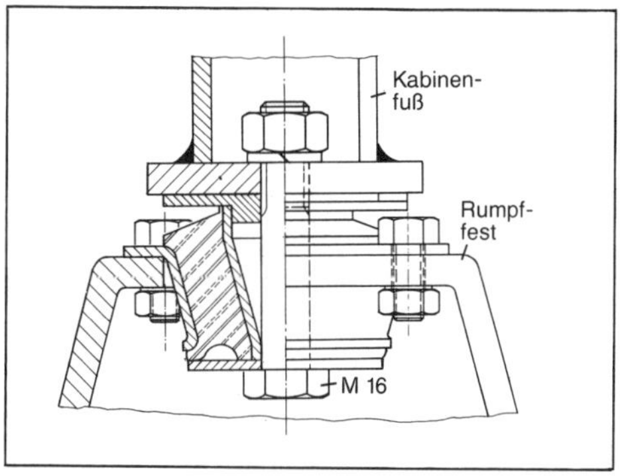

Bild 166 Struktur einer schallisolierten und als Sicherheitszelle ausgebildeten Traktorkabine, die über weiche Gummilager auf den Rumpf aufgesetzt wird. Bauart Deutz-Fahr, vorgestellt 1978 mit den neuen DX-Traktoren. Besonders gut ist zu erkennen, daß die Kabine eine voll bestückte eigene Baueinheit bildet.

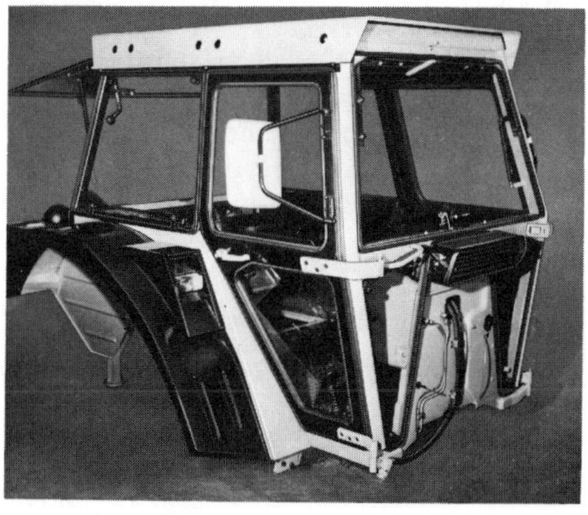

6.3 Fahrerplatz und Arbeitsaufgaben

6.3.1 Räumliche Gestaltung

Zahl der Betätigungselemente – Nicht weniger als etwa 20 Betätigungselemente sind heute auf einem Traktor im Bereich des Fahrerplatzes unterzubringen. Rund die Hälfte davon ist im **Raumbedarf** recht anspruchsvoll – so z. B. das *Lenkrad,* die *Pedale,* die *Schalthebel für Fahrgetriebe* und *Zapfwelle,* die Hebel für die *Hydraulikventile,* der *Handbremshebel* und teilweise weitere *Hebel für angebaute Geräte* (besonders Frontlader). Der für den Menschen **bestmöglich erreichbare Raum** für Hände (Greifen) und Füße (Treten) ist begrenzt und reicht nach dem heutigen technischen Stand beim Durchschnittstraktor nicht für alle Hebel aus.

Zwar könnte man im Prinzip weniger Hebel mit kleineren Abmessungen und geringeren Wegen durchaus konstruieren – der ganze Traktor würde jedoch durch die notwendige Inanspruchnahme von **Hilfskräften** (Hydraulik, Druckluft, elektrischer Strom) erheblich teurer. Bei großen Taktoren sind zahlreiche Beispiele in dieser Richtung zu beobachten – in der Mittelklasse heute noch weniger (langfristig vermutlich auch mehr).

Position von Betätigungselementen – Der Mensch empfindet bestimmte Betätigungsräume als angenehm, andere als unbequem. Die Wissenschaft von der **»Ergonomie«** (Mensch-Maschine-Umgebung-Arbeitsaufgabe) hat sich mit Fragen dieser Art beschäftigt und inzwischen breite Grundlagen erarbeitet [122–127].

In Anlehnung an [125] wurde in **Bild 167** ein allgemeines Benotungsschema für die Position von Betätigungselementen entwickelt. Dabei deutet besonders die Seitenansicht an, daß ein großer *Streubereich der Körperabmessungen* des Menschen zugrunde zu legen ist: Hier berücksichtigte man von der kleinen Frau (nur 2,5 % sind noch kleiner) bis zum großen Mann (nur 2,5 % sind noch größer) 95 % aller Personen (strenggenommen auch noch von Land zu Land unterschiedlich). Dem an Einzelheiten Interessierten sei das Studium der Norm DIN 33 402 empfohlen [128].

Das Problem der sehr unterschiedlichen Zuordnung verschieden großer Menschen zu den (normalerweise nicht verstellbaren) Betätigungselementen kann man relativ gut durch horizontale und vertikale **Sitzverstellung** lösen – hier 150 bzw. 100 mm. Unter dieser Voraussetzung läßt sich eine allgemeine Bewertung des Raumes um den Menschen ganz gut vornehmen, wobei die Auffassungen ein wenig streuen. In den Bildern wurden je nach Güte der Position vier Noten von 1 (sehr gut) bis 4 (mäßig) vergeben.

Der charakteristische, kugelähnliche äußerste **Greifraum** der Hände (Note 4) entsteht durch die ausgestreckten Arme einschließlich eines Beugens nach vorn und zur Seite. Hier sollten nur *untergeordnete Betätigungselemente* plaziert sein, z. B. die Handbremse, die Scheibenwischerbetätigung, der Schalter für die Klimaanlage oder auch die Radioknöpfe. Demgegenüber wünscht man sich für die *häufig benutzten Elemente* eine Anordnung in den »sehr guten« Räumen: Dazu gehören die Getriebeschalthebel und die Standard-Pedale für Kupplung, Bremse und Motordrehzahl.

Wenn man auch den linken optimalen Handraum nutzen könnte, würde der ideale Raum auch für andere Hebel noch gut ausreichen – leider muß man diese Möglichkeit für einen *bequemen Auf-* und *Abstieg* opfern. Hieran ist übrigens gut erkennbar, warum die Traktorhersteller auf einen gleich guten Zugang bzw. Abgang links *und* rechts überwiegend bewußt verzichten.

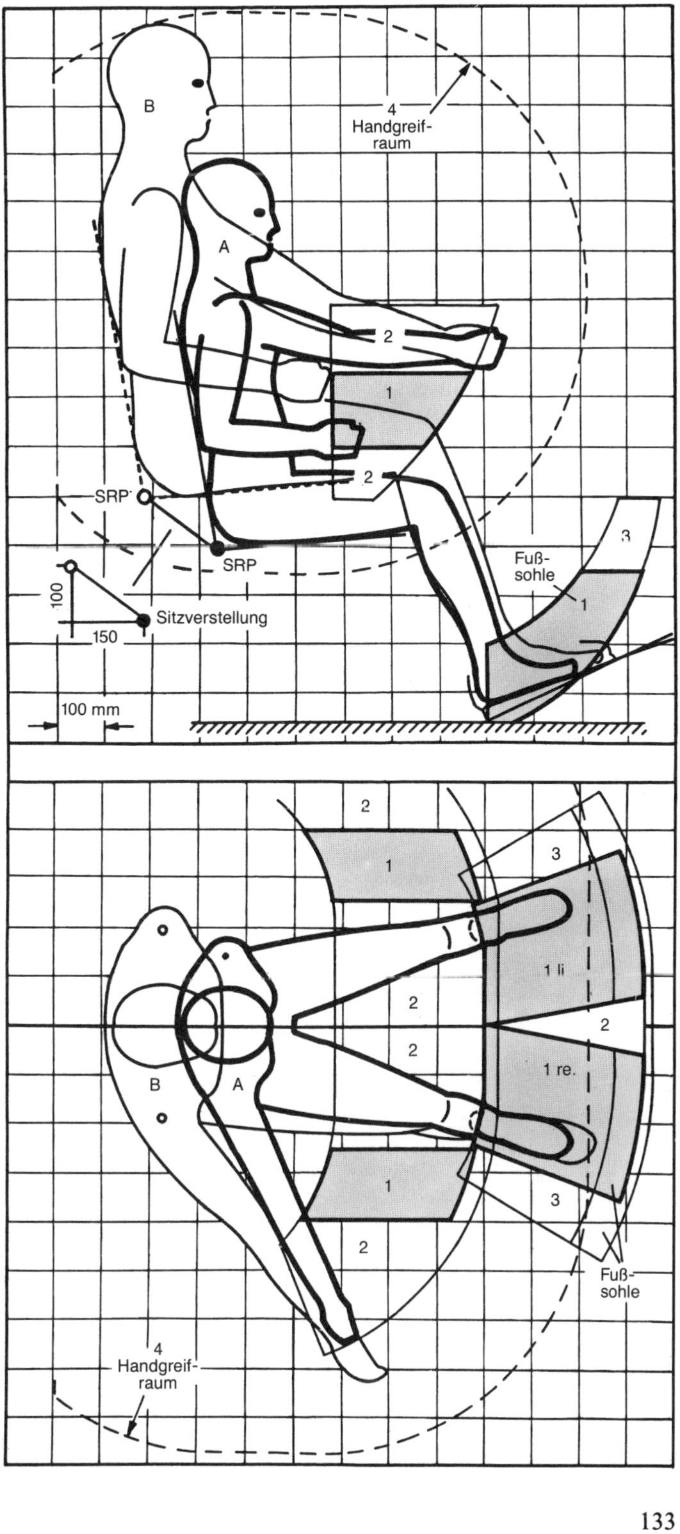

Bild 167 Allgemeine Beurteilung der Position von Betätigungselementen bei Arbeitsplätzen auf Traktoren [nach 125]. A kleine Frau (nur 2,5 % sind noch kleiner), B großer Mann (nur 2,5 % sind noch größer). SRP Sitzbezugspunkt, definiert in ISO 4253. Noten: 1 sehr gut, 2 gut, 3 mittel, 4 mäßig.

Maße aus Normen – Sowohl zum Fahrerplatz wie auch zur Kabinengestaltung gibt es einige wichtige Normen. **Bild 168** zeigt **Grundmaße** für die *Trittstufen* und die untere *Türbreite*. **Bild 169** vermittelt Maßvorstellungen über die Zuordnung *Lenkrad-Sitz* und *Fußpedale-Sitz*. Verschiedene Zuordnungen A–B sind notwendig, um die Fahrerplatzgeometrie individuellen Körpermaßen anzupassen. **Bild 170** zeigt **Normvorschläge** zu wichtigen *Freiräumen* in der Kabine, und **Bild 171** verdeutlicht die Beurteilung der Sitzposition mit Hilfe einer genormten **Körperumrißschablone.** Die eingetragenen Winkel können für die Sitzposition auf dem Traktor als günstig gelten. Wenig bekannt ist übrigens die Tatsache, daß der »Sehstrahl« des Menschen bei senkrechter Kopfhaltung um etwa 15 Grad nach unten geneigt ist – für horizontales Sehen muß man den Kopf nach hinten neigen!

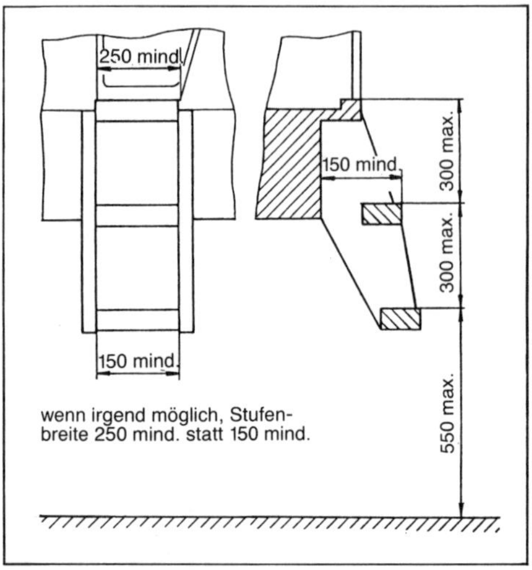

Bild 168 Grundmaße für die Trittstufen und untere Türbreite von Traktorkabinen [nach 129]. Maße in mm. Höhe der ersten Stufe 550 mm nur bei sehr großer Bodenfreiheit sinnvoll – sonst etwas weniger besser.

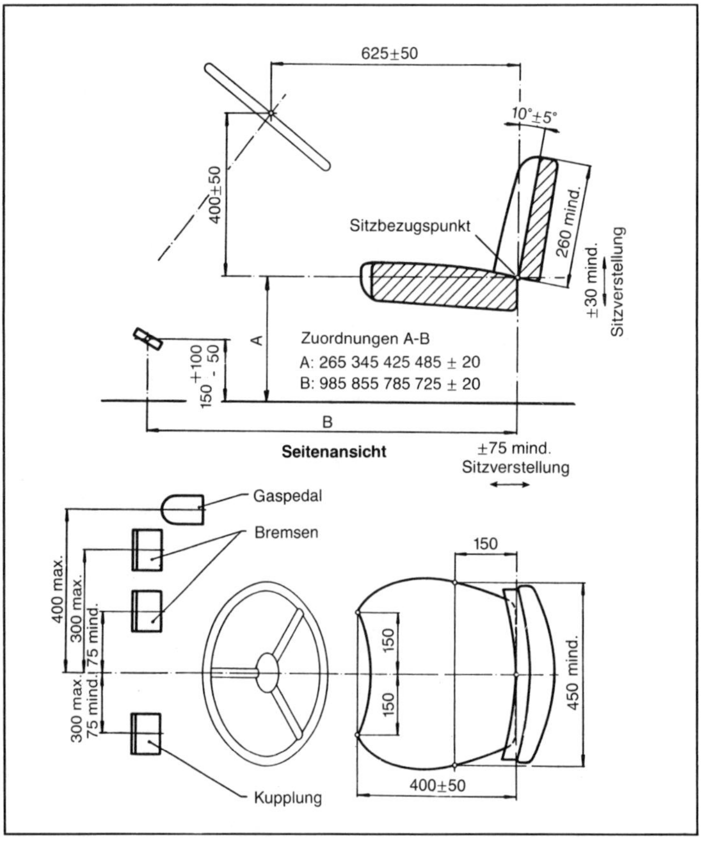

Bild 169 Grundmaße für die Zuordnung Lenkrad-Sitz und Pedale-Sitz [nach 130]. Maße in mm.

Bild 170 Wichtigste Freiräume im Bereich des Fahrerplatzes auf Traktoren [nach 129]. Maße in mm. Maß 1050 (Kopffreiraum) sollte nicht zu knapp eingehalten werden mit Rücksicht auf mögliches Abheben vom Sitz beim Befahren unebener Fahrbahnen (besonders wichtig für große Personen).

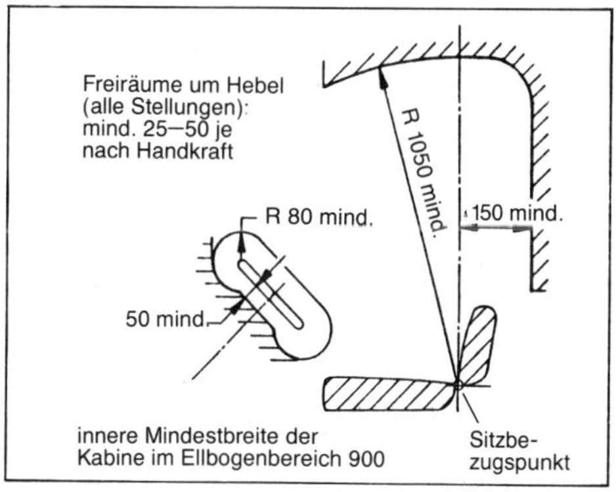

Bild 171 Typische Arbeitshaltung eines durchschnittlich großen Mannes in einer Traktor-Fahrerkabine, dargestellt mit Hilfe der genormten Körperumrißschablone [131].

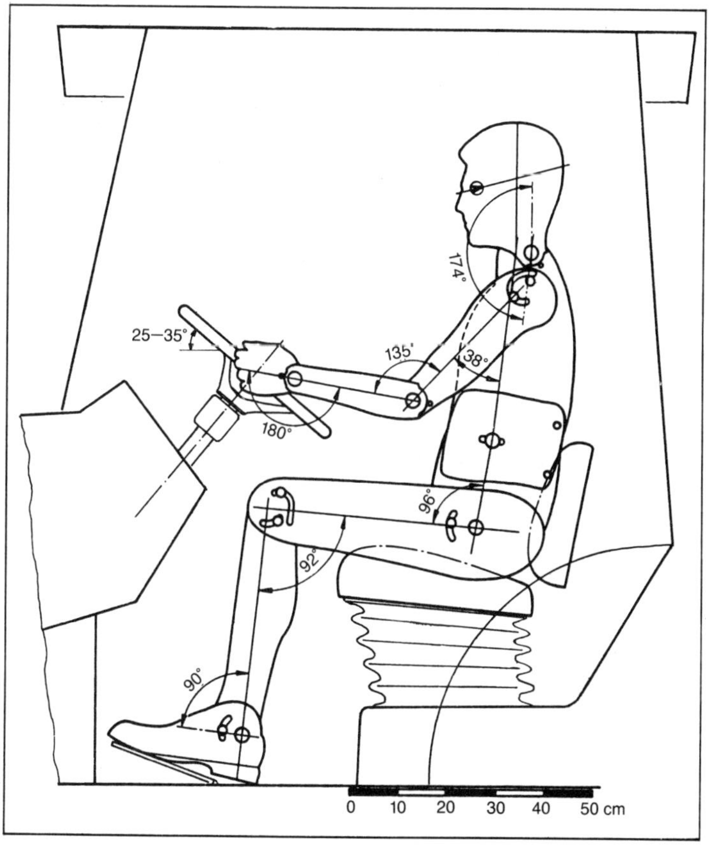

6.3.2 Kräfte und Bewegungen an Betätigungselementen

Allgemeines – Neben der im vorigen Abschnitt behandelten *Position* sind für komfortable Betätigungselemente die folgenden weiteren Kriterien von Bedeutung:

- Betätigungsrichtungen
- Kräfte
- Wege

Der Muskelapparat des Menschen kann vor allem dann große Fuß- und Handkräfte erzeugen, wenn diese vom Körper weggerichtet sind (Drücken) und sich die Glieder weitgehend in Strecklage befinden. Bei den Armen gilt das gleiche auch für ein Ziehen zum Körper hin. Quer aufzubringende Kräfte und Bewegungen sind weitaus anstrengender. Gleichzeitig kann man davon ausgehen, daß die Fußkräfte (Drücken) bei gleich empfundener Anstrengung etwa zwei- bis dreimal größer sein können als die Handkräfte (Drücken, Ziehen).

Die *Komfortansprüche* des Menschen streuen – scharfe Grenzen gibt es nicht. Daher geben auch die folgenden Beurteilungshilfen nur einen Anhalt. Bei großen Traktoren wird mehr Komfort verlangt als bei kleinen.

Pedale – Die günstigste **Tretkraftrichtung** liegt etwa 10–15 Grad nach vorn geneigt bei einer etwa parallelen Beinhaltung – wichtig für Kupplungs- und Bremspedale. Aus konstruktiven Gründen geht man häufig bis zu etwa 30 Grad (noch 75 % Maximalkraft). Bei größeren Winkeln (steilere Betätigung) fällt dann die mögliche Fußkraft rasch ab, reicht allerdings z. B. für Gaspedal oder Differentialsperre noch aus.

Richtwerte für **Betätigungskräfte** werden in **Tab. 26** zusammengefaßt [124]. Sie können als ausgewogene Forderung für den Durchschnittstraktor gelten. Für die **Pedale** werden nach [124] folgende **Betätigungswege** empfohlen:

- Gaspedal 40–50 mm
- Differentialsperrpedal 30–50 mm
- Bremspedal 50–80 mm
- Fahrkupplungspedal 60–100 mm

Wegen der sensiblen Reaktion des Traktors auf das *Gaspedal* wünscht man sich eine möglichst gute Fußabstützung (über die Ferse) und ein nicht zu steiles Pedal (siehe auch Bild 171, Seite 135).

Betätigungselemente für Hände und Finger – Die schon angedeutete Abhängigkeit der Handkräfte von Lage und Richtung der Betätigung wird in **Bild 172** für vier charakteristische Hebelpositionen demonstriert. Die Pfeilkreuze weisen die maximalen **Handkräfte** für jeweils vier Richtungen aus – zur besseren Übersicht in Prozentwerten [125]. Beim Drücken und Ziehen sind etwa zwei- bis dreimal so große Kräfte möglich wie nach oben und unten bzw. in Querrichtung. Will man hiernach *praktische Handkräfte* beurteilen, so geht man von den vermerkten (oder anderen) Schlüsselwerten für 100 % aus mit folgenden Abschlägen:

- Selten benutzte Hebel: ⅔ der Werte
- Häufig benutzte Hebel: ⅓ der Werte

Beispiel 1: Vom Kabinenboden nach oben zu ziehende griffgünstige Feststellbremse, betätigt von einer Durchschnittsfrau:
82 % von 440 N = 361 N, ⅔ davon = 240 N

Beispiel 2: Kraft am Getriebeschalthebel beim Frontladen (Längsgasse), aufzubringen von einer Durchschnittsfrau:
63 % von 440 N = 277 N, ⅓ davon = 92 N

Einen allgemeinen Überblick über Kräfte gibt Tab. 26 unter Voraussetzung vorteilhafter Bewegungsrichtungen und griffgünstiger Hebelgestaltung. *Mindesthandkräfte* liegen bei 5–10 N, *Mindestfingerkräfte* noch darunter. Bei sensiblen Hebeln kann ein sogenannter *Handlauf* hilfreich sein **(Bild 173).**

Für die **Handhebel** gelten in Anlehnung an [124] folgende **Betätigungswege:**

- Lenkrad: 2,5–3,5 Umdrehungen (von Anschlag zu Anschlag)
- Haupthebel Regelhydraulik: 150–250 mm
- Getriebeschalthebel (längs) } 100 bis 200 mm
- Zusatzsteuergeräte } 100 bis 200 mm
- Handbremshebel } 100 bis 200 mm
- Zapfwellenkupplung } 100 bis 200 mm
- Drehzahlverstellhebel 100–120 mm
- Umschaltung Zapfwellendrehzahl 50–80 mm

Die Querwege an Getriebeschalthebeln sollten kleiner als die Längswege sein.

Betätigungselemente im Bereich des Armaturenbretts sollten dem technischen Stand bei Automobilen entsprechen.

Tabelle 26: Richtwerte für Betätigungskräfte bei günstiger Position der Elemente, ergonomisch vorteilhafter Betätigungsrichtung und griffgünstiger Gestaltung [ergänzt nach 124]

Betätigung	Betätigungskraft N
Lenkrad	
mechanisch/hydraulisch	< 150
bei Ausfall der hydraulischen Lenkhilfe	< 450
Handhebel	
Drehzahlverstellung	< 60
Getriebeschaltung	< 100
Kraftheber	< 60
Zapfwelle	< 100
Feststellbremse	< 150
Feststellvorrichtung	
für Daumenkraft	< 20
für Handgreifkraft	< 100
Schalter	
Drucktaste (Finger)	< 8
Kippschalter	< 10
Pedale	
Fahrpedal	35–45
Betriebsbremse (max. zulässiges Gewicht)	< 400
Kupplung	< 300
Differentialsperre	< 150

Bild 172 Abhängigkeit der Handkräfte von der Hebelposition und der Betätigungsrichtung. Werte in % [nach 125]. Umrechnungsschlüssel für gut geformte, griffgünstige Hebel:
Durchschnittsmann: 100 % = 614 N Maximalkraft
Durchschnittsfrau: 100 % = 440 N Maximalkraft

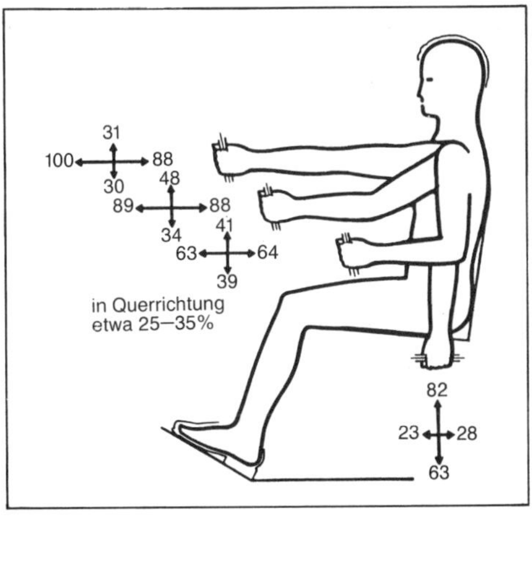

Bild 173: Handlauf zur Erleichterung der Betätigung bei kleinen Kräften und Wegen (Beispiel: Hebel für voll unter Last schaltbares Getriebe, Bauart J. Deere).

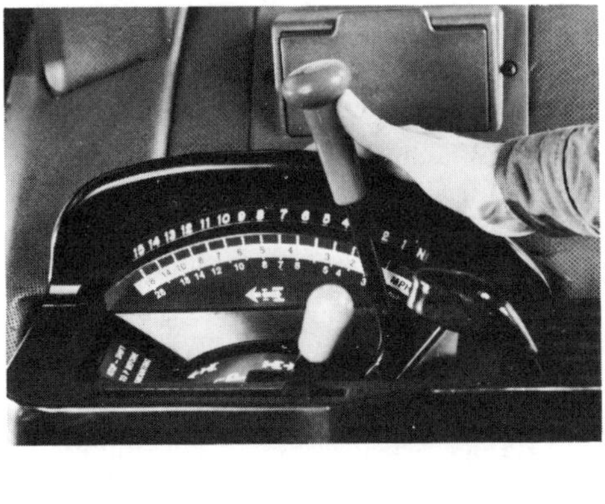

6.3.3 Sicht und Fahrerinformation

Einführung – Den weitaus größten Teil aller Informationen erhält der Traktorfahrer über seine Augen [133]. Gute Sichtverhältnisse wirken sich günstig aus auf

- die Arbeitsqualität
- die Arbeitsleistung
- das Wohlbefinden des Fahrers
- die Sicherheit

Eine gute Sicht ist vor allem auf folgende Bereiche zu fordern:

- Straßenverkehr
- Koppelpunkte von Geräten
- Arbeitsgeräte im Einsatz
- Armaturenbrett, Betätigungselemente

Sichtfeld im Straßenverkehr – Sowohl die Straßenverkehrszulassungsordnung (StVZO) wie auch das EG-Richtlinienwerk enthalten hierzu einschlägige Vorschriften. Es sind nur begrenzte Verdeckungen zulässig mit besonders starken Einschränkungen ab 12 m Entfernung vom Fahrer. **Sichtfelddiagramme** [134] kann man z. B. durch Anbringen einer punktförmigen Lichtquelle an Stelle der Augen erreichen **(Bild 174).** Die Schatten auf dem Boden entsprechen den Verdeckungen für das Auge. Um diese gering zu halten, hat man z. B. bei einigen Traktoren von J. Deere den mittleren Kabinensteg, den Auspuff und den Ansaugkamin in eine Flucht (vom Fahrer gesehen) gelegt. Demgegenüber ist das Verlegen des Auspuffs von oben nach unten aus Sichtgründen ein schlechter Ausweg, weil die Abgase bei bestimmter Windrichtung den Fahrer oder eventuelle Begleitpersonen belästigen.

Besonders für den Straßenverkehr ist ein gut funktionierendes **Defrostersystem** sowie eine großflächige **Scheibenwischanlage** von Bedeutung. Die **Frontscheibe** sollte nicht zu weit vom Fahrer entfernt und möglichst frei von *Spiegelungen* bzw. *Reflexionen* sein. Die **Außenspiegel** sollten sich gut einstellen lassen, schwingungsfrei angebracht sein und kleine Kollisionen durch Einklappen überstehen können. Für Nachtfahrten erweisen sich **Halogenscheinwerfer** als vorteilhaft.

Sicht auf Koppelpunkte – Der **Heckbereich** ist trotz der vorgerückten Kabinen meist gut einsehbar, besonders bei weit heruntergezogener Kabinenverglasung. Hecktanks setzen dem leider Grenzen. Ebenso schneiden Fahrzeuge mit Mittenkabine und besonders mit Frontkabine etwas ungünstiger ab.

Dafür bieten sie jedoch eine bessere Sicht auf den **Frontbereich,** wobei der Intrac von Deutz-Fahr besonders gut dasteht **(Bild 175).** Bei Standardtraktoren wünscht man sich hier noch wesentliche Verbesserungen.

Kontrolle von Arbeitsgeräten – Auch hier kann die **Sicht nach hinten** traditionsgemäß als sehr gut bezeichnet werden. Unbequem ist die dafür notwendige Körperdrehung – ein teilweise drehbarer Sitz kann entlastend wirken. Geräte, die vom Fahrer dauernd beobachtet und geführt werden müssen, erscheinen für den Heckanbau wenig geeignet (z. B. die Rübenhacke). Die »vorausschauende« Kontrolle ist hier besser.

Bei der **Sicht nach vorn** kommt es vor allem beim Fahren in Reihenkulturen auf günstige Blickwinkel an **(Bild 176).** Je schneller man fahren will, desto kleinere Blickwinkel sind erforderlich [136, 137]. Oft müssen zur Geräteführung die Frontreifen beobachtet werden – große Frontreifen (Allradantrieb) erschweren diese Aufgabe **(Bild 177).** Gute Sicht braucht man auch beim Frontladen und schließlich bei allen denjenigen Geräten, bei denen gelegentliche Störungen nicht zu vermeiden sind (z. B. Verstopfen). *Halogen-Arbeitsscheinwerfer* ermöglichen einen Geräteeinsatz auch bei Dunkelheit.

Fahrerinformation – es gelten folgende Regeln:

- Wichtigste Elemente im Hauptsichtfeld
- Keine Informationsüberladung
- Geordnetes Armaturenbrett: maximal drei Zeilen, gruppierte Elemente
- Verständliche, einfache Symbole
- Informationsflächen senkrecht zur Blickrichtung, spiegelungsfrei, nachts zu sehen

Die Fortschritte der **Elektronik** beginnen, neue *Informationsmöglichkeiten* zu erschließen (z. B. Motorbetriebspunkt bei Renault »Ecocontrol«) und auch die Art der *Darbietung* grundlegend zu wandeln (z. B. Digital-Traktormeter bei Fendt) [138]. Rechner sind inzwischen sehr billig. Bremsend wirken die hohen Kosten für Aufnehmer, Anzeigeelektronik und Entwicklung der Systeme. Große Traktoren werden die Vorreiter bleiben.

Bild 174 Rechts: Schattenriß als einfaches Verfahren zur Aufnahme des Sichtfeldes (Grundriß). Beispiel gilt für einen typischen Standardtraktor [135]. Das Straßenverkehrsrecht fordert für den 9,5-m-Sichtkeil besonders gute Sicht.

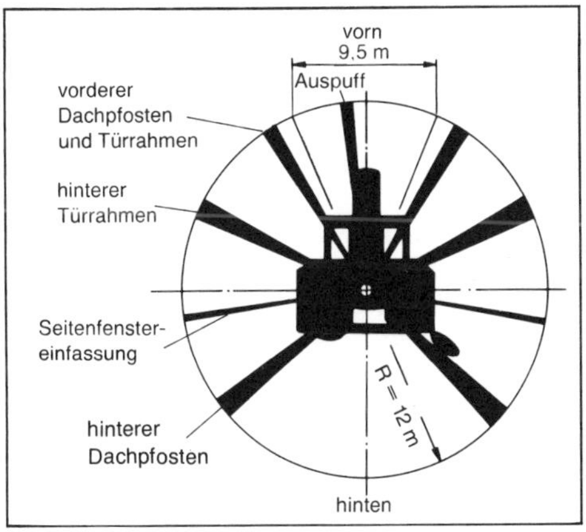

Bild 175 Unten: Frontsitztraktor, Bauart »Intrac 2004« (51 kW) von Deutz-Fahr mit besonders guter Sicht auf den Frontanbauraum.

Bild 176 Definition des sog. Blickwinkels α [135].

Bild 177 Blick aus einer modernen Fahrerkabine auf die Frontreifen bei Allradantrieb.

6.4 Fahrerplatz und Umgebungseinflüsse

6.4.1 Klima

Allgemeines – Die Beurteilung des auf den Fahrer einwirkenden Klimas sollte folgende Größen berücksichtigen [139–146]:

- Qualität der *Atemluft* (O_2 und CO_2)
- *Lufttemperatur* (° C)
- Relative *Luftfeuchtigkeit* (%)
- *Luftgeschwindigkeit* am Körper (m/s)
- *Strahlungsbelastung* der Haut (W/m²)

Fahrerseitig kommen folgende Einflüsse hinzu:

- Schwere der Arbeit
- Art der Bekleidung
- Gewöhnungseffekte, Kondition

Tab. 27 vermittelt zum ersten Block einige **Faustwerte** für die praktische Beurteilung des Kabinenklimas.

Bezüglich der **Temperaturverteilung** in der Kabine hat sich eine gewisse Schichtung als günstig erwiesen [141]. Die Temperatur sollte vom Kopfbereich zu den Füßen um einige Grade zunehmen (z. B. 3–5° C).

Zusätzlich ist noch die *Wärmestrahlung* zu beachten. Starke Sonneneinstrahlung liefert z. B. ca. 0,8 kW Energie je m². Beste Gegenmaßnahme: Abschatten.

Heizen, Kühlen – Das **Heizen** in der kalten Jahreszeit ist durch das Kühlwasser oder das Schmieröl (bei Luftkühlung) heute technisch gut gelöst. Als viel schwieriger erweist sich eine wirksame Beherrschung des Kabinenklimas im Sommer, das **Kühlen.** Der bei geschlossener (leiser und staubarmer) Kabine entstehende *Treibhauseffekt* sei mit Hilfe von **Bild 178** in Zahlen gefaßt. Aufgetragen wurden die Übertemperaturen (d. h. die Differenz zur Umgebung) über dem Zuluftstrom, dessen Temperatur auch noch variiert wurde [145]. Der angenommene Wärmestrom in die Kabine (Sonne, Motor, Getriebe) ist mit 1,6 kW noch mäßig, in Extremfällen sind 100 % höhere Werte möglich. Trotzdem steigt die Kabinentemperatur ohne Gebläse bzw. auch bei kleiner Gebläsestufe in den unerträglichen Bereich.

Beispiel: Außenlufttemperatur 28° C, Gebläseluftstrom 200 m³/h ergibt 12° C Übertemperatur und damit 40° C Kabinentemperatur. Erhöht man die Gebläseleitung auf 400 m³/h (oft das Maximum), sind es bei 8° C Übertemperatur immer noch 36° C. Ein Abkühlen der Zuluft um 10° C würde bei 400 m³/h die Übertemperatur auf 1,4° C reduzieren und 13° C Temperaturabsenkung der Zuluft ergäben eine Kabinentemperatur gleich der Außentemperatur. In mitteleuropäischen Sommern hätte man damit schon viel gewonnen, denn das Aufstellen der Scheiben wäre nicht mehr notwendig (weniger Geräusch und Staub).

Klimaanlage – Zuluftkühlung bedeutet Klimaanlage – diese funktioniert im Prinzip wie ein Kühlschrank **(Bild 179).** Der *Kompressor* verdichtet das gasförmige Kältemittel auf z. B. 20 bar (gegen den Widerstand des Expansionsventils), wodurch es relativ heiß wird. Das nachfolgende Abkühlen im *Kondensator* (z. B. vor dem Motorkühler) ist mit einer Verflüssigung verbunden, weil hier der Siedepunkt der Spezialflüssigkeit (z. B. Kältemittel R 12) unterschritten wird. Im *Expansionsventil* setzt man den Druck durch Drosselung wieder herab. Das Kältemittel ist hier relativ kalt, befindet sich aber infolge des geringen Druckes trotzdem nahe am Siedepunkt. Die warme Ansaugluft für die Kabine wird in den *Verdampfer* gesaugt und bringt durch Wärmeabgabe das Kältemittel zum Sieden. Der starke Kühlungseffekt beruht auf der sehr großen Energiemenge, die zum Sieden des Kältemittels verbraucht wird (Verdunstungskälte). Das jetzt gasförmige Kältemittel wird vom Kompressor erneut angesaugt und der Vorgang beginnt von vorn.

Der **Energiebedarf der Anlage** liegt bei etwa ⅔ der Kühlleistung. Beträgt die Kühlleistung z. B. an einem besonders warmen Sommertag 3 kW, so zweigt die Anlage 2 kW von der Motorleistung ab (etwa ½ l Dieselöl je Betriebsstunde). *Umluftbetrieb (mit Frischluftzugabe), Abschattung, getöntes Glas, Isolierung* (Dach!) und *helle Farben* reduzieren den Energieverbrauch.

Bei guten Klimaanlagen arbeitet der Kompressor nur bei Bedarf (automatisches Ein- und Ausschalten). Klimaanlagen sind heute im Prinzip zuverlässig und langlebig, wenn man Beschädigungen am Rohrsystem vermeidet – schon *winzige Undichtigkeiten* führen zum Ausfall.

Tabelle 27: Faustzahlen für die praktische Beurteilung wichtiger Klimadaten bei Traktorkabinen [nach 142]

Einflußgröße		behaglich	unbehaglich	unerträglich
Frischluftzufuhr	m³/h	30–90	10–30	< 10
Lufttemperatur in Kopfhöhe	°C	W¹) 18–20 S²) 24–27	0–18 27–37	< 0 > 37
relative Luftfeuchtigkeit	%	30–65	15–30 65–85	< 15 > 85
Luftgeschwindigkeit	m/s	0,1–0,5	0,5–1,0	> 1,0

¹) W Winter ²) S Sommer

Bild 178 Übertemperaturen in einer Traktorkabine (gegenüber Umgebung) bei unterschiedlich starken Zuluftströmen und verschiedenen Kühlungsgraden der Zuluft für 1,6 kW Wärmebelastung [145].

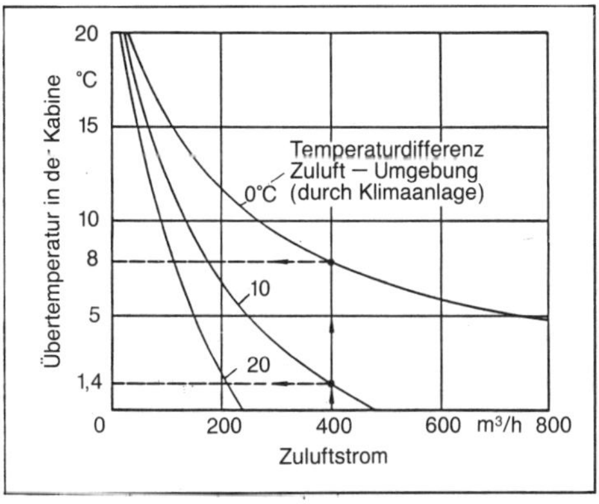

Bild 179 Funktionsschema einer modernen Klimaanlage für Fahrzeuge. Die gekühlte Luft tritt beim Verdampfergebläse aus.

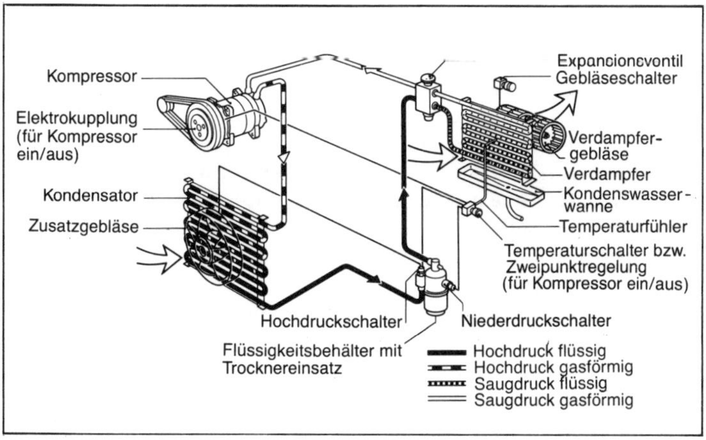

6.4.2 Mechanische Schwingungen

Fahrzeugschwingungen und ihre Wirkung – Der Traktor wird in erster Linie durch unebene *Fahrbahnen* in Schwingungen versetzt. Kleinere Hindernisse werden teilweise durch die Reifen geschluckt, größere bzw. längere Hindernisse erzeugen eine schwingende Bewegung des Traktors mit *Zusatzbeanspruchungen* für Mensch und Material [147–171]. Die in **Bild 180** angedeutete Belastung des Menschen kann ihn beeinträchtigen bezüglich

- Wohlbefinden: z. B. Magen durchgeschüttelt
- Leistungsfähigkeit: Reaktion läßt nach
- Sicherheit: längere Reaktionszeit
- Gesundheitszustand: z. B. Wirbelsäulenprobleme

Eine ausführliche Beschreibung enthält [152].

Schwingungsminderung – Grundsätzlich kann man Schwingungen vom Menschen durch folgende **technische Maßnahmen** fernhalten:

- Federung und Dämpfung zwischen
  - Achsen und Rumpf
  - Kabine und Rumpf
  - Fahrerplatzeinheit und Kabine
  - Sitz und Kabine
- Federung und Dämpfung zwischen
  - Traktor und Gerät (z. B. im Oberlenker)
  - Traktor und Hilfsmassen oder Ballast

Aus Kostengründen und wegen der guten Geräteführung baut man Traktoren im Gegensatz zu Straßenfahrzeugen ganz überwiegend mit **starren Fahrwerken.** Den Menschen versucht man durch **gefederte** und **gedämpfte Sitze** möglichst gut zu schützen. Die Beurteilung des Schutzes vor Schwingungen verlangt die Kenntnis einiger Grundbegriffe.

Begriffe und Zusammenhänge – Unter **mechanischer Schwingung** versteht man eine mehr oder weniger regelmäßige zeitliche Wiederholung eines Weges mit wechselnder Bewegungsrichtung. Aus dem Wegsignal kann man Geschwindigkeiten und Beschleunigungen einfach ermitteln. Die *Sinusschwingung* (auch »harmonische Schwingung«) weist einen sinusförmigen Verlauf des Weges über der Zeit auf [162]. Sie entsteht z. B. beim freien Schwingen eines Feder-Masse-Systems **(Bild 181).** Unter *Frequenz* versteht man die Anzahl der Vollschwingungen je Sekunde (Einheit Hertz, Hz). *Kreisfrequenz* ist die Zahl der Schwingungen in 2π Sekunden. Mit *Schwingungsdauer* bezeichnet man die Zeit für eine Vollschwingung, der Scheitelwert (auch Amplitude) ist der Größtwert (von der Mittellinie aus). Die *Eigenfrequenz* stellt die »natürliche Frequenz« eines angestoßenen, frei schwingenden Feder-Masse-Systems dar (Bild 181). Unter *Effektivwert* versteht man den quadratischen Mittelwert einer Schwingungsgröße – häufig der Beschleunigung. Bei Sinusschwingungen beträgt der Effektivwert 70,71 % der Amplitude.

Resonanz liegt vor, wenn ein Schwingungssystem in der Nähe seiner Eigenfrequenz angeregt wird – dieses führt zu überhöhten Amplituden. **Dämpfung** bedeutet Energieverlust im Schwingungssystem – z. B. durch Reibung oder elektrische Wirkungen. Häufig ist Dämpfung erwünscht, um Resonanzen zu beherrschen. **Bild 182** zeigt hierzu die übliche sinnbildliche Darstellung eines einfachen Schwingungssystems. **Bild 183** veranschaulicht das Verhältnis der charakteristischen Amplituden in Abhängigkeit von Anregungsfrequenz und Dämpfung.

Die Erkenntnisse lassen sich gut auf die in Bild 180 gezeigte Schwingungsmechanik im Sitzbereich anwenden: Eine Verringerung der Schwingungsbelastung ist nur möglich, wenn die Eigenfrequenz des Fahrers (auf dem Sitz) mindestens um den Faktor $\sqrt{2}$ kleiner ist als die Anregungsfrequenz. Bei Simulationen setzt man etwa $5/7$ der Fahrermasse ein.

Zum Schluß soll noch die *Schwingstärke K* (auch »K-Wert«) angesprochen werden. Sie wird aus den Effektivwerten der Schwingbeschleunigung ermittelt, wobei man die je nach Frequenz unterschiedliche Beeinträchtigung des Menschen durch entsprechend unterschiedliche »Bewertungsfaktoren« berücksichtigt [163, 164]. Im besonders unangenehmen Bereich von 4–8 Hz gilt als **Faustwert** für die ertragbare Beschleunigung (Effektivwert): 1,25 m/s^2. Entsprechende Schwingstärke $K = 20 \cdot 1{,}25 = 25$.

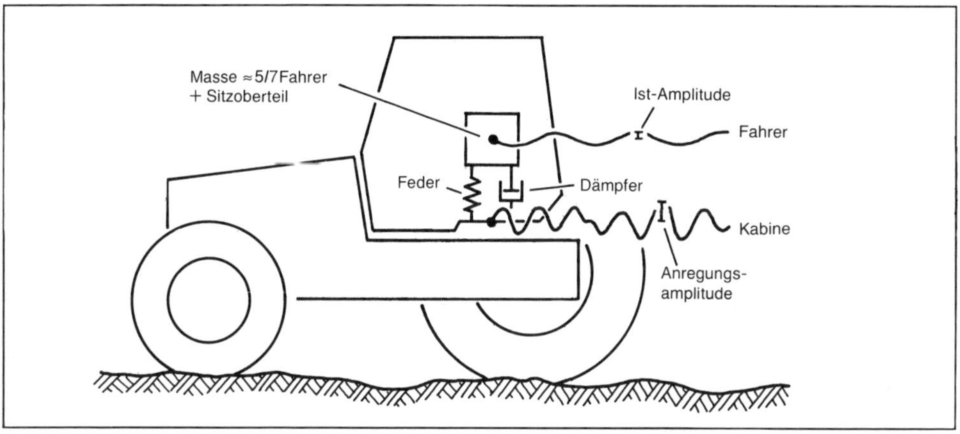

Bild 180 Schema der Schwingungsmechanik im Sitzbereich landwirtschaftlicher Traktoren. Die sinusartigen Linien kann man sich z. B. durch angebrachte Lämpchen bei Nachtfahrt vorstellen. Ziel des Sitzes: möglichst geringe Ist-Amplituden.

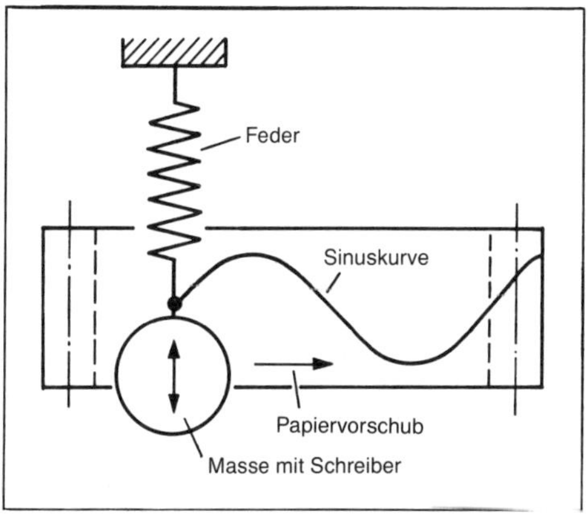

Bild 181 Links: Schema zum Veranschaulichen einer Sinusschwingung. Diese ist immer dann möglich, wenn eine Masse über eine Feder an die feste Umgebung gekoppelt wird. Das System schwingt hier mit der Eigenfrequenz.

Bild 183 Unten: Kennlinien zum Betriebsverhalten des in Bild 182 gezeigten und für die Schwingungsmechanik im Sitzbereich brauchbaren Ersatzsystems. Um die Schwingungsbelastung zu verringern, muß die Ist-Amplitude kleiner als die Anregungsamplitude sein. Das ist nur erreichbar, wenn die Eigenfrequenz des Fahrers mindestens um den Faktor $\sqrt{2}$ = 1,414 kleiner ist als die Anregungsfrequenz.

Bild 182 Schema eines einfachen, gedämpften Schwingungssystems, anwendbar auf das System Fahrer–Sitz–Traktorrumpf (bzw. Kabinenboden). Wichtigste Betriebskenngröße ist die Eigenfrequenz (siehe Text).

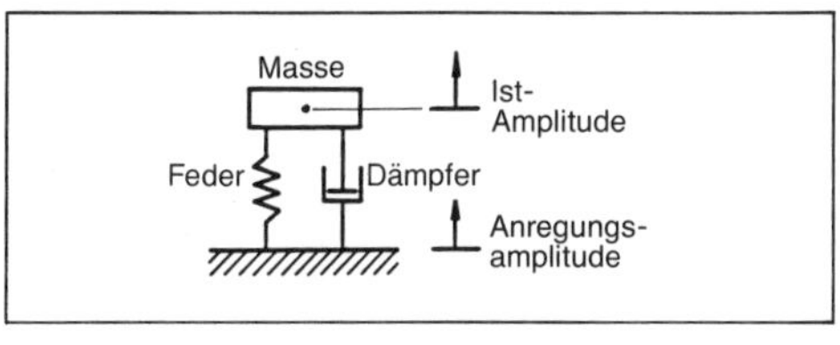

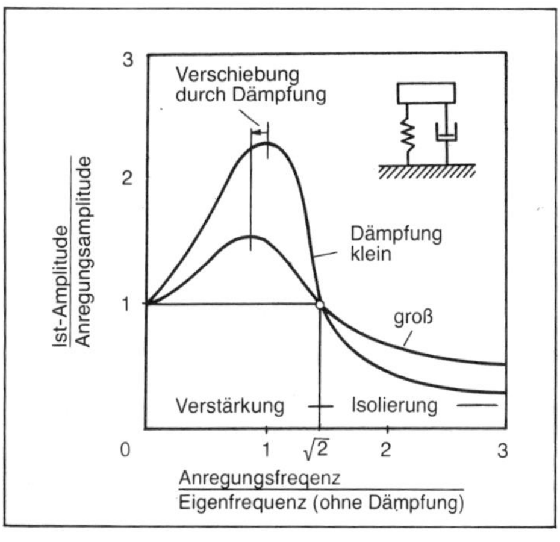

Fahrersitze zur Schwingungsreduzierung – In drei Jahrzehnten hat bei den Fahrersitzen eine regelrechte technische Revolution stattgefunden. Aus dem »Ursitz« mit Blechsitzschale und Flachstahlfeder entwickelten sich Traktorsitze, deren Technik einen bemerkenswerten Stand erreichte.

Die Güte eines Fahrersitzes beginnt bei der *kinematischen Grundstruktur* **(Bild 184).** Das links dargestellte Schwingungsprinzip erinnert noch an den Ursitz. Die Einführung von Parallelogrammkinematiken beseitigte vor allem den Nickeffekt (Bildmitte). Heute strebt man vertikale und geradlinige Führungen an (rechts im Bild).

Lange Zeit hielten sich die Landwirte bezüglich der verbesserten Technik wegen der Mehrkosten zurück. Mit steigenden Motorleistungen und Traktorpreisen verringerte sich der Mehraufwand wenigstens relativ zum Ganzen und man dachte nun auch mehr an Gesundheit und Komfort, so daß heute ein ordentlicher Sitz für den Durchschnittstraktor als Normalausstattung angesehen wird. Mit verbesserter Technik wurden nun auch die Listen der »technischen Sitzdaten« immer länger.

Als Hilfe für die **praktische Beurteilung** enthält **Tab. 28** einen modernen Anforderungskatalog, den der Verfasser aus vielen Quellen und eigenen Erfahrungen zusammenstellte. Einen ausgeführten Sitz der »Sonderkomfort«-Klasse zeigt **Bild 185.** Er arbeitet mit Luftfederung und automatischer Gewichtsanpassung. Die Druckluft kann entweder dem Bordnetz entnommen oder durch einen elektrisch angetriebenen integrierten Kleinkompressor (12 V) erzeugt werden, der nur bei Bedarf anspringt. Der Sitz hat die in Bild 184 ganz rechts gezeigte Scherenkinematik mit zentral integriertem Luftfeder-Balg. Das Konzept beinhaltet eine großzügige Horizontalfederung (Federweg 45 mm, hydraulische Dämpfung), die man auch arretieren kann.

Die vielfältigen **Prüfverfahren für Sitze** lassen sich etwa in folgende drei Gruppen einteilen:

- Ermittlung des Schwingungsverhaltens (mit Eigenfrequenz) bei kontinuierlichem Durchfahren der Anregungsfrequenzen
- Ermittlung des Schwingungsverhaltens bei regelloser Anregung
- Haltbarkeitsprüfungen

Das *Schwingungsverhalten* ist relativ einfach im Labor zu messen, **Bild 186** zeigt ein entsprechendes Protokolldiagramm für den in Bild 185 gezeigten Sitz (vergleiche mit Bild 183). Man simulierte einen Durchschnittsfahrer von ca. 75 kg Masse und erreichte eine Eigenfrequenz von 1,5 Hz (Kurvenmaximum). Oberhalb von etwa 2,1 Hz werden die Schwingungsweiten der Anregung (Kabinenboden) verringert, z. B. bei 3,7 Hz um 60 %. Unter 2,1 Hz Anregung werden sie leider verstärkt, hier wäre ein ungefederter Sitz besser, die physikalischen Grenzen der Sitzfederung werden erkennbar. In der Praxis kommen allerdings die *Frequenzen regellos* gemischt vor mit einer Häufung bei etwa 2–4 Hz. Deswegen ist die Prüfung mit regelloser Anregung praxisnäher und wurde verschiedenen Richtlinien zugrunde gelegt.

Haltbarkeitsprüfungen sollen eine lange Lebensdauer sicherstellen. Ein bekannter Hersteller verlangt z. B. das Überstehen von 5 Mio. Einfederungen bei 50–60 % Gesamtfederweg und überdurchschnittlich schwerem Fahrer (z. B. 100 kg). Der Dämpfer darf einmal zwischendurch gewechselt werden.

Mögliche Weiterentwicklung – Man beschäftigt sich mit folgenden **Alternativen:**

- Federung der Frontachse
- »Aktiv gefederter« Sitz [165–167]
- »Passiv gefederte« Kabine [168, 169]
- »Aktiv gefederte« Kabine [170]
- Federung und Dämpfung zwischen Traktor und Gerät [171, 172].

»Aktive Federung« bedeutet Lageregelung mit hydraulischer Hilfskraft. Vor allem bei der Anwendung auf ganze Kabinen erreicht man damit eine ungewöhnlich gute Schwingungsreduzierung für den Fahrer – jedoch ist der Aufwand groß und es entstehen beträchtliche Energieverluste.

Die »passiv abgefederte« Kabine hat den Verlustnachteil nicht – dafür ist die Wirkung weniger vollkommen, aber besser als heute. Für Straßenfahrt mit Heckgeräten wurden durch Verwenden eines gefederten und gedämpften Oberlenkers erhebliche Verbesserungen erreicht [172].

Tabelle 28: Praktische Anforderungen an Fahrersitze für Traktoren

Bauteil, Merkmal		Standard-komfort	Sonder-komfort
vertikaler Federweg (ohne Anschlagfedern)	mm	110	120
Längsfederweg	mm	–	ca. 40
kleinstes einstellbares Fahrergewicht	kg	(50) von Hand	(35) automatisch
Eigenfrequenz vertikal (mit 75-kg-Fahrer)	Hz	< 1,7	< 1,5
hydraulischer Schwingungsdämpfer		fest optimiert	einstellbar
Endanschläge		weich	weich
konstanter Reibungsanteil in der Kinematik		gering	sehr gering
Drehbarkeit (Pflügen, Ein-/Ausstieg)	Grad	–	z. B. ± 20
Längsverstellung	mm	150	180
Höhenverstellung	mm	60	70
Verstellung der Seitenneigung (Pflügen)	Grad	–	z. B. 8
Sitzkissenkonzept		klimafreundlich, möglichst abnehmbar	
Sitzkissenbreite	mm	450	500
Sitzkissenlänge	mm	360–420 nach Fahrergröße	
Sitzkissenneigung (nach hinten)	Grad	fest 5–6	verstellbar
Rückenlehnenlänge	mm	260–420, Verlängerung nur bei Drehbarkeit	
Rückenlehnenneigung	Grad	verstellbar 5–15	verstellbar 0–25
Rückenlehnenkontur		fest	verstellbar
Armlehnenhöhe	mm	variable Montage	verstellbar
Wartung		minimal	keine
Anschluß für Sicherheitsgurt		vorhanden und positiv getestet	
Haltbarkeit bei Durchschnittsbeanspruchung		Dämpfer ≥ 2000 Bh, Sitz länger	

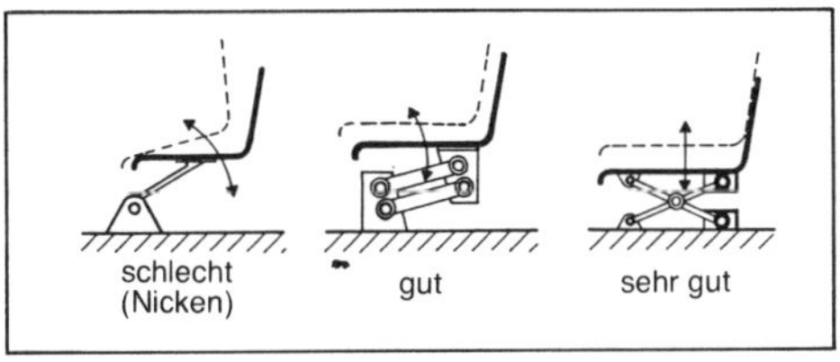

Bild 184 Grundstrukturen von Fahrersitzen [124].

Bild 185 Moderner Traktorsitz mit Luftfederung Bauart Grammer LS 95 H. Anschluß an Traktorluftdrucknetz oder 12-V-Eigenversorgung.

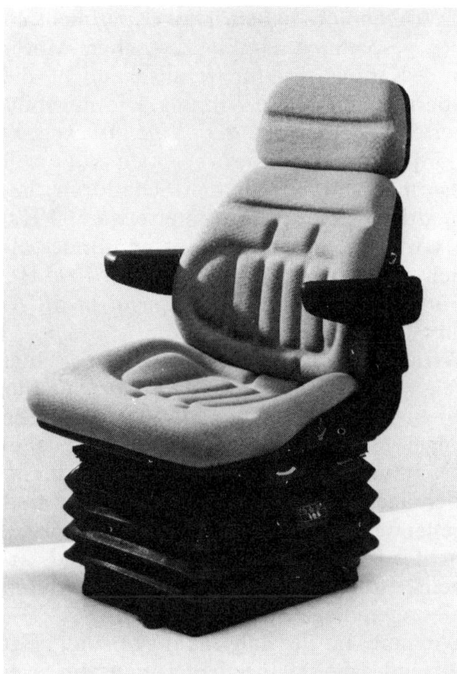

Bild 186 Übertragungsverhalten des Sitzes von Bild 185. Masse des Sitzoberteils 16 kg, Zusatzmasse zur Fahrersimulation 56 kg. Eigenfrequenz 1,5 Hz (guter Wert). Obwohl es sich um einen sehr guten Sitz handelt, werden Schwingungen unter 2,1 Hz verstärkt (physikalisch begründet, siehe Bild 183).

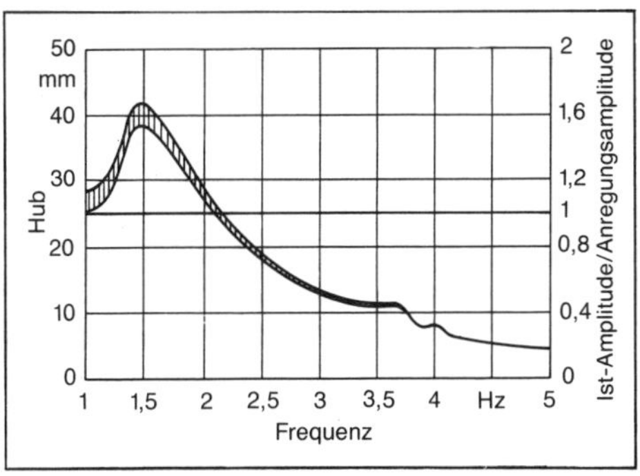

6.4.3 Lärm

Lärmschwerhörigkeit steht bei den Berufskrankheiten an vorderster Stelle. Forschung und Industrie haben daher große Anstrengungen unternommen, um den Lärm für den Menschen zu reduzieren [173–187].

Begriffe und Größen – Wichtige Größen wurden in **Tab. 29** zusammengestellt. *Luftschall* entsteht durch Anstoßen der Luftmoleküle, die den Stoß mit Schallgeschwindigkeit weitergeben. Im Moment des Weitergebens erhöht sich der Luftdruck – danach fällt er ab. Die Abweichung vom Durchschnittsdruck nennt man *Schalldruck*. Luftdruckberg und -tal bilden eine Welle, die sich mit Schallgeschwindigkeit ausbreitet (bei 20° C : 344 m/s = 1238 km/h) und auf die das menschliche Ohr bzw. das Mikrofon reagieren. Unter *Körperschall* versteht man die Schalleitung in festen Stoffen. Im Raum breiten sich Schallwellen kugelförmig aus.

Unter *Schalldämpfung* versteht man das Aufzehren der Schallenergie (z. B. durch Auskleidungen). *Schalldämmung* bedeutet Unterbrechen bzw. Behindern der Schallausbreitung bzw. Schalleitung. Eine plötzlich laut gewordene Kabine kann eine *Körperschallbrücke* haben. Das Experiment eines gespannten Drahtes zwischen Motor und Kabinenstruktur veranschaulicht die überraschend große Wirkung. Die eingebürgerte *A-Bewertung des Schalldruckpegels* [188] ist vor allem deswegen sinnvoll, weil das menschliche Ohr den Schalldruck bei niedrigen Frequenzen (unter etwa 500 Hz) als wesentlich weniger laut empfindet als den gleichen Schalldruck z. B. bei 1000 Hz. Für praktische Schalldruckpegel in dB(A) gibt **Tab. 30** einige Beispiele.

Wirkung auf den Menschen – Diese hängt sehr stark von der *Einwirkungsdauer* ab. Für einen Achtstundentag sollte der gemittelte Pegel [189] *nicht über 90 dB(A)* liegen, dabei bewirkt die 16stündige Ruhepause den notwendigen Erholungseffekt. Hiernach sind geltende Vorschriften (Fahrerohr) ausgerichtet [191, 192]. Wohlbefinden und Arbeitsleistung lassen sich hingegen durch niedrigere Pegel noch verbessern.

Wie mühsam Pegelabsenkungen sind, zeigt folgendes **Beispiel**: Schaltet man von zwei gleich lauten Lärmquellen von zusammen 90 dB(A) eine ab, so bleiben 87 dB(A)!

Gemessene Schalldruckpegel – Innerhalb der Traktorkabine treten sehr unterschiedliche Pegel auf **(Bild 187)**. Beim Öffnen der Frontscheibe erhöht sich der Wert am Fahrerohr z. B. um 6 dB(A) [183]. Geöffnete Heckscheiben bringen kaum Traktorgeräusche herein, sind aber bei lauten Anbaugeräten ungünstig [186]. Im **OECD-Test** wird am unballastierten Traktor mit Vollgas das Geräusch am Fahrerohr bei variierter Zugkraft gemessen und der lauteste Wert genommen. Ein erster Meßwert gilt für den am dichtesten bei 7,5 km/h Nennfahrgeschwindigkeit liegenden Gang, ein zweiter für den lautesten Gang. Zusätzlich mißt man das Außengeräusch bei beschleunigter Vorbeifahrt in 7,5 m Abstand.

Daneben hat sich in der Praxis die Ermittlung von **Lärmbelastungskollektiven** bewährt **(Bild 188)** [183]. Der über längere Zeit gemessene Lärm wurde nach Pegelhöhe »sortiert« und als Summenhäufigkeit aufgetragen. Beim »Laden und Fahren« herrscht z. B. zu 25 % der Zeit ein Pegel von 83 dB(A) oder mehr. Zusätzlich berechnet man den mittleren wirksamen Pegel.

Technische Lärmreduzierung – Primärmaßnahmen sind auf folgende Schallerzeuger gerichtet:

- Motor (Ansaugdämpfung, weiche Verbrennung, guter Auspuff, geräuscharme Kühllüfter, optimierte Gehäuse)
- Hydraulik (leise Pumpen, Schalldämpfer, leise Druckbegrenzungsventile)
- Getriebe (Schrägverzahnung, geschliffene Ritzel, kleine Spiele)
- Luftgebläse der Kabine (Aerodynamik)
- Blech, dünner Guß (keine Resonanz)

Hinzu kommen als **Sekundärmaßnahmen:**

- Geschlossene, elastisch gelagerte Kabine
- Körperschalldämmende Zuleitungen
- Dämmwände und -auskleidungen
- Dicke Kabinenscheiben in Gummi
- Kapselung des Motors
- Motor in Gummilagern [185], bisher nur selten (großer Aufwand)

Zum systematischen Herausfinden von Einzelgeräuschquellen zerlegt man den Gesamtpegel über Frequenzklassen in Einzelpegel.

Tabelle 29: Größen und Begriffe der Schallmeßtechnik [188–190]

Größe, Begriff	Einheit	Bemerkungen
Frequenz f	Hz (Hertz)	1 Hz = 1 Schwingung je Sekunde; 1 kHz = 1000 Hz
Schalldruck	µPa, µbar	1 µPa = 10^{-6} Pa = 10^{-6} N/m²; 1 µbar = 10^{-6} bar = 0,1 Pa
Spektralanalyse	–	»Sortierung« eines gemessenen Geräusches nach Frequenzbereichen
Oktavbandbreite	–	Klassenbreiten bei Spektralanalysen mit folgenden
Terzbandbreite	–	Verhältnissen der Grenzfrequenzen: Oktave 2:1, Terz $\sqrt[3]{2}$:1
Bezugsschalldruck p_0	20 µPa	international normierte Hörschwelle des Menschen bei 1000 Hz
Schalldruckpegel L	dB¹)	bezogener Schalldruck $L = 20 \log (p/p_0)$, p = Ist-Druck
bewertete Schalldruckpegel	phon¹)	gewichtete Auswertung eines Schalldruckspektrums entsprechend dem menschlichen Hörempfinden für Einzeltöne (DIN 45630)
	db(A)¹)	Ziel gleich wie bei phon, Vorschrift einfacher (DIN 45633), heute verbreiteter; Ergebnisse z. T. wenig von phon abweichend
	NRC¹)	noise rating: Pegel des lautesten Oktavbandes maßgebend, zielt auf unangenehme Einzelfrequenzen; Bedeutung (ISO) abnehmend

¹) dimensionslose Einheiten

Tabelle 30: Anhaltswerte zur Veranschaulichung der Schalldruckpegelmessung in dB(A)

Beispiel	db(A)
Preßlufthammer (Schmerzschwelle)	120
Diskothek	90–100
Verständigungsgrenze (Distanz 4 m)	90
gute Traktorkabine, Frontscheibe geöffnet, Vollast	84–90
gute Traktorkabine geschlossen, nach OECD-Test	78–84
Innengeräusch Pkw bei schneller Autobahnfahrt	80
in der Nähe eines Vortragenden	70–75
Dialog in normaler Lautstärke	60

Bild 187 Linien gleichen Schalldruckpegels in einer Traktorkabine [176]. Meßbedingungen: Traktor steht, Motor ohne Last auf Maximaldrehzahl.

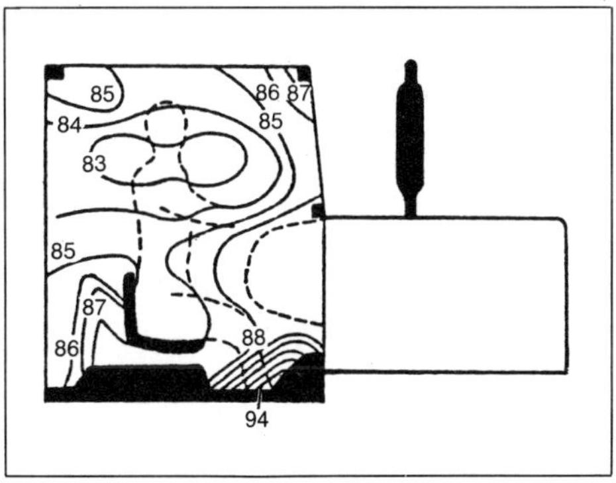

Bild 188 Lärmbelastungskollektive für drei charakteristische Einsätze eines Traktors im praktischen Betrieb: Summenhäufigkeiten der Pegel-Zeitanteile [183]. Trotz schallisolierter Kabine hohe Pegel beim Pflügen und Drillen infolge z. T. geöffneter Kabinenscheiben. Ablesebeispiel (Drillen): 25 % der Zeit Pegel 92 dB(A) oder mehr.

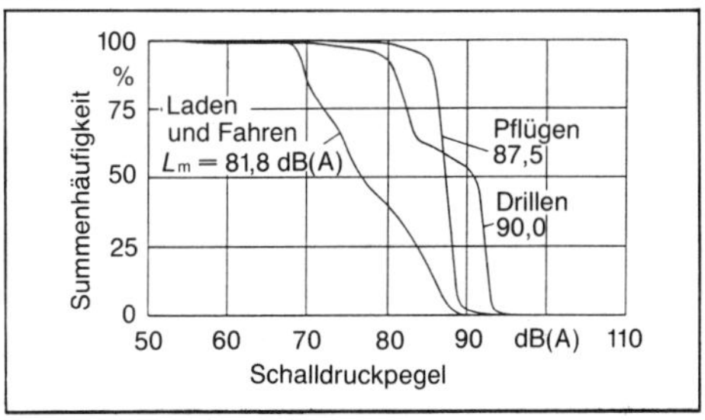

6.4.4 Luftfremde Stoffe

Übersicht – Belastend können für den Fahrer auf dem Traktor vor allem folgende Stoffe sein [193–202]:

- Staub (Teilchen unter 200 μm)
- Rauch (Teilchen unter 1 μm aus chemischer Reaktion)
- Pflanzenbehandlungsmittel (auch gasförmig)
- Giftige Gase (z. B. CO, NO_x, SO_2)

Die für den arbeitenden Menschen zulässigen Konzentrationen werden in den sog. **MAK-Werten** festgelegt [202], die allerdings noch nicht lückenlos vorliegen.

Staub – Für den Fahrer ist ohne Schutz eine Staubbelastung von etwa 0,5–500 mg/m³ zu erwarten – je nach den Arbeitsbedingungen (siehe Kap. 4.2.5, Seite 74). Bei der Saatbettbereitung eines an der Oberfläche trockenen Ackers kann die Atemluft des Fahrers z. B. ohne Kabine im Mittel 50 mg/m³ Staub enthalten. Für inerte, d. h. lungenalveolengängige Partikel (ohne Stoffe wie Thomasphosphat oder Kalkstickstoff) gilt ein *MAK-Wert* von 6 mg/m³. Eine gewisse Überschreitung führt bei solchen Stäuben zwar nicht zu gesundheitlichen Schäden bzw. Berufskrankheiten – Wohlbefinden und Leistungsfähigkeit werden hingegen beeinträchtigt. **Ausreichenden Schutz** bieten moderne Kabinen, deren »schalldichte« Konzepte sich für den Staubschutz geradezu anbieten. Die Frischluft muß dabei feinstgefiltert werden **(Bild 189).** Das Luftfilter ist je nach Staubanfall zu reinigen. Ein leichter *Überdruck* von 40–50 Pa in der Kabine (gemessen bei Windstille) verhindert das Eindringen von Staub an Leckstellen (besonders im Staudruckbereich des Windes). Eine festgelegte Abluftstelle sollte in einer Zone liegen, die bei Windeinfluß möglichst keinen Unterdruck aufweist [201].

Pflanzenbehandlungsmittel – Die praktischen **Gesundheitsrisiken** sind nach heutigem Wissen weitaus geringer, als manche Unkenrufe der letzten Jahre vermuten ließen. Die ungünstigsten Bedingungen treten bei Traktoren ohne Kabinen auf **(Bild 190 und 191),** wenn folgende Faktoren hinzukommen:

- Großer Spritzbalkenabstand zum Boden
- Häufiger, relativer Rückenwind
- Geringe Fahrgeschwindigkeit
- Frontanbau
- Sprühen

Beim *Spritzen* strömt der größte Teil des Mittels nach unten – nur der relativ kleine Abdriftstrom kann bei ungünstigen Strombahnen den Fahrer erreichen. Anders beim *Sprühen* (Trägerluft): Hier ist der Wirkmittelstrom nach oben und seitlich gerichtet, so daß er unter ungünstigen Bedingungen höher konzentriert den Fahrer erreichen kann. Die beste **Schutzwirkung** bietet eine gute *Kabine.* Schon das übliche Staubfilter für die Frischluft hat eine gute Filterwirkung auch für Pflanzenbehandlungsmittel, und es reicht z. B. aus, um selbst beim Sprühen unter ungünstigen Bedingungen z. B. bei Lindan den zulässigen MAK-Wert von 0,5 mg/m³ weit zu unterschreiten [201]. Ein noch perfekteres Abscheiden (Lohnunternehmen, Großbetriebe, Weinbau, Obstbau) erreicht man durch nachgeordnete *Aktivkohlefilter,* die auch verdunstete Wirkstoffe aus der Atemluft entfernen können. Ihre technische Verwirklichung steht allerdings bei Traktoren noch in den Anfängen. Um bei Schmalspurtraktoren die hohen Kosten für die Kabine zu umgehen, sind u. a. auch persönliche Schutzvorrichtungen (Haubenkonstruktionen) vorgeschlagen und z. T. entwickelt worden.

Abgase des Motors – Traktordieselmotoren arbeiten relativ schadstoffarm (siehe Kap. 4.1, Seite 68). Wenn der *Auspuff* nach oben gerichtet ist und die *Mündung* etwa in Kabinenhöhe liegt, gibt es nach allen Praxiserfahrungen für den Fahrer keine Probleme. Auspuffrohre nach unten oder hinten stellen für den normalen Universaltraktor eine schlechte Lösung dar, weil der Fahrer und die Begleitpersonen bei ungünstiger Windrichtung belästigt werden. Auszunehmen sind hier reine Straßentraktoren.

Bild 189 Schallisolierte und als Sicherheitszelle ausgebildete Traktorkabine mit Feinstfilterung der Frischluft zum Abscheiden luftfremder Stoffe (siehe Filterkasten über der Motorhaube), Bauart Deutz-Fahr. Andere Hersteller saugen die Frischluft z. T. im oberen Bereich der Kabinenfront an. Die Luft hat dort zwar einen noch etwas geringeren Staubgehalt (Filterstandzeit), dafür ist die Reinigung etwas unbequemer.

Bild 190 Strombahnen relativ zum Traktor beim Spritzen mit Rückenwind [200]. Konzentration des Wirkstoffes im Fahrerbereich meist dadurch relativ gering, daß lediglich der Abdriftstrom als Belastung wirkt. Weiteres Reduzieren durch Kabine oder persönlichen Schutz.

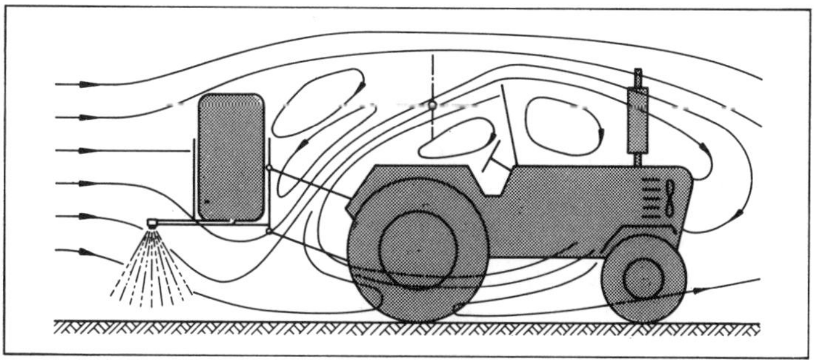

Bild 191 Strombahnen relativ zum Traktor beim Sprühen mit Rückenwind [201]. Der Traktorfahrer kann durch Wirkstoff vergleichsweise stärker belästigt werden. Abhilfe durch Kabine oder persönlichen Schutz (Obst- und Weinbau).

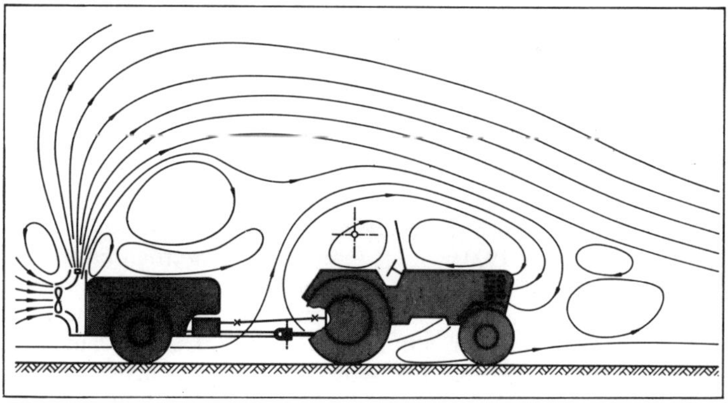

6.5 Unfallverhütung – Sicherheitstechnik

Unfälle bringen oft großes Leid über die Beteiligten – ihr Verhindern gehört daher schon deshalb zu den besonders wichtigen Aufgaben, von volkswirtschaftlichen Verlusten einmal ganz abgesehen. Der Erlaß des **Gerätesicherheitsgesetzes** (GSG) im Jahre 1968 leitete in der Technik und so auch bei Traktoren eine neue Ära des Sicherheitsbewußtseins ein mit vielen positiven Folgen, insbesondere weniger Unfällen.

Tödliche Unfälle – Sie gingen bei Traktoren zurück. 1969 gab es bei uns 1448 Unfalltote in der Landwirtschaft, davon 318 mit Traktoren – von diesen waren allein 181 Umsturztote [203]. An der heutigen Zahl von etwa 500 Unfalltoten in der Landwirtschaft ist der Traktor nur noch mit etwa 15 % beteiligt. Auf den gesamten Traktorenbestand bezogen konnte die Zahl der tödlichen Unfälle in den letzten 25 Jahren auf weniger als 10 % verringert werden!

Am meisten hat zu diesem Erfolg die Einführung von **Umsturzschutzvorrichtungen** beigetragen [204], die bei neuen Maschinen ab 1. 1. 1970 und bei Alttraktoren ab 1. 1. 1977 Pflicht wurde. Dank einer vorbildlichen Zusammenarbeit aller Beteiligten gelang es, etwa 1 Mio. Alttraktoren mit Schutzvorrichtungen nachzurüsten, wobei man das Problem der Dimensionierung (für eine fast unübersehbare Typenzahl) durch ein geeignetes Berechnungsverfahren löste [205]. Die Anstrengungen wurden belohnt: Die Anzahl der tödlichen Umstürze ging auf etwa nur noch 15–16 % des früheren Niveaus zurück **(Bild 192).**

Nichttödliche Unfälle – Von etwa 200 000 angezeigten jährlichen Unfällen in der Landwirtschaft entfallen auf Traktoren ca. 12 000 (1982). Allein etwa 35–40 % davon betreffen das *Auf-* und *Absteigen,* an zweiter Stelle stehen Unfälle beim *An-* und *Abkoppeln* von Geräten und Anhängern. Die Aufstiege bei neueren Traktoren entsprechen heute schon sehr gut den Vorstellungen der Wissenschaft [220] und der Berufsgenossenschaft, die große Zahl alter Maschinen mit ungünstigerer Gestaltung hingegen dürfte so manchen Unfall erklären.

Praxisnahes Testen – Bereits 1954 wurden in Schweden erste Versuche mit **Umsturzschutz-Strukturen** durchgeführt [206] – die weitere Entwicklung der Testverfahren zeigt vereinfacht **Tab. 31.** In der Bundesrepublik Deutschland wurde 1970 für neue Traktoren der sog. **OECD-Pendelschlagtest** verbindlich. Mit Hilfe eines 2000-kg-Pendels wird zur Simulation eines Umsturzes die Schutzstruktur von drei Seiten geschlagen und zwischendurch vorn und hinten von oben gedrückt. **Bild 193** zeigt eine ausgeführte Struktur vor und nach dem ersten Schlag. Die *Testreihenfolge* ist wie folgt einzuhalten: Schlag von hinten – Druck hinten von oben – Schlag von vorn – Schlag von der Seite – Druck vorn von oben. Die Energien (Pendelhöhen) richten sich vor allem nach dem Leergewicht – beim Schlag von hinten auch nach dem Quadrat des Radstandes.

Künftig wird auch der sog. **»statische Test«** an Bedeutung gewinnen, bei dem man die vorgeschriebene Verformungsenergie durch Kräfte (über Seile) einleitet [215, 217].

Bei allen Testverfahren muß am Schluß ein genau festgelegter **Überlebensraum** frei bleiben. Die erreichte Sicherheit ist beachtlich: Nach englischen Analysen von vielen Unfällen beträgt die Test-Treffsicherheit 94 % [218]. Kritisch bleiben tiefe, freie Stürze (etwa beim Durchbrechen eines Brückengeländers) sowie Umstürze an sehr steilen Hängen mit Mehrfachüberschlägen [49]. Zur Begrenzung des Weiterrollens fordert die Berufsgenossenschaft, daß Traktoren nach einem Umkippen am Hang 1:2,5 (40 %) liegenbleiben. Die Prüfung ist rechnerisch möglich [219]. Bei großen Traktoren werden infolge der wesentlich besseren dynamischen Kippsicherheit Ausnahmen gemacht (siehe auch Kap. 2.7, Seite 48).

Unfallverhütungsvorschriften (UVV), Sicherheitsnormen – Die neueste Fassung der UVV für die Landwirtschaft [221] wurde einerseits mit den allgemeinen Sicherheitsnormen DIN 31 000 und 31 001 (Teil 1) abgestimmt, andererseits wurden mit DIN 11 000 und 11 001 besser auf die Landtechnik zugeschnittene Sicherheitsnormen entwickelt [222, 223], die man derzeit noch durch internationale Normen ergänzen möchte [224].

Tabelle 31: Entwicklung und Einführung der Testverfahren für Umsturzschutzvorrichtungen (USV)

1954	Umsturzstudien in Schweden [206]	1970	NIAE-Studie zur rückwärtigen Schlagenergie [213]
1957	erstes Formulieren des Pendelschlagtests [206]	1974	Änderung des OECD-Test-Code (rückwärtiger Schlag)
1959	Pendelschlagtest in Schweden Pflicht [207]	1976	Grundlagenstudie statischer Test [214]
1966	Versuche in den USA [208]	1976	USV Pflicht in USA für Angestellte
1967	ASAE-Norm in den USA [209]	1977	EG-Richtlinie dynamische Prüfungen [215]
1967	Pendelschlagtest als wahlfreie OECD-Prüfung [210]	1979	EG-Richtlinie statische Prüfungen [215]
1970	OECD-Test-Code, neue Fassung [211]	1981	erste ISO-Norm dynamische Tests [216]
1970	Pendelschlagtest in der Bundesrepublik Deutschland und England Pflicht [212]	1981	erste ISO-Norm statische Tests [217]
		1983	statischer OECD-Test

Bild 192 Zahl der tödlichen Arbeitsunfälle durch Umstürzen von Traktoren in den Jahren 1969–1983 [204]. Ab 1. 1. 1970 hatten alle Neutraktoren einen Umsturzschutz, ab 1.1.1977 mußten alle älteren Traktoren nachgerüstet sein.

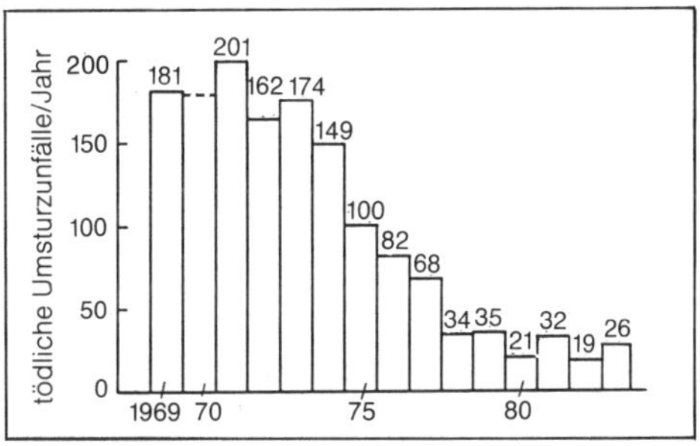

Bild 193 OECD-Pendelschlagtest: Links Vorbereiten eines Traktors auf den rückwärtigen Schlag. Pendel von 2000 kg wird so weit ausgelenkt, daß die Lageenergie (Gewichtskraft × Höhenunterschied) dem vorgeschriebenen Wert entspricht. Rechts Kabinenverformung nach dem rückwärtigen Schlag. Der vorgeschriebene Überlebensraum des Fahrers wird nicht verletzt.

6.6 Rückfahreinrichtungen

Die Dauerrückfahrt (auch »Schubfahrt«) wird bei mehrreihigen Ernteverfahren in Konkurrenz zu kleineren Selbstfahrern eingesetzt, insbesondere beim *Feldhäckseln*, an zweiter Stelle zur *Zuckerrübenernte*. **Hauptmotiv** ist der im Vergleich zum Selbstfahrer wesentlich geringere Kapitalaufwand. Wegen der großen Zapfwellenleistungen (Feldhäckseln) bzw. hohen Gerätegewichten (Zuckerrübenernte) setzt man Traktoren von mindestens 75 kW – häufig über 100 kW ein (die dreireihige Silomaisernte erfordert etwa 110–130 kW Motornennleistung).

Während die ersten Lösungen gegen Ende der 70er Jahre dem Fahrer meist noch erhebliche Kompromisse zumuteten, gibt es heute gut gestaltete Rückfahreinrichtungen, siehe **Bild 194**.

Als Vor- und Nachteile der Dauerrückfahrt von leistungsstarken Traktoren mit schwerem Erntegerät sind die folgenden zu nennen:

- **Vorteile:**
  - Relativ geringer Kapitalaufwand
  - Lenkverhalten wie Selbstfahrer
  - Heckanbau hochentwickelt bezüglich Hubkräfte, Kupplungshilfen, Zapfwellenleistung und Regelvorrichtungen
  - Hinterachse (mit Reifen) hoch belastbar
  - Gute Sicht
  - Ältere Traktoren als »Quasiselbstfahrer« einsetzbar (allerdings mit sehr wenig Komfort)
- **Nachteile:**
  - Arbeitsgeschwindigkeit nicht stufenlos verstellbar
  - Geschwindigkeitsstufung zum Teil noch unzureichend
  - Fahrkomfort insgesamt meist geringer als im Selbstfahrer (trotz bedeutender Fortschritte)
  - Hersteller muß Dauerrückfahrt bezüglich Getriebehaltbarkeit freigeben
  - Rückfahrtraktor gebunden (z. B. nicht für Abtransport der großen Erntemassen einsetzbar)

Bei der **Beurteilung** der gesamten Arbeitskette spielt die Bereitstellung der notwendigen (großen!) *Transportkapazität* eine Schlüsselrolle.

6.7 Der gute Fahrerplatz (Prüfliste)

Einen ersten Gesamteindruck vom Fahrerplatz kann eine *Probefahrt* am besten vermitteln, nach Möglichkeit mit Gerät bzw. Anhänger (wichtig: gegebenenfalls Frontladen simulieren). In Anbetracht des heute beträchtlichen Aufwands für den Fahrerplatz (in Geld: etwa so viel wie für den Motor) lohnt sich besonders bei großen Traktoren eine weitergehende systematische Bewertung. Dafür soll die in **Tab. 32** gegebene **Prüfliste** eine Hilfe sein.

Neue Traktoren werden heute von den Herstellern in einer großen Breite möglicher Lieferumfänge angeboten, um weitgehend auch individuelle Anforderungen erfüllen zu können. Für den **Fahrerplatz** sind in diesem Zusammenhang beim Neukauf folgende Fragen wichtig:

- Welche *Komfortstufe* ist angebracht? Erfahrungsgemäß lohnt sich die entsprechende Geldausgabe umso eher, je größer der Traktor ist und je intensiver man ihn nutzen möchte (Jahresbetriebsstunden)
- Welche *Extras* sollte man mitbestellen? Bestimmte Sonderausstattungen sind erfahrungsgemäß beim Neukauf viel billiger als bei späterer Nachrüstung, gute Planung spart hier Geld

Die Auswahl des **Sitzes** kann man sich mit Hilfe der in Tab. 28 besprochenen Anforderungen erleichtern (Seite 145).

Vielleicht lassen sich auch **Erfahrungen** eines Kollegen einholen, der schon einige Zeit mit der gleichen Maschine arbeitet. In jedem Fall sind auch alle **Geräteanwendungen** zu durchdenken.

Bild 194 Moderne Rückfahreinrichtung Bauart Daimler-Benz, auf Wunsch für die größeren MB-tracs (ab 81 kW) erhältlich. Gedreht wird die ganze Einheit Konsole–Sitz mit Instrumententräger, Lenkrad, Pedalen und Sitz. Alle Vorwärtsgänge bis auf den Schnellgang sind auch rückwärts verfügbar. Gezeigte Positionen: Für Rückfahrt (links) und Vorwärtsfahrt (rechts).

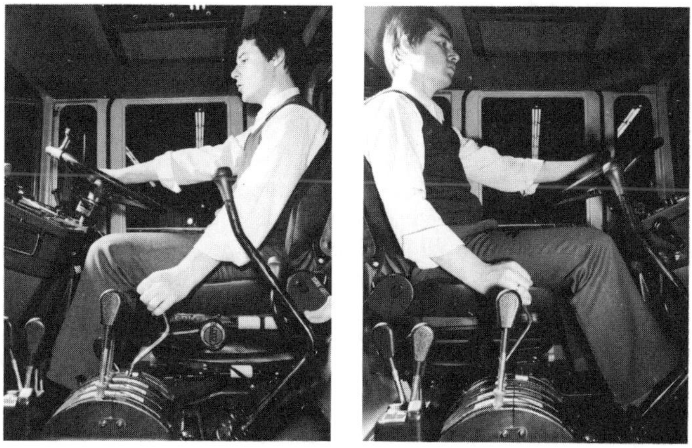

Tabelle 32: Prüfliste zur Gesamtbeurteilung des Arbeitsplatzes auf Traktoren (nach [124] mit Ergänzungen)

Prüfpunkt	ja	nein
Zugang zum Arbeitsplatz		
bequeme und sichere Trittstufen und Haltegriffe	☐	☐
ausreichende Abmessungen der Kabinenöffnung	☐	☐
Kabinentür im Sitzen zu schließen	☐	☐
Arbeitsplatzabmessungen		
Anpassung an Körpermaße	☐	☐
ausreichender Bewegungsraum für Arme und Beine	☐	☐
ausreichende Kopffreiheit bis zum Kabinendach	☐	☐
Fahrersitz (siehe auch Anforderungsliste Kap. 6.4.2, Seite 145)		
ausreichende Federung und Dämpfung	☐	☐
ausreichende Abmessungen	☐	☐
ausreichende Verstelleinrichtungen	☐	☐
bequeme Formgestaltung und Polsterung	☐	☐
Sitzkissen abnehmbar	☐	☐
Rückenlehne stört nicht beim Greifen nach hinten	☐	☐
Beifahrersitz	☐	☐
Ablagemöglichkeiten (Papiere, Betriebsanleitung)	☐	☐
Betätigungselemente		
zweckmäßige Anordnung der Handelemente	☐	☐
zweckmäßige Anordnung der Pedale	☐	☐
zweckmäßige Betätigungskräfte	☐	☐
sinnfällige Betätigungsrichtungen	☐	☐
gute Griffigkeit, Form als Erkennungshilfe	☐	☐

Prüfpunkt	ja	nein
Fahrerinformation		
alle erforderlichen Instrumente vorhanden	☐	☐
sinnvolle, gut sichtbare Anordnung	☐	☐
keine Überladungen	☐	☐
keine Störung durch Sonneneinstrahlung	☐	☐
Sichtverhältnisse		
ausreichende Sicht im Straßenverkehr	☐	☐
ausreichende Sicht auf Koppelpunkte	☐	☐
gute Möglichkeit der Beobachtung und Steuerung von Arbeitsgeräten (eventuell auch nachts)	☐	☐
Spiegel gut einstellbar	☐	☐
Lärm (bei Kabinen)		
geringe Lärmbelastung bei geschlossener Kabine	☐	☐
geringe Zunahme bei geöffneten Elementen	☐	☐
Lüftergeräuschpegel annehmbar	☐	☐
keine unangenehmen Einzelfrequenzen (Singen)	☐	☐
Klima		
gute Heizung, Temperaturschichtung	☐	☐
starkes Lüftungsgebläse, gute Luftführung	☐	☐
reduzierte Sonneneinstrahlung	☐	☐
Staub und Schadstoffe		
ausreichender Schutz gegen Staub	☐	☐
Schutz gegen Pflanzenbehandlungsmittel	☐	☐
Rückfahreinrichtung		
praxisgerecht?	☐	☐
Sicherheitseinrichtungen		
Schutz des Fahrers beim Umstürzen	☐	☐
keine Quetsch- und Scherstellen	☐	☐
Vermeidung von Stoß- und Schnittstellen	☐	☐
Verkleidung rotierender Bauteile	☐	☐

7 Traktorhydraulik und Geräteanbau

7.1 Einführung

Junge Technik Ölhydraulik – Der Begriff »Hydraulik» bezeichnete ursprünglich die Lehre der strömenden Flüssigkeiten und leitet sich von den griechischen Worten hydor (Wasser) und aulos (Rohr) ab. Bei der modernen Ölhydraulik sind nicht die Strömungen das Wichtigste (wie z. B. bei hydrodynamischen Wandlern, siehe Kap. 5.9.4, Seite 126), sondern man transportiert Energie durch *Verschieben des unter Druck stehenden Öls* [225–228]. Man spricht deswegen auch von *hydrostatischer Energieübertragung.* Eine lesenswerte Betrachtung der Historie findet man in [225]. Den Traktor begann die Hydraulik etwa ab 1950 zu erobern, der Kostenanteil am Gesamtaufwand liegt heute zwischen 6 und 12 %.

Funktionsprinzip – Die einfachste überhaupt denkbare Anlage zeigt **Bild 195.** Zwei Hydraulikzylinder unterschiedlicher Durchmesser stehen im Gleichgewicht (zum Beispiel »Auskuppeln« bei einer hydraulischen Kupplungsbetätigung). Der mit einer kleinen Kraft F_1 erzeugte Arbeitsdruck p wirkt über die Rohrleitung auf die große Fläche A_2 und erzeugt hier eine entsprechend größere Kraft F_2. Ein großer Vorteil besteht darin, daß man eine relativ lange und problemlos auch um viele Ecken verlegte Rohrleitung benutzen kann. Daher ist ein solches »hydrostatisches Gestänge« oft viel einfacher als ein mechanisches.

Bei den meisten ausgeführten Systemen braucht man zusätzlich mindestens noch eine *Steuerung,* häufig auch noch weitere Elemente, z. B. Manometer. **Bild 196** zeigt ein allgemeines Schema für die Energieübertragung in Hydrauliksystemen [225].

Anwendungsbeispiele bei Traktoren – Die Hydraulik steht beim Traktor vor allem mit mechanischen Systemen in Konkurrenz – dazu einige Beispiele.

Beispiel 1: Fahrgetriebe. Seit etwa 30 Jahren beschäftigt man sich mit stufenlosen hydrostatischen Getrieben an Stelle der Zahnradgetriebe. Man hatte dabei vor allem wegen der viel höheren *Verluste* und *Herstellkosten* keinen Erfolg (siehe Kap. 5.9.2, Seite 124).

Beispiel 2: Mähantrieb. Die früher mechanischen Antriebe wurden durch hydrostatische ersetzt mit folgenden *Vorteilen:* Wesentlich einfachere Energieübertragung bei größerer konstruktiver Freizügigkeit und Kosteneinsparungen beim Traktor (Wegfall der Zwischenachszapfwelle). Wegen der insgesamt relativ kleinen Leistungen fallen die höheren Verluste weniger ins Gewicht.

Beispiel 3: Hydraulischer Antrieb von **Bodenbearbeitungsgeräten.** Alle Versuche scheiterten aus folgenden Gründen: *Zusatzkosten* für alle Traktoren (Hydraulikleistung müßte etwa viermal größer sein), *Geräte teurer* (große Ölmotoren), *Übertragungsverluste* z. B. viermal größer als bei Zapfwellenantrieb (Kap. 2.8, Seite 50), geringere *Flächenleistung* (auf Motorleistung bezogen).

Beispiel 4: Kraftheber: In der Anfangsphase der Entwicklung experimentierte man mit elektrischen, mechanischen und pneumatischen Systemen [229]. Das hydrostatische Prinzip setzte sich vor allem wegen der großen Kräfte auf *kleinem Raum* und der guten *Regelbarkeit* (Regelhydraulik) durch. Die Kraftsumme an allen Kolben (mit Zusatzzylinder[n]) entspricht heute bei Nenndruck z. B. dem dreifachen Traktorgewicht. Hohe Leistungen werden nur kurzzeitig verlangt – daher fallen Energieverluste weniger ins Gewicht.

Schon aus diesen Beispielen erkennt man einige typische Eigenschaften der Hydraulik. Eine **Bilanz der Vor- und Nachteile** wird in **Tab. 33** aufgestellt.

Einteilung – Am einfachsten erscheint eine Einteilung nach dem **Nenndruck** in *Niederdruckverbraucher* (5–20 bar) und *Hochdruckverbraucher* (z. B. 150–200 bar).

Mehr nach **Funktionen** ausgerichtet wird folgende Einteilung [230] empfohlen:

- Elemente und Schaltungen (übergreifend)
- Fahrhydraulik (derzeit ohne Bedeutung)
- Arbeitshydraulik (Kraftheber, Frontlader, Mähwerk, Geräteversorgung usw.)
- Betätigungs- und Komforthydraulik (z. B. Hilfskraft für Lenkung, Schalthilfen)

Tabelle 33: Vor- und Nachteile bei der Anwendung der hydrostatischen Energieübertragung

Vorteile	Nachteile
– große Kräfte, Momente, Leistungen auf kleinem Raum – einfache Energie- und Signalleitung (Rohre, Kanäle, Schläuche) – große Freizügigkeit in der Anordnung der Bauelemente – viele Bauelemente sind fertig und passend von Spezialfirmen erhältlich – einfache, oft stufenlose Regelung aller wichtigen mechanischen Größen – einfache Erzeugung geradliniger Bewegungen durch Arbeitszylinder – einfacher Überlastungsschutz durch Druckbegrenzungsventile	– Wirkungsgrade geringer als bei mechanischen Getrieben; zusätzliche Verlustquellen: Leckströme und Strömungsverluste – hohe Herstellkosten infolge hoher Präzision – im Gegensatz zu mechanischen Antrieben kein exakter Formschluß: Geringer, lastabhängiger Schlupf zwischen An- und Abtrieb stört z. B. bei gewünschtem Gleichlauf zweier Verbraucher – Betriebsverhalten temperaturabhängig infolge unterschiedlicher Ölviskositäten

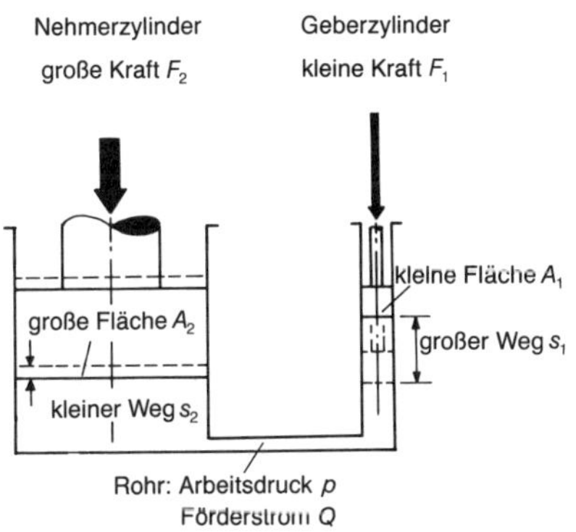

Begriffe, Grundgesetze:

- Arbeitsdruck $p = \frac{F_1}{A_1} = \frac{F_2}{A_2}$
- Kraft $F_2 = p \cdot A_2 = \frac{A_2}{A_1} \cdot F_1$
- Verdrängungsvolumen = Schluckvolumen $V_1 = V_2;\ A_1 \cdot s_1 = A_2 \cdot s_2$
- Förderstrom Q = Vol./Zeit
- Leistung[1] $P = Q \cdot p$
- Drehmoment (rot. Verdränger) $M = \frac{V \cdot p}{2\pi}$

[1] Leistung bei üblichen Einheiten:
$P\,[\mathrm{W}] = \frac{Q\,[\mathrm{l/min}] \cdot p\,[\mathrm{bar}]}{0{,}6}$

Bild 195 Grundprinzip hydrostatischer Energieübertragung am Beispiel von zwei Arbeitszylindern unterschiedlicher Durchmesser. Einfachste denkbare Hydraulikanlage, z. B. für die hydraulische Betätigung einer Fahrkupplung. Kräftegleichgewicht vereinfacht betrachtet (reibungsfrei).

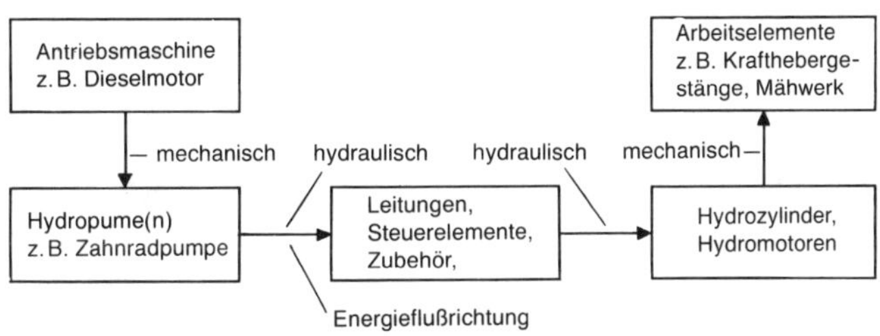

Bild 196 Blockschaltbild zum Energiefluß beim Einsatz der Hydraulik bei Traktoren.

7.2 Schaltzeichen und Musterschaltpläne

Zur vereinfachten Darstellung der Funktion von Hydrauliksystemen hat man (ähnlich wie in der Elektrotechnik) genormte Schaltzeichen entwickelt. Nach der ursprünglichen nationalen Norm DIN 24 300 (seit 1966) kam 1976 die ähnliche internationale Norm ISO 1219 heraus, die man als DIN ISO 1219 1978 national veröffentlichte. Einige wichtige Schaltzeichen daraus werden in **Tab. 34** beschrieben. Die **Bilder 197–200** zeigen einfache Anwendungsbeispiele. Das Einsparen von Zeichenaufwand wird besonders an Bild 199 deutlich.

Tabelle 34: Auswahl wichtiger Schaltzeichen gemäß DIN ISO 1219 (zur Erleichterung der Anwendung gibt es Schablonen zu kaufen)

Pumpen und Motoren

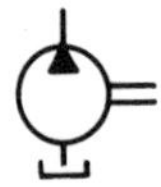	im Verdrängungsvolumen konstante Pumpe, auch „Konstantpumpe" Eine Förderrichtung		im Verdrängungsvolumen konstanter Motor, auch „Konstantmotor"; eine Drehrichtung.
	im Verdrängungsvolumen verstellbare Pumpe; zwei Förderrichtungen		im Verdrängungsvolumen verstellbarer Motor; eine Drehrichtung

Arbeitszylinder

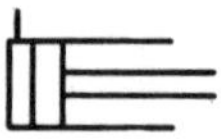	einfachwirkend
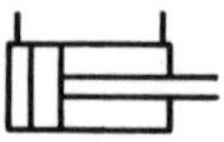	doppelwirkend

Wegeventile

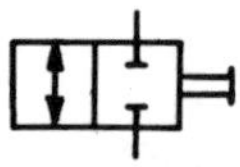	2/2-Wegeventil, von Hand betätigt (2/2: 2 Anschlüsse/2 Schaltstellungen)
	3/3-Wegeventil, von Hand betätigt

Leitungen und Leitungsverbindungen

	Rohrleitung zur Energieübertragung
	Steuerleitung
	Schlauchleitung

Hydrogeräte

	Behälter
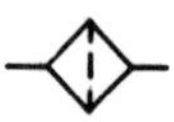	Filter
	Kühler
	Speicher

Druckventile, Stromventile, Sperrventile

	Druckbegrenzungsventil
	Drosselventil mit verstellbarem Querschnitt
	Stromregelventil, verstellbar, eingestellter Ausgangsstrom konstant
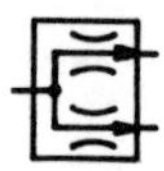	Stromteilventil, Aufteilung des Ölstroms in einem festen Verhältnis unabhängig vom Druck
	Rückschlagventil (selbsttätig)

Schnellkupplung

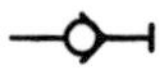	entkuppelt, Sperrventil geschlossen

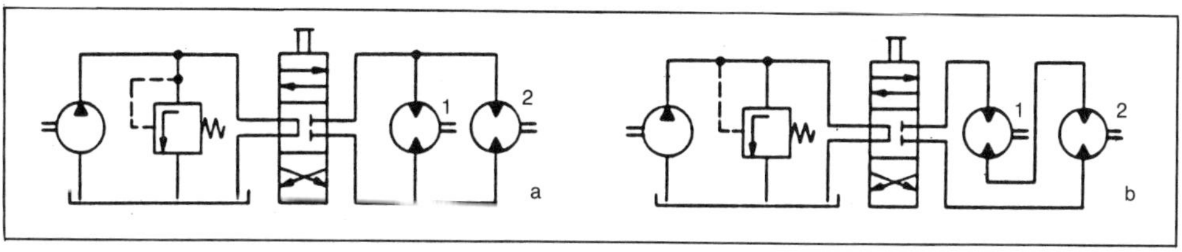

Bild 197 Schaltplan eines Antriebes zweier Ölmotoren (für zwei Drehrichtungen) durch eine Konstantpumpe [225]. a Parallelschaltung: Druck an beiden Ölmotoren gleich (von Verlusten abgesehen). Strom teilt sich auf (Differentialwirkung). b Reihenschaltung: Strom durch beide Ölmotoren gleich (von Verlusten abgesehen), Arbeitsdruck teilt sich auf (Synchronisation nicht exakt infolge praktisch auftretender Leckverluste)

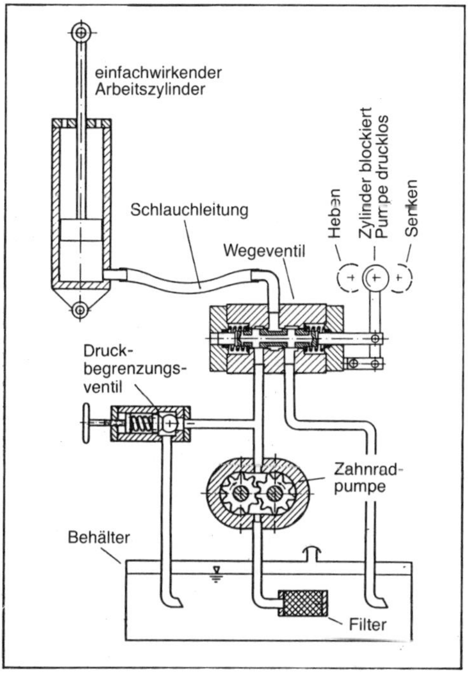

Bild 198 Darstellung einer hydraulischen Anlage mittels einer starken Vereinfachung der konstruktiven Gegebenheiten. Dieses ist etwa der Mindestaufwand, um einen Arbeitszylinder zu steuern, z. B. zur Darstellung eines einfachen Krafthebers [231].

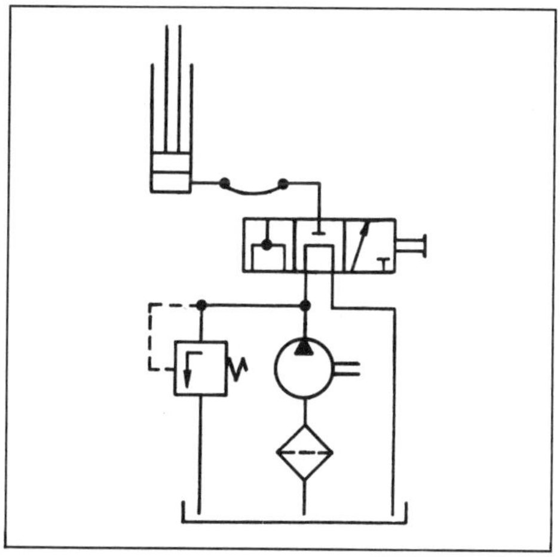

Bild 199 Hydraulikschaltplan für das in Bild 198 gezeigte System unter Benutzung der in Tab. 34 dargestellten Schaltzeichen.

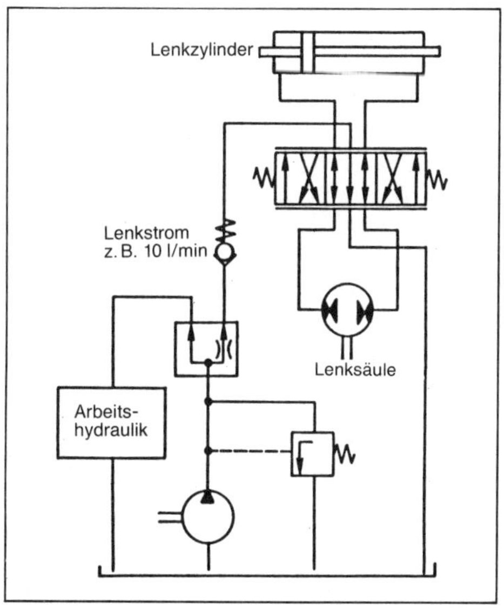

Bild 200 Vereinfachter Schaltplan einer hydrostatischen Hilfskraftlenkung eines kleinen Traktors. Vom Hauptstrom der Arbeitshydraulik wird ein konstanter (drehzahlunabhängiger) Ölstrom abgezweigt. Kostengünstig (nur eine Pumpe), aber energetisch weniger gut, weil ganzer Pumpenstrom immer mit dem Lenkdruck beaufschlagt wird. Ferner bleibt bei geringer Drehzahl des Dieselmotors nur wenig Reststrom übrig [232].

7.3 Heckseitiger Geräteanbau

7.3.1 Traktorheck und Kraftheber

Traktorheck – Der Verfasser schätzt, daß bei allen Traktoren in der Bundesrepublik Deutschland mehr als 95 % aller Geräteankopplungen im Heck geschehen, auch wenn der Frontanbau derzeit stark zunimmt. Hinzu kommen die nur hinten anzuhängenden Transportwagen. Dieser Bedeutung entsprechend ist das Traktorheck mit *Kupplungseinrichtungen* für Geräte und Anhänger geradezu überladen **(Bild 201).** Um gegenseitige **Behinderungen** abzuschwächen, ordnet man die Anhängevorrichtung z. B. höhenverstellbar an **(Bild 202).** Ebenso hat sich ein Wegschwenken bewährt. Für derartige Lösungen muß auch der Oberlenker bei Nichtgebrauch in eine nicht störende Position zu bringen sein. Verstellmöglichkeiten erleichtern einen guten Geräteanbau.

Kraftheber – Alle hydraulischen Kraftheber bei Traktoren gehen auf die 1925 zum Patent angemeldete Grundidee von H. FERGUSON zurück (siehe Kap. 1.2, Seite 164). **Bild 203** zeigt die typische **Grundstruktur:** Ein *Arbeitszylinder* (einfachwirkend) erzeugt über einen Kurbeltrieb an der *Hubwelle* ein kräftiges Drehmoment, mit dem über die *Hubarme* und die *Unterlenker* die Last getragen wird, die man über die Kupplungspunkte (mindestens F und G) einleitet.

Die **Hubkräfte** müssen vor allem zum Anheben der Geräte in die Transportstellung ausreichen. Nach DIN 9674 soll man nur solche Geräte anbauen, die sich mit 90 % des Nenndrucks durchgehend heben lassen. Im OECD-Test mißt man der Einfachheit halber die Hubkräfte durch »Festhalten« (Druckbegrenzungsventil spricht voll an). Die so ermittelten Kräfte reduziert man entsprechend 90 % Nenndruck.

Beispiel: Hubkraft 3700 daN bei 182 bar; das Druckbegrenzungsventil spricht bei 175 bar (Nenndruck) an, 90 % davon sind 158 bar. Die Hubkraft 3700 daN mit 158/182 = 0,868 multipliziert ergibt den *»OECD-Wert«* von 3212 daN. Dieser Zusammenhang erklärt oft die Differenzen zwischen *Prospektwerten* und OECD-Werten.

In der Praxis bildet nun häufig das Standmoment bzw. die Vorschrift einer **Restachslast** von 20 % (der Leerachslast) die Grenze für die *maximale Hubkraft.* Die Hebelarme sind aus **Bild 204** ersichtlich, ebenso wichtige traktorseitige Maße des Dreipunktgestänges; Zahlenwerte werden in **Tab. 35** mitgeteilt. Nimmt man nun an, daß die notwendige Restachslast etwa der Wirkung des Frontballastes entspricht, so hält die Leerachslast der Hubkraft das Gleichgewicht. Zufällig beträgt der hintere Hebelarm bei Kat. 2 in der Praxis grob etwa 1 m (Hinterachse-Kuppelpunkte). Der Hebelarm der Frontachse ist der Radstand. Daraus abgeleitete **Faustregel:**

Sinnvolle Maximalhubkraft ≈
Frontachslast leer × Radstand in Metern

Bei Kat.-3-Traktoren kann man entsprechend den längeren Unterlenkern noch etwa 10 % zuschlagen.

Um mit einem Kraftheber mehrere Traktor-Typen abzudecken, realisiert man Feinanpassungen der Hubkräfte häufig durch sog. **Zusatzzylinder** (ein oder zwei), erkennbar in Bild 201. Sie stützen sich am Rumpf ab und drücken von unten auf die Hubarme.

Der Kraftheber soll nicht nur stark, sondern auch schnell sein: Als *Faustwert* kann eine **Hubzeit** von 1,5–2,5 Sekunden für das Durchfahren des gesamten Hubbereichs bei Motornenndrehzahl gelten.

Die **Berechnung von Hubkräften** aus Zylinderkräften ist relativ aufwendig [233, 234]. Die Industrie benutzt EDV–Rechenprogramme, die gleichzeitig die Achslastveränderungen miterfassen, wobei auch die *Reifentragfähigkeiten* eine Rolle spielen. Ein guter Kennwert für die Krafthebergröße ist das *theoretische Arbeitsvermögen,* das sich als Produkt von Arbeitsdruck und Hubvolumen ergibt. Die Arbeitsdrücke liegen häufig bei 175 bar. Die Gesamthubvolumina betragen bei kleinen Traktoren um 0,8 l, in der Mittelklasse 1,0–1,4 l und bei leistungsstarken Traktoren etwa 1,6–2,2 l.

Beispiel für die Berechnung des Arbeitsvermögens: Hubvolumen 1,2 l; Arbeitsdruck 175 bar. Arbeitsvermögen = 210 l bar = 21 kNm = 21 kJ. Verlustlos könnte man damit 2,1 t um 1 m anheben – mit Verlusten etwa 85 % davon.

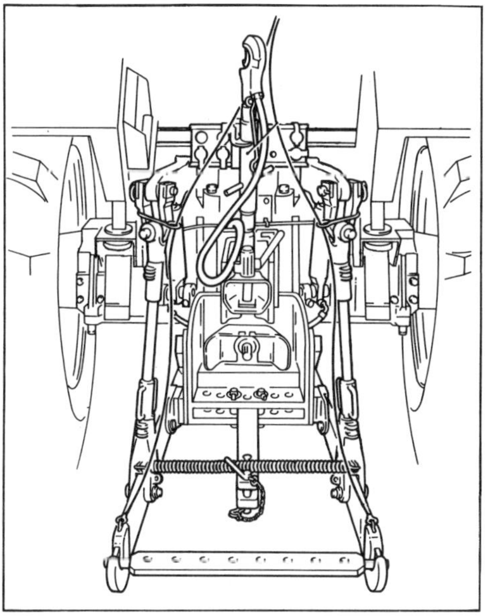

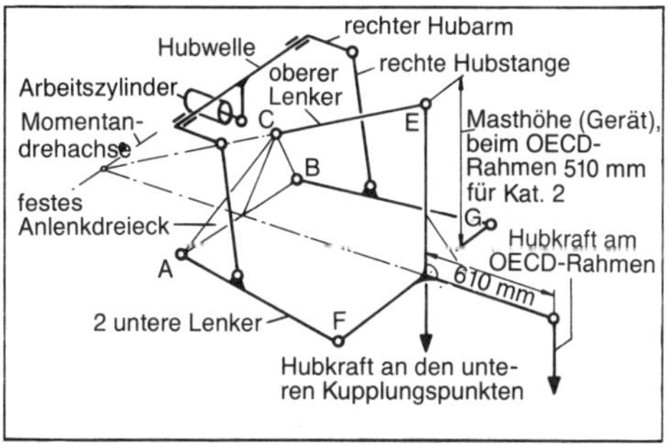

Bild 203 Oben: Grundaufbau des Heck-Krafthebers (Kinematik beim Frontkraftheber ähnlich). Hubkraft-Angriffspunkte beim OECD-Test.

Bild 201 Links: Traktorheck mit zahlreichen Elementen zum Ankoppeln von Geräten und Anhängern: Anhängekupplung, Zapfwelle, Dreipunktgestänge (hier mit Zweiphasenschnellkuppler), Hydrauliksteckdosen, 12-V-Stromsteckdose (nicht sichtbar) und Zugpendel. Alternativ zum Zugpendel auch sog. »Hitch« vereinzelt üblich (tiefer Zughaken, mit Hydraulik gekoppelt).

Bild 202 Rechts: In Schienen geführte Anhängevorrichtung mit stufenweiser Höhenverstellung über einen Handhebel, Bauart Fendt (1980). Eine ähnliche Lösung stellte Steyr 1985 vor.

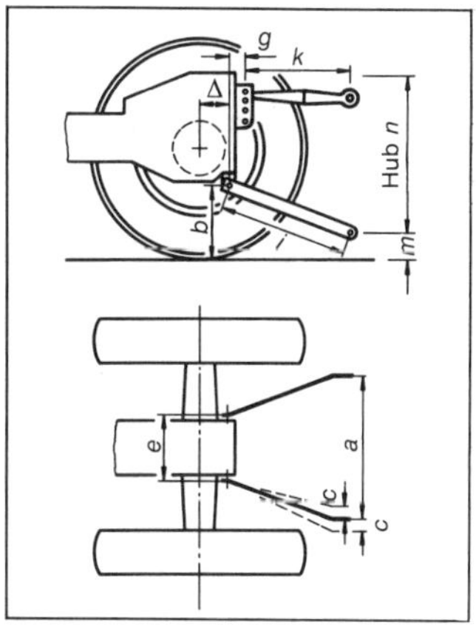

Bild 204 Außen: Wichtige traktorseitige Abmessungen für Dreipunktgestänge im Heck – bis auf Δ alle genormt, siehe Tab. 35. Δ beträgt in der Praxis (für Kat. 2 und 3) etwa 100–200 mm.

Tabelle 35: Genormte Zahlenwerte (in mm) für die in Bild 204 definierten Abmessungen nach DIN 9674

Kategorie	Nennleistung P kW	a	b ±30	c mind.	e	g ±25	i wahre Länge	k verstellbar	m verstellbar	n mind.
1[1]	bis 35	718	450	100	$450^{\ 0}_{-30}$		810^{+60}_{-30}	von i–g – 75 bis i–g + 125		600
2	30–85	870	520		$450^{+30}_{\ 0}$		920 ± 60	von i–g – 100 bis i–g + 130		650
3	ab 80	1010	550		560 ± 50		1030^{+30}_{-60}	von i–g – 110 bis i–g + 130	230	735

[1]) Kat. 1 ist für Standardtraktoren zu meiden (wichtig für Schmalspurtraktoren)

7.3.2 Gerätekupplungspunkte und Hubkraftbedarf

Kupplungspunkte – Die genaue Lage der in Bild 203, S. 159 mit E, F und G bezeichneten Kupplungspunkte wird nicht durch den Traktor, sondern durch das Gerät bestimmt. Zusätzlich müssen auch die Bohrungen der Lenker zu den geräteseitigen Bolzen passen. **Bild 205** veranschaulicht die Definition wichtiger genormter Größen, **Tab. 36** enthält die zugehörigen Zahlenwerte.

Einstellen des Dreipunktgestänges – Grundsätzlich sollte die *Masthöhe* y nicht zu knapp gewählt werden (soweit beeinflußbar). Um systematisch Erfahrungen zu sammeln, sollte man für alle »Experimente« eine senkrechte Zuordnung von Unterlenkern und Mast als Bezug benutzen. Die Wahl einer zweckmäßigen *Oberlenkerneigung* geht aus **Bild 206** hervor. Die Einstellung A ist günstig, um zusätzliche Hinterachsbelastungen bei schwimmendem Kraftheber zu erzeugen. Die Einstellung B ist besser bei regelndem Kraftheber sowie allgemein zur möglichst guten Ausnutzung des installierten Hubvermögens. Das Einzugsverhalten des Pfluges läßt sich vor allem durch die Länge des Oberlenkers beeinflussen.

Große Einzugskräfte sollten nach erreichter Arbeitstiefe möglichst weitgehend vom Kraftheber (durch die Regelhydraulik) aufgenommen werden: Geringe Stützkräfte zwischen Gerät und Boden bedeuten geringe Reibung und durch die Zusatzbelastung des Traktors verbesserte Traktion. Viele nützliche Einstellhilfen findet man in einschlägigen Informationsschriften der Pflughersteller.

Hubkraftbedarf der Geräte – Diskutierte man vor etwa 30 Jahren noch über Handaushub, so stieg der Hubkraftbedarf seitdem so rasant an, daß selbst die heute viel größeren Traktoren ihn z. T. nur knapp befriedigen können.

Teilweise sind die Kraftheber dabei heute so stark, daß man die volle Hubkraft nur bei 100 % Frontballast und wassergefüllten Frontreifen ausnutzen kann.

Das **Hubkraftangebot** muß für eine praxisgerechte Auslegung im ganzen Hubbereich deutlich größer sein als der **Hubkraftbedarf (Bild 207** [235]). Eine gewisse Reserve erleichtert das Losreißen und Beschleunigen. Sie sollte vor allem im unteren Bereich des Hubes vorhanden sein. Die Steilheit des Hubkraftangebotes läßt sich über die Hubstangenlänge etwas beeinflussen. Da die Energie über den ganzen Hub gemessen gleich bleibt, bedeutet – pauschal gesagt – *mehr Kraft weniger Weg*. Im vorliegenden Fall nimmt man dieses beim Siloblockschneider in Kauf – andernfalls könnte er überhaupt nicht gehoben werden.

Gemessene Hubkräfte findet man in den *OECD-Testberichten*. Der Maximalwert nach OECD sollte etwa dem *dreifachen* Pfluggewicht entsprechen. Geräte mit geringerer Ausladung benötigen kleinere Faktoren, Siloblockschneider (gefüllt) z. B. nur 1,5–2. Gegenüber Prospektangaben für maximale Hubkräfte können diese Faktoren u. U. schon knapp sein, weil die OECD-Messung Reserven beinhaltet (siehe Kap. 7.3.1). Je dichter der Schwerpunkt am Traktor liegt, desto eher besteht bei sehr schweren Geräten die Gefahr des Überschreitens des zulässigen Gesamtgewichts bzw. der Hinterachslast. **Tabelle 37** enthält einige Faustzahlen für Pfluggewichte [236].

Fazit: Beim Kauf eines Traktors unbedingt über den Anbau schwerer Geräte sprechen!

Tabelle 36: Genormte Zahlenwerte (in mm) für die in Bild 205 definierten Abmessungen des Heck-Krafthebers nach DIN 9674

Kategorie	d_1	d_2		d_3	d_4	s	v	w	x	y	z
	A 12		zulässige Abweichung	A 13	h12	max.	$^{0}_{-0,2}$	± 1,5			± 2,5
1[1])	19	19	h10	22,1	22	44	35	683	560 ± 60	460^{+100}_{0}	800
2	25,4	25,4	h11	28,4	28	51	45	825	660 ± 60	510^{+150}_{0}	962
3	32	31,7	h12	37	36,6	51	45	965	660^{+80}_{-60}	560^{+200}_{0}	1115

[1]) Kat. 1 ist für Standardtraktoren zu meiden (wichtig für Schmalspurtraktoren)

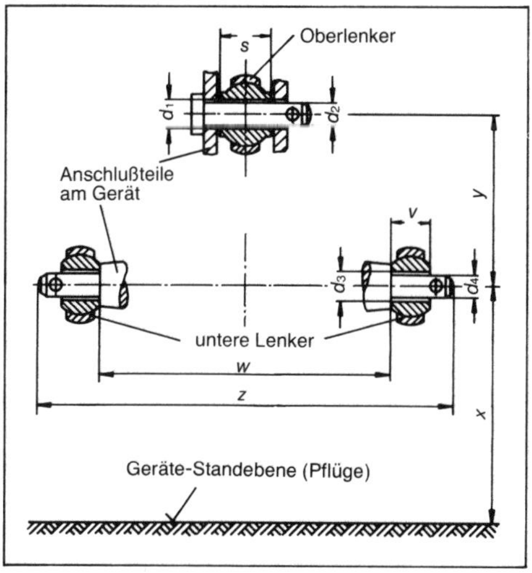

Bild 205 Definition wichtiger geräteseitiger Abmessungen für den heckseitigen Dreipunktanbau. Genormte Zahlenwerte siehe Tab. 36.

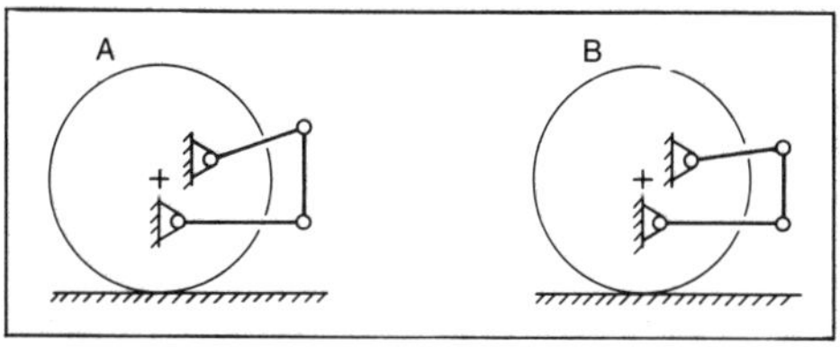

Bild 206 Regeln zum Einstellen des Dreipunktgestänges. Einstellung A ist günstig, um zusätzliche Hinterachsbelastungen bei schwimmendem Kraftheber zu erzeugen. Einstellung B ist bei regelndem Kraftheber sowie allgemein zur möglichst guten Ausnutzung des installierten Hubvermögens besser. Das Einzugsverhalten des Pfluges läßt sich vor allem durch die Länge des Oberlenkers beeinflussen.

Bild 207 Hubkraftbedarf und Hubkraftangebot von Heck-Krafthebern der Kategorie 2, dargestellt für Traktoren von etwa 50–60 kW Nennleistung [235]. a Volldrehpflug, ca. 950 kg Gewicht, b Siloblockschneider, ca. 1700 kg Gewicht (gefüllt).

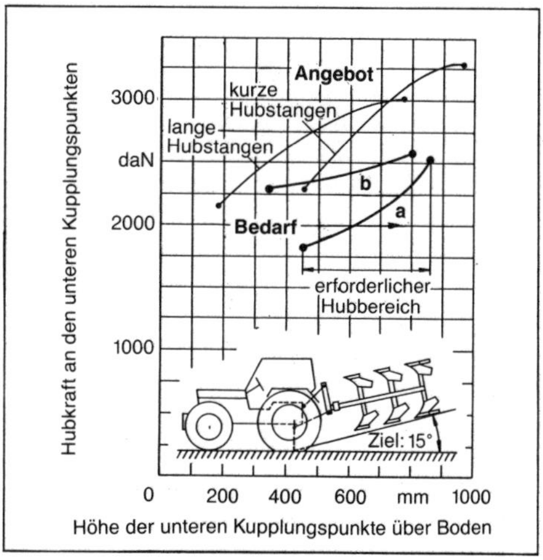

Tabelle 37 Gewichte für Anbau-Drehpflüge. Streubreite entsteht durch leichte oder schwere Bauart, Körperform, Aufwand für Steinsicherung und Art der Vorwerkzeuge.

Furchenzahl	Gewicht in kg betriebsbereit[1])
2	500 – **700** – 800
3	700 – **1000** – 1350
4	950 – **1300** – 1800
5	1200 – **1500** – 2000

[1]) Inclusive ca. 10 kg Erde je Doppelkörper.

7.3.3 Schnellkuppler für Kraftheber und Zapfwelle

Dreipunkt-Schnellkuppler – Vor allem als Arbeitserleichterung und für eine höhere Unfallsicherheit entwickelte man für den Dreipunktanbau sog. Schnellkuppler. Bei den **Einphasenkupplern** kann man in einem Zuge kuppeln, siehe z. B. **Bild 208.** Man arbeitet mit einem Kuppeldreieck aus Vierkantprofil am Traktor, das in ein am Gerät fest angebrachtes zweites Dreieck aus U-Profilen eingefahren wird. Ein *Teleskop-Oberlenker* erleichtert das Einfangen.

Demgegenüber werden bei dem auch verbreiteten **Zweiphasenkuppler** nach **Bild 209** zuerst die Unterlenker gekuppelt – danach wird der Oberlenker eingehängt, wobei ebenfalls eine *Teleskopierbarkeit* hilfreich ist. Die Unterlenker des Dreipunktgestänges müssen dafür mit *Fanghaken* versehen werden. Bei ausziehbaren Lenkern tauscht man einfach das hintere Teil aus (und kann bei Bedarf notfalls die einfachen Lenkerenden noch verwenden). Auch der Oberlenker benötigt den Fanghaken – dieser kann z. T. als Nachrüstteil eingeschraubt werden. Am Gerät werden Kugelformstücke auf die Bolzen gesteckt. Diese gibt es für die unteren Lenker mit Fangkragen – die notwendige Festlegung übernehmen Klappstecker.

Damit alles gut zusammenpaßt, muß man die Teile bzw. Bausätze für die vorhandene Kategorie bestellen. Geräte unterschiedlicher Kategorie sollten im Interesse hoher Unfallsicherheit nicht »gemischt« gekuppelt werden. Weitere Hinweise findet man im DLG-Merkblatt 211 (1983).

Eine **Bewertung** der beiden in der Praxis verbreiteten und gängigen Schnellkuppler-Systeme von Walterscheid und Weiste wird im folgenden versucht. Ein interessanter Praxisbericht wurde in [237] veröffentlicht.

Beim *Zweiphasen-Schnellkuppler* (z. B. »Walterscheid WKS«) lassen sich folgende Vor- und Nachteile feststellen:

- **Vorteile:**
  - Erleichterte Arbeit
  - Wesentlich verminderte Unfallgefahr
  - Zeitgewinn
  - Keine Freiraumverluste
  - Flexibel mit Auszieh-Unterlenkern
- **Nachteile:**
  - Bei nicht ausziehbaren Unterlenkern Umbau (Schweißen) oder Ersatz notwendig
  - Betätigungsseile bei unsachgemäßer Handhabung störanfällig
  - Für Frontanbau nur bedingt geeignet

Der *Einphasen-Schnellkuppler* (z. B. »Weiste Accord«) kann wie folgt beurteilt werden:

- **Vorteile:**
  - Erleichterte Arbeit, nur noch ein Arbeitstakt
  - Unfallgefahr nahezu ausgeschlossen
  - Zeitgewinn
  - Auch für Frontanbau und Frontlader geeignet
- **Nachteile:**
  - Teurer durch höheren Aufwand für die Geräte
  - Reduzierter Freiraum für Zapfwelle und Anhängevorrichtungen
  - Kippmoment des Gerätes ein wenig größer durch Schwerpunktversatz

Zapfwellen-Schnellkuppler – Hier ist die Entwicklung noch nicht so weit wie beim Dreipunktanbau. Vielversprechend ist jedoch ein 1984 vorgestelltes Konzept von Walterscheid **(Bild 210).** Mit Hilfe des Fangtrichters wird das geräteseitige Kupplungsteil eingefangen und formschlüssig eingerastet.

7.3.4 Regeln zum Betrieb von Gelenkwellen

Mancher Anwender würde sicher mehr auf die Grundregeln achten, wenn er die **Zusatzbelastungen** sehen könnte, die bei *fehlerhafter Geometrie* der Kardan-Gelenkwellen entstehen.

Ein *Einzelgelenk* erzeugt Ungleichförmigkeiten, die mit dem Beugewinkel ansteigen und hohe Drehmomentspitzen zur Folge haben. Sehr oft lassen sich diese nutzlosen Zusatzbelastungen vermeiden, wenn man die in **Bild 211** aufgezeigten Regeln beachtet. Statt der W-Beuge kann auch ein *Doppelgelenk* mit Gleichlaufeigenschaften eingesetzt werden. Die Mehrkosten sind z. B. vertretbar, wenn sich sehr große Abwinkelungen nicht vermeiden lassen.

Bild 208 Einphasen-Schnellkuppler Bauart Weiste. Der Oberlenker sollte dabei möglichst teleskopierbar sein, um sich an die Neigung des Gerätedreiecks anpassen zu können.

Bild 209 Zweiphasen-Schnellkuppler Bauart Walterscheid »WKS«. Der Oberlenker sollte möglichst teleskopierbar sein.

Bild 210 Zapfwellenschnellkuppler mit Einfädelung und formschlüssiger Endposition, Bauart Walterscheid (vorgestellt 1984). Durch gleichzeitige Anwendung des Dreipunktschnellkupplers entfällt ein Absteigen des Fahrers.

Bild 211 Regeln für den praktischen Betrieb von Gelenkwellen. Bei den »guten« Lösungen müssen die Anordnungen in einer Ebene liegen. Die sog. »W-Beuge« (unterste Darstellung) verlangt z. B. bei Kurvenfahrt einen Anhängepunkt, der von oben gesehen deckungsgleich mit dem eingezeichneten Achsenschnittpunkt ist. Liegt der Anhängepunkt weiter vorn, traktorseitig besser ein Doppelgelenk einsetzen.

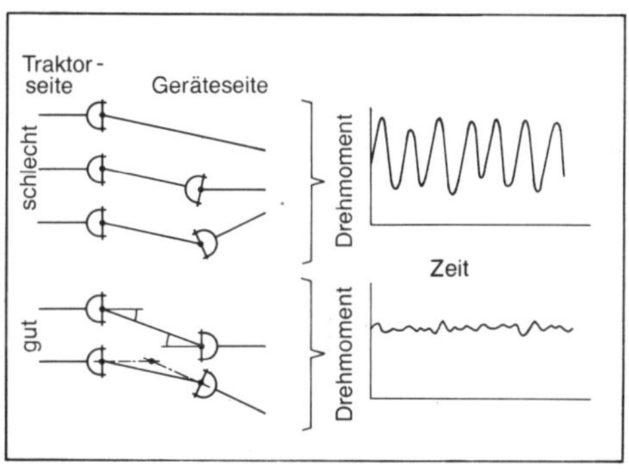

7.3.5 Kraftheber mit Regelfunktionen

Begriff des Regelns – Neben dem manuell »gesteuerten« Heben und Senken von Geräten soll der Kraftheber bei bestimmten Geräten auch *regeln* können. Darunter versteht man ein ständiges *Messen der Istgröße, Vergleich* mit einem vorgegebenen *Sollwert* und automatische *Korrektur* bei Abweichungen [238].

Ziele der Regelhydraulik – Es geht um:

- Hohe *Arbeitsproduktivität* durch bessere Traktion (Zusatzachslast), geringere Geräte-Führungsreibung (Trageffekt) und gut genutzte Zugkraft (Kraftregelung)
- Hohe *Arbeitsqualität* durch kontrollierte Geräteposition (Lageregelung, Regelung der Arbeitstiefe oder Arbeitshöhe)
- *Entlastung des Menschen* durch Automatisierung

Kraftregelungen – Alle technischen Ausführungen sind im Prinzip Weiterentwicklungen der Idee von H. Ferguson [239]. **Bild 212** zeigt ein einfaches System, bei dem die Kraft im **Oberlenker** mit einer Blattfeder in ein Wegsignal umgesetzt wird. Dieses gelangt nach einer mechanischen Verstärkung durch einen Kipphebel zum Regelsteuergerät, an dem die Sollkraft der (einstellbaren) Neutralstellung entspricht. Bei Überschreiten des Sollwertes wird der Pflug etwas angehoben – andernfalls abgesenkt.

Durch Verlegung der **Kraftmessung** an die **Unterlenker** wird ein Betrieb aufgesattelter Geräte möglich. Diese Variante ist daher für leistungsstarke Traktoren normal, wobei man die Zugkräfte z. B. über einen runden *Biegestab* mißt **(Bild 213)**. *Torsionsstäbe* ermöglichen ebenfalls gute Regelsignale – sind aber aufwendiger. In jedem Fall sollte das System gegenüber **Zugkraftüberlastungen** unempfindlich sein.

Eine **Sonderbauform** der Kraftregelung stellt der »Load Monitor« von Ford dar. Hier mißt man das Drehmoment am Ausgang des Schaltgetriebes mit Hilfe zweier federbelasteter umlaufender Elemente, die bei Belastung relativ zueinander gespreizt werden. Den Spreizweg leitet man zum Regelsteuergerät. Der Fahrwiderstand des Traktors wird mitgemessen.

Alle Zugkraftregelungen haben den **Nachteil,** daß an schwergängigen Bodenstellen der Pflug etwas *ausgehoben* wird, obwohl meistens gerade hier ein tiefes Durcharbeiten zu wünschen wäre.

Lageregelungen – Geregelt wird die Lage eines Gerätes relativ zum Traktor. Die Messung der Istgröße erfolgt z. B. über eine Kurvenscheibe an der Hubwelle **(Bild 214).** Nur auf sehr ebenem Feld erzielt man eine gute Gleichmäßigkeit der Arbeitstiefe (Pflügen, Grubbern usw.) oder der Arbeitshöhe (Düngerstreuen).

Regelung der Arbeitstiefe – Das von Hanomag in den fünfziger Jahren entwickelte System »Pilot« arbeitete mit einem Tastrad direkt am Pflug, setzte sich jedoch nicht durch.

Mischregelung – Bei diesem zuerst von J. Deere entwickelten System werden die Regelsignale »Kraft« und »Lage« gemischt, um die Nachteile der beiden Einzelverfahren abzuschwächen. Der Effekt läßt sich technisch relativ einfach mit Hilfe einer Art Waagebalken verwirklichen **(Bild 215).**

MHR – EHR – SHR – Diese noch jungen Begriffe stehen für verschiedene technische Ausführungen der *Signalgewinnung und -verarbeitung* **(Bild 216).** Die Abkürzungen bedeuten:

- MHR: Mechanische Hubwerk-Regelung
- EHR: Elektronische Hubwerk-Regelung
- SHR: Servohydraulische Hubwerk-Regelung

Die inzwischen 2. Generation der seit 1978 von Bosch bei mehreren Herstellern eingeführten **EHR** arbeitet ohne mechanische Federn mit direkten elektronischen Meßbolzen an den Unterlenkern (Bild 216).

Die 1983 von Rexroth bei der B- und C-Familie von IH eingeführte **SHR** erzeugt über kleine, sehr steife Federn ein Wegsignal, das ein kleines Drosselventil verstellt. Hieraus entsteht in einer »Wheatstoneschen Brückenschaltung« ein kräftiges Drucksignal **(Bild 217)** [241]. Dafür benötigt man etwas Hilfsenergie (z. B. 0,5–1 kW).

Beide Systeme haben Lage-, Zugkraft- und Mischregelung und bieten gegenüber der herkömmlichen **MHR** bessere Regelqualität und mehr Komfort. Wegen der höheren Kosten wendet man sie bisher überwiegend im oberen Leistungsbereich an.

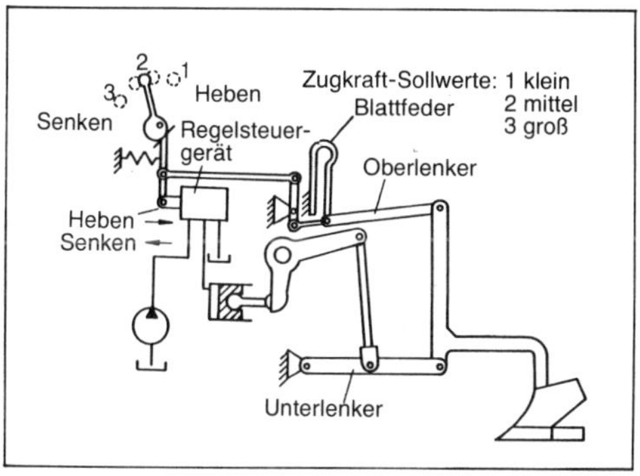

Bild 212 Prinzip einer einfachen Kraftregelung mit Kraftmessung am Oberlenker über eine Biegeblattfeder [240]. Die ersten Regelsysteme von Ferguson arbeiteten ähnlich, jedoch mit Schraubenfeder und »Senken« durch saugseitige Pumpendrosselung (wäre bei den heutigen Drücken ungünstig).

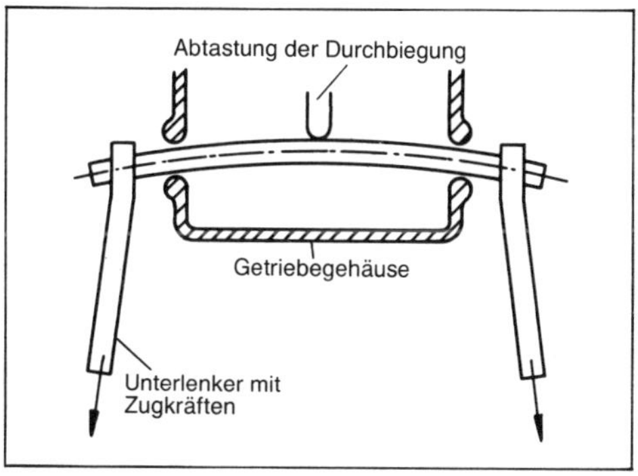

Bild 213 Besonders elegantes Konstruktionsprinzip zum Messen der Kräfte an den unteren Lenkern mit Hilfe eines runden Biegestabes aus Federstahl, der gleichzeitig die traktorseitigen unteren Kupplungspunkte bildet (bei J. Deere seit 1965).

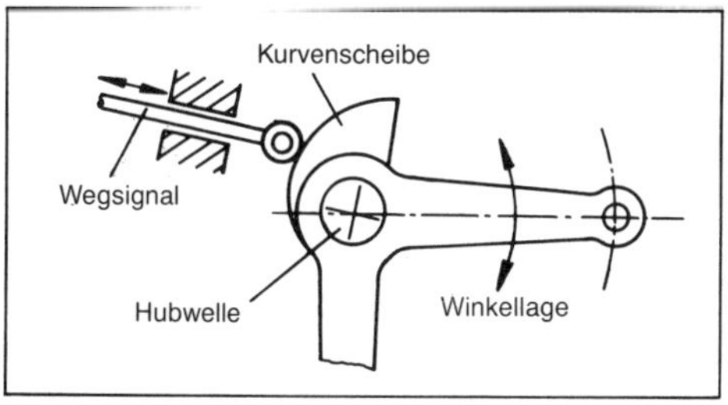

Bild 214 Beispiel für eine Anordnung zum Messen der Lage an der Hubwelle. Eine Kurvenscheibe setzt die Winkellage in ein Wegsignal um.

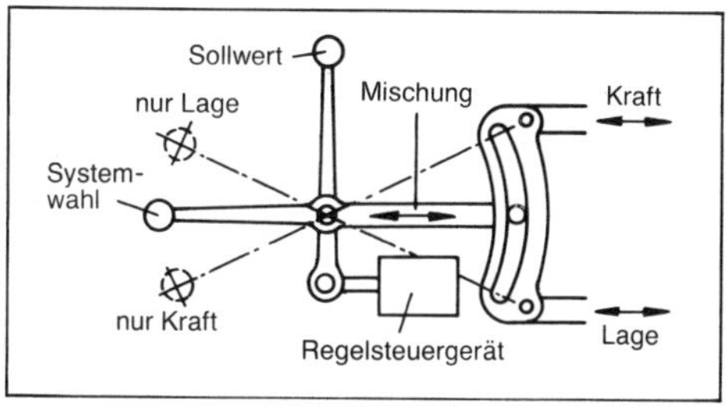

Bild 215 Verbreitete Anordnung zum Mischen der Signale »Zugkraft« und »Lage« nach dem Waagebalkenprinzip. Mischung stufenlos einstellbar (Pionierleistungen durch J. Deere).

Bild 216 Meßwertaufnehmer zur Kraftmessung – grundsätzliche Möglichkeiten [239]. *F* Kraft, *X* Weg, *p* Druck, Δp Differenzdruck, *U* elektrische Spannung. In der rechten Spalte sieht man u. a. den 1982 eingeführten elektronischen Meßbolzen Bauart Bosch (Verwendung bei mehreren Traktorfirmen).

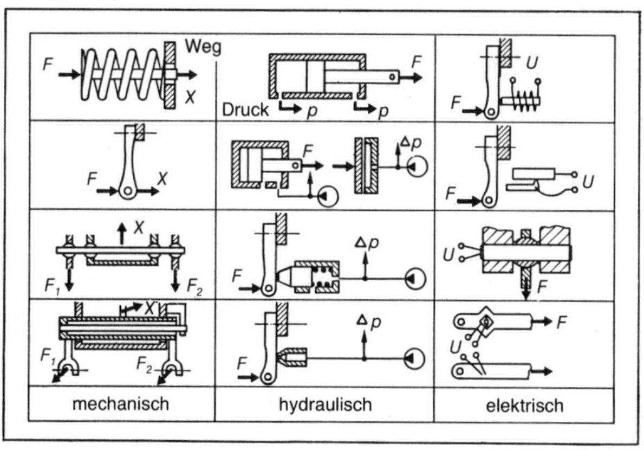

Bild 217 Prinzip der servohydraulischen Kraftheberregelung (SHR). Bauart Rexroth-IH. Istwert (z. B. einige mm Federweg) verstellt Drossel 1 der hydraulischen WHEATSTONE'schen Brücke.

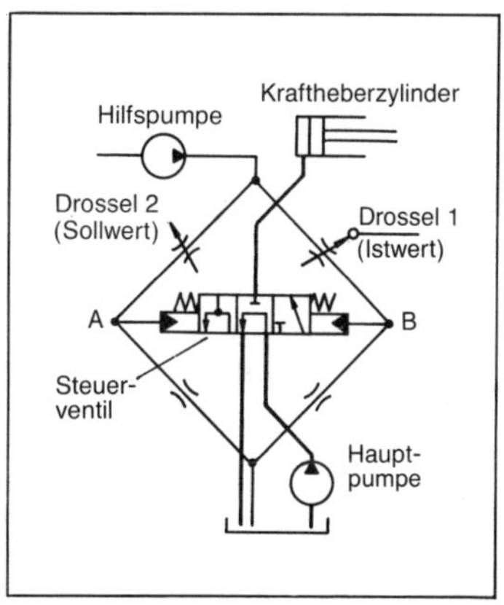

7.4 Kreislaufsysteme

Offener und geschlossener Kreislauf – Beim *offenen Kreislauf* **(Bild 218)** saugt die Pumpe das Öl aus dem Behälter an, fördert es unter Druck zum Verbraucher, von wo es in den Tank zurückfließt. Dieses Prinzip ist unter Anwendung von Zahnradpumpen bei Traktoren sehr verbreitet.
Beim *geschlossenen Kreislauf* **(Bild 219)** erfolgt der Ölrückstrom direkt zur Pumpe. Aus dem Tank wird lediglich ein »Speisestrom« zum Decken der Leckverluste und zur Kühlung zugeführt. Klassisches Beispiel ist der in Kap. 5.9.2, S. 124 behandelte hydrostatische Fahrantrieb. Bei Traktoren nordamerikanischer Prägung gibt es geschlossene Systeme auch bei der Arbeitshydraulik.
Unterscheidung nach Ölstrom und Öldruck – In Europa setzt man überwiegend Zahnradpumpen ein, die ein *konstantes Hubvolumen* haben. Bei konstanter Drehzahl ergibt sich ein konstanter Ölstrom – daher spricht man häufig von **Konstantstromanlagen.**
Es folgt an zweiter Stelle die **Konstantdruckanlage,** die vor allem heute in alle J. Deere-Traktoren eingebaut wird. Das Prinzip führte man 1960 mit den Typen 3010 und 4010 in den USA ein (Closed-Center System). Eine im Hubvolumen *verstellbare Radialkolbenpumpe* liefert bei etwa konstantem Druck immer nur soviel Ölstrom, wie gebraucht wird [242].
An dritter Stelle stehen in der Bedeutung die sog. **Load Sensing-Systeme** mit einer Verstellpumpe, die sich sowohl im *Ölstrom* wie auch im *Druck* an den Bedarf anpaßt. Dieses 1973 von Allis Chalmers (USA) bei Traktoren eingeführte Prinzip hat besonders geringe Systemverluste, ist aber leider sehr aufwendig.
An vierter Stelle kann ein System mit **Stromregelung** genannt werden, um mit Hilfe einer Verstellpumpe die Drehzahlschwankungen des Motors auszuregeln und z. B. bei der Lenkung großer Traktoren durch genau passenden Ölstrom Energie zu sparen (Schlüter).
Repräsentative Kreisläufe – Das **Beispiel 1** zeigt in **Bild 220** eine stark vereinfachte **Konstantstromanlage** eines Traktors mit zwei Zahnradpumpen [243]. Pumpe A versorgt den Zusatzverbraucher I und den Kraftheber. Vom Ölstrom der Pumpe B wird über einen Stromteiler ein konstanter Lenkstrom abgezweigt, der Rest steht für die Zusatzverbraucher II und III bereit. So können die Verbraucher I und II oder I und III unabhängig voneinander betrieben werden. Schaltet man den Kraftheber durch das davor angeordnete 3/2-Wegeventil ab, so steht für die Zusatzverbraucher II oder III (z. B. Frontlader) ein besonders großer Ölstrom zur Verfügung (voller Strom von Pumpe A plus Reststrom von Pumpe B).
Dieses Prinzip wurde vor allem durch Fendt entwickelt (Serieneinführungen ab 1980). Um die *Umlaufverluste* der ständig fördernden Zahnradpumpen zu reduzieren, führte Deutz-Fahr bei den DX-Traktoren 1978 eine »Kurzschlußautomatik« ein.
Beispiel 2 zeigt in **Bild 221** das Prinzip der bei J. Deere verwendeten **Konstantdruckanlagen.** Das Hubvolumen der Pumpe A wird durch den Arbeitsdruck gesteuert: Sinkt der Druck infolge Einschaltens eines Verbrauchers ein wenig ab, erhöht die Pumpe ihr Hubvolumen und damit ihren Förderstrom. Wenn kein Öl gebraucht wird, hält sie mit sehr geringem Kolbenhub nur den Systemdruck aufrecht.
Pumpe B arbeitet als Speisepumpe und versorgt gleichzeitig die Niederdruckverbraucher, z. B. die Schaltung des Getriebes. Hinter der Hauptpumpe A zweigt man zunächst den Lenkstrom ab. Das 115-bar-Druckventil (Folgeventil, Prioritätsventil) schaltet die weiteren Verbraucher nur zu, wenn mindestens 115 bar anliegen. Damit die Hauptpumpe bei niedrigen Arbeitswiderständen der Verbraucher nicht »voll aufdreht«, werden diese über einstellbare Stromregelventile angeschlossen. Dadurch läßt sich auch ein rückwirkungsfreier gleichzeitiger Betrieb vieler Verbraucher erreichen, solange der Maximalpumpenstrom nicht überschritten wird. Leider erzeugen Verbraucher mit geringem Druckbedarf hohe Anpassungsverluste (Drosselung im Stromregler).
Eine vereinfachte zusammenfassende **Praxisbewertung** der drei wichtigsten Grundsysteme für Hydraulikkreisläufe bei Traktoren enthält **Tab. 38.**

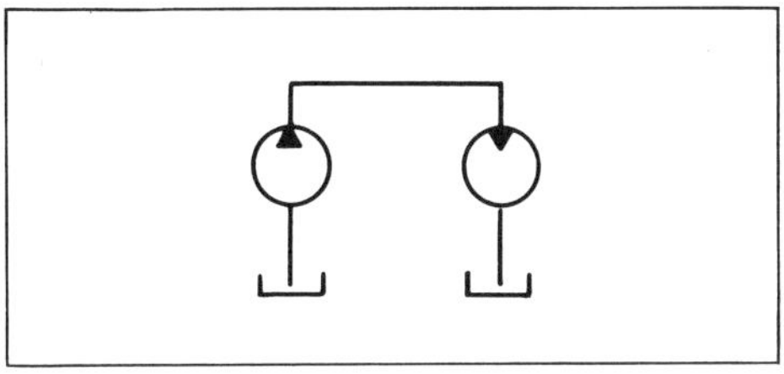

Bild 218 Prinzip eines offenen Kreislaufes bei Hydrauliksystemen.

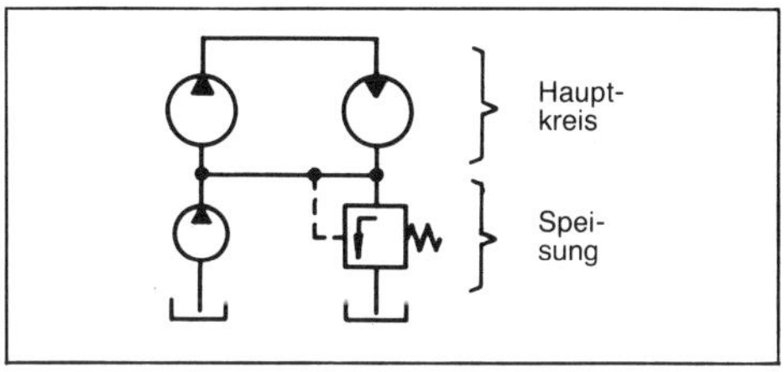

Bild 219 Prinzip eines geschlossenen Kreislaufes bei Hydrauliksystemen.

Bild 220 Beispiel für einen offenen Hydraulikkreislauf mit Konstantpumpen, Bauart Fendt »Dreistromanlage« 1980. Reststromnutzung des Lenkkreises.

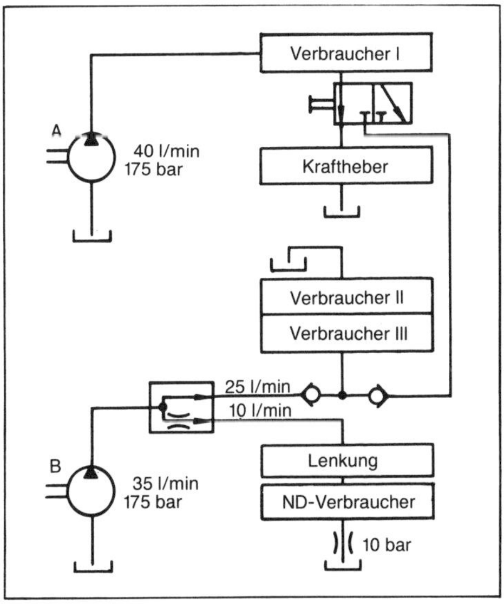

Bild 221 Beispiel für eine Konstantdruck-Hydraulik, ausgeführt als geschlossener Kreislauf, Bauart J. Deere. Im Prinzip eingeführt 1960 als »Closed Center«-System. Die Daten des Plans entsprechen der oberen 50er Baureihe, Stand 1985. Die Mannheimer Baureihe hat ein Konstantdrucksystem im offenen Kreislauf.

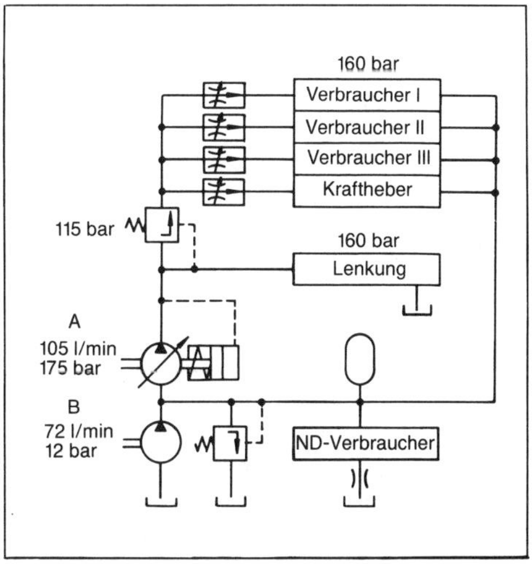

Tabelle 38: Vereinfachte Bewertung von drei Kreislaufsystemen für die Traktorhydraulik (× bedeutet Stärke; im Maximalförderstrom und Maximaldruck sind alle drei etwa gleichwertig)

Kriterium	Art des Kreislaufsystems: Konstant-strom	Konstant-druck	Load-Sensing
Einfachheit	×		
Sparsamkeit (Verluste)			×
Anschluß mehrerer Verbraucher je Pumpe	(×)	×	×
Ansprechzeit	×	×	
Feinsteuerverhalten		×	×
Unempfindlichkeit gegenüber Schmutz	×		
kostengünstige Ersatzpumpe	×		

7.5 Zusatzverbraucher

Einführung – Die hydrostatische Lenkung, der Heckkraftheber und gegebenenfalls Hilfskraftschaltungen (z. B. für die Bremsen) haben ihre eigenen Steuer- und Regelventile. Die übrigen Verbraucher steuert man über sog. *Zusatzventile* (auch »Zusatzsteuergeräte«). Für angekuppelte Geräte rüstet man die Traktoren mit *hydraulischen Steckdosen* aus (auch »Remote«-Anschlüsse). Angeschlossen werden häufig Arbeitszylinder – teilweise auch Ölmotoren [245, 246]. Dabei nimmt die Bedeutung dieser Einrichtungen langsam aber stetig zu.
Die *volle hydraulische Leistung* kann in der Regel *nicht* auf längere Zeit abgenommen werden, weil zuviel Wärme entsteht (s. Kap. 2.8.3, Seite 50). Teilweise sind für hohe Einschaltdauern vergrößerte Ölkühler erhältlich, gegebenenfalls fragt man am besten beim Hersteller an, wo die Grenze liegt.
Frontlader – Dieses wichtigste Anbaugerät ist nicht nur mit dem Traktor mitgewachsen, sondern auch technisch vollkommener geworden. **Bild 222** zeigt eine Ausführung mit doppelt wirkenden Arbeitszylindern, um auch drücken zu können (z. B. bei Erdarbeiten). In der **Stellung »neutral«** soll das Ventil *möglichst dicht* sein, damit der Lader unter Last möglichst wenig absinkt. Dieses erreicht man durch Sitzventile (integriert in den Schieberventilen). Der Leckstrom liegt z. B. bei 125 bar unter 0,12 l/h [247].
Die **Produktivität beim Laden** läßt sich durch mechanische oder hydraulische *Parallelführungen* sowie durch hydraulische *Werkzeugbetätigungen* erhöhen. Letztere ermöglichen insbesondere ein wesentlich besseres Losbrechen schwieriger Güter durch den **Abstützeffekt (Bild 223).** Der Frontlader benötigt von allen Geräten den höchsten Ölstrom [248].
Frontkraftheber – Die **Steuerung** funktioniert ähnlich wie beim Frontlader. Für die Praxis hat der Frontkraftheber folgende **Vorteile:**

- Kombination von Arbeitsgängen [249]
- Verbesserte Achslastverteilung
- Ernten vor den Frontreifen
- Günstiger Blickwinkel (Kap. 6.3.3)
- Einsparen eines Steuermanns
- Zweites Dreipunktgerät transportierbar
- Frontballast besser zu handhaben

Kippanhänger, Vollernter – Diese Maschinen benötigen relativ große entnehmbare *Ölvolumina* (nicht Ströme!) von 10–30 l.

7.6 Bauelemente und Komponenten

7.6.1 Pumpen und Motoren

Außenzahnradmaschinen – Die in **Bild 224** gezeigte Bauart ist als Pumpe heute bei Traktoren weit verbreitet – häufig auch als sog. **Tandempumpe** mit zwei unabhängigen Kreisen. Das Öl wird außen in den Zahnlücken gefördert, im Zahneingriff wird abgedichtet. Die Praxis stellt folgende **Anforderungen:**

- Hohe Zuverlässigkeit
- Geringe Verluste
- Geringes Bauvolumen relativ zur Leistung
- Niedriger Geräuschpegel
- Annehmbarer Ersatzteilpreis

Die Zuverlässigkeit wird im letzten Abschnitt besprochen. Bei den **Verlusten** konnte man vor allem durch das Prinzip des druckabhängigen Spaltausgleichs (axial, radial) den Leckstrom stark reduzieren, bei gleichzeitig erhöhten Arbeitsdrücken und dadurch reduziertem bezogenen **Bauvolumen.** Die sehr erfolgreiche »Brillenpumpe« (Bosch-Molly, ab ca. 1960) wurde in neuerer Zeit durch die sog. »Buchsenpumpe« (Bosch) abgelöst mit folgenden **Vorteilen:** Leiser, kostengünstiger, kompakter und für Tandembauart besser geeignet [250, 251].
Außenzahnradmaschinen gibt es auch als **Ölmotoren,** z. B. zum Antrieb von Balkenmähwerken.
Innenzahnradmaschinen – Diese auch als **Sichelpumpe** bekannte Bauart, die für Niederdruckanwendungen (Motor, Getriebe) in sehr großen Stückzahlen hergestellt wird, hat auch als Hochdruckausführung beim Traktor bedeutende **Vorteile:** Sie ist sehr leise, kompakt gebaut und weist günstige Wirkungsgrade auf. Bisher verwendet man sie trotzdem nur begrenzt (als Pumpe), vermutlich wegen des höheren Preises.

Bild 222 Hydraulikschaltplan zum Steuern eines Frontladers, der mit doppelt wirkenden Hydraulikzylindern arbeitet. Bedeutung der Ventilfelder (von links nach rechts): Schwimmstellung – Senken bzw. Drücken – Neutral – Heben. Schock- und Nachsaugventile dienen zum Absichern von Überlastungen in Stellung »Neutral«.

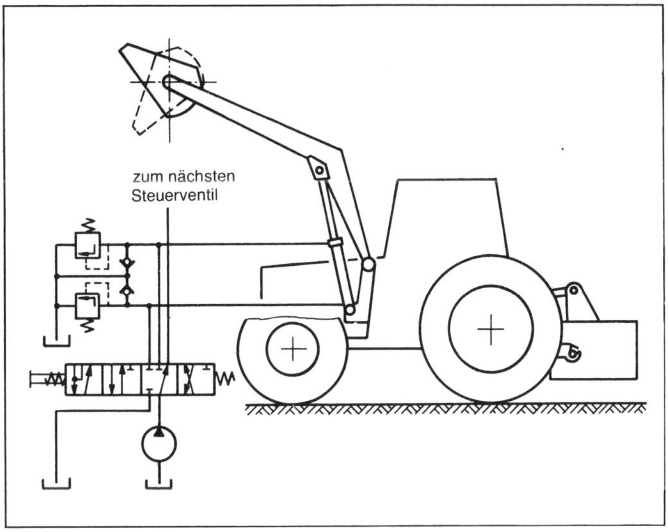

Bild 223 Der Abstützeffekt erleichtert bei hydraulischer Werkzeugbetätigung das Losbrechen schwerer Güter durch Entlasten von Schwinge und Traktor.

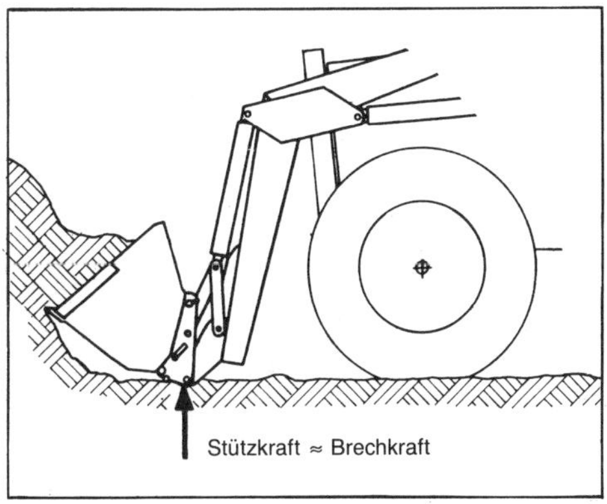

Bild 224 Zahnradmaschine, Bauart Bosch »Buchsenpumpe«. Anwendung in großen Stückzahlen bei Traktoren als Einfach- und Tandempumpe (Stand 1985).

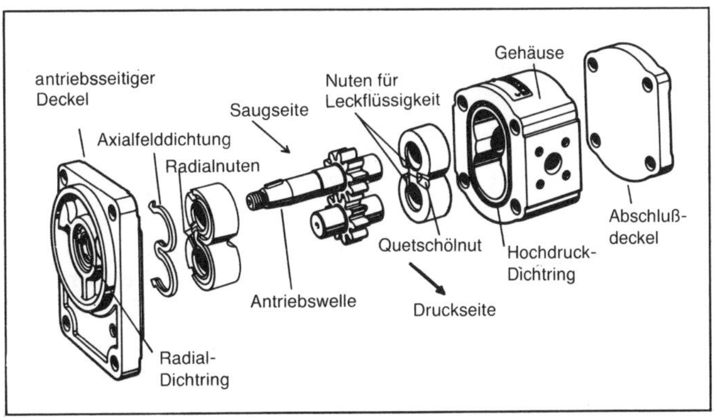

Radialkolbenmaschinen – Das bedeutendste Anwendungsbeispiel ist die verstellbare **Radialkolbenpumpe** für die *Konstantdruckhydraulik* bei J. Deere **(Bild 225).** Den Kolbenhub erzeugt ein nadelgelagerter Exzenter mit fester Außermittigkeit. Beim Saughub öffnet das Saugventil (langer Schaft) – beim Druckhub das Druckraumventil (kurzer Schaft).

Wenn kein Ölstrom gebraucht wird, erhöht ein Regelventil den Druck im Exzenterraum gerade so weit, daß die Kolbenfedern eingedrückt werden, der Kolben dadurch weitgehend vom Exzenter freikommt und mit dem Resthub nur den Leckstrom zu decken hat. Um diesen gering zu halten, arbeitet die Pumpe mit Sitzventilen. Seit der Einführung 1960 (USA) wurden bis 1985 1,1 Mio. Stück in Traktoren eingebaut.

Axialkolbenmaschinen – Von verschiedenen Grundbauarten wird vor allem die sog. *Schrägscheibenmaschine* teilweise als **Verstellpumpe** in große Traktoren eingebaut – z. B. in Verbindung mit einem Load Sensing-Kreislauf bei Allis Chalmers (USA). Das in **Bild 226** gezeigte Bauprinzip arbeitet mit einer umlaufenden Zylindertrommel mit axial beweglichen Kolben, die durch die Schrägscheibe (meist über Gleitschuhe) geführt werden. Der Hub wird über den Schrägscheibenwinkel verändert, der maximal etwa 18–20° beträgt.

7.6.2 Ventile, Kupplungen, Leitungen

Zusatzventile – Eine praxisgerechte Bestükkung (Anzahl, Funktionen) richtet sich nach den vorgesehenen Geräten. **Bild 227** vermittelt eine Übersicht über die **Grundfunktionen** bei Ventilen mit *drei und vier Stellungen.* Am häufigsten verlangt werden folgende Grundfunktionen:

- Heben
- Neutral (Gerät fixiert, Pumpe frei)
- Senken = Schwimmstellung

Damit lassen sich alle einfachwirkenden Zylinder bzw. Ölmotoren mit einer Drehrichtung steuern. Bei Ventilen für doppelt wirkende Arbeitszylinder bzw. umgesteuerte Ölmotoren hat man bisher meist die Schwimmstellung geopfert.

Diesen **Nachteil** vermeidet man zunehmend mit *Vierstellungsventilen,* die sehr universell einsetzbar sind. Unter *automatischer hydraulischer Entrastung* versteht man ein automatisches Zurückspringen des Ventils von der Arbeitsstellung in die Neutralstellung bei erreichtem Arbeitszylinderanschlag. Aus der Vielfalt üblicher Bauarten zeigt **Bild 228** ein doppelt wirkendes Längsschieberventil mit integriertem Sitzventil für hohe Dichtheit. Die kleinen dreiecksförmigen Anfasungen an den Schieberstegen dienen zur Feinsteuerung.

Hydraulische Steckkupplungen – Vorwiegend im Traktorheck (oberer Bereich), teilweise auch frontseitig bzw. bei Geräteträgern zwischen den Achsen werden Steckkupplungen nach **Bild 229** angewendet. In jedem Kupplungsteil befindet sich ein kegelförmiges *Rückschlagventil* – beide öffnen sich beim Kuppeln gegenseitig bei nur sehr geringem Ölverlust. Der Stecker wird durch Kugeln fixiert. Die Praxis stellt folgende **Forderungen:**

- Abreißfunktion: Automatisches Entkuppeln bei gefährlichem, geräteseitigen Zug
- Unter Druck kuppelbar: Kuppeln möglich, wenn Geräteöl unter Druck steht (Aktivierung beim ersten Schalten)
- Geringe *Strömungsverluste* (ISO 5675: 3,5 bar bei 45 l/min und 300 mm²/s Viskosität)
- Unbenutzte Elemente *staubgeschützt:* Robuste Kappen, Klappen, Blinddosen.

Rohre und Rohrverschraubungen – Man verwendet nahtlose Stahlrohre nach DIN 2391/C (zulässige Innendrucke nach DIN 2413). Der Stahl ist im Interesse guter Verarbeitbarkeit relativ weich und trotzdem haltbar: Ein Rohr 16 × 2 (16 mm Außendurchmesser und 2 mm Wandstärke) darf z. B. mit etwa 350 bar Betriebsdruck belastet werden und hat dann immer noch etwa 4fache Sicherheit gegen Platzen.

Bei den Armaturen ist die sog. *Schneidringverschraubung* besonders verbreitet **(Bild 230).** Bei der Erstmontage zieht man die Überwurfmutter so stark an, daß der Schneidring einen gerade sichtbaren Bund aufwirft. Eine gelöste Verschraubung kann man wiederverwenden. Weitere Werkstatthinweise findet man in [252].

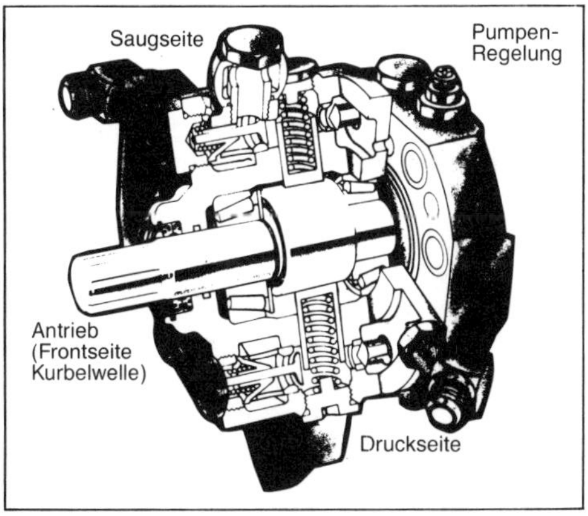

Bild 225 Verstellbare Radialkolbenpumpe, Bauart J. Deere. Einsatz als Hauptpumpe für die Konstantdruck-Arbeitshydraulik aller Traktoren (verschiedene Größen).

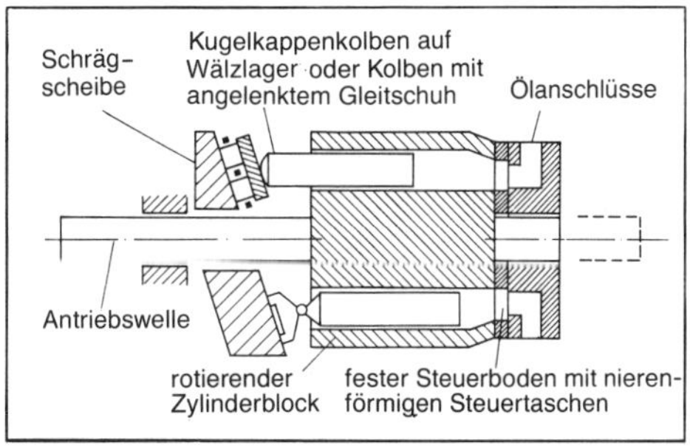

Bild 226 Prinzipieller Aufbau von Schrägscheiben-Axialkolbenmaschinen. Die Schrägscheibe ist bei Pumpen meist im Winkel verstellbar, um das Hubvolumen verändern zu können.

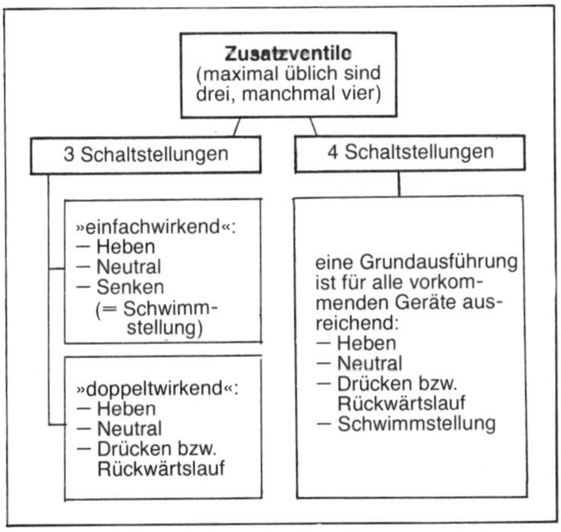

Bild 227 Übersicht über Grundfunktionen von Zusatzventilen der Traktorhydraulik.

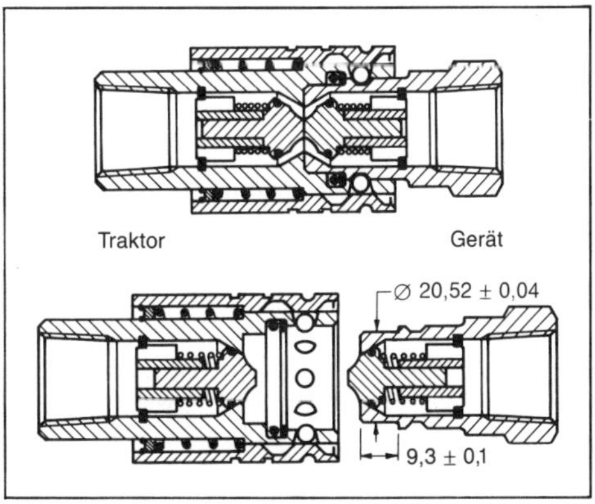

Bild 229 Grundaufbau und Funktionsschema einer Steckkupplung – oben geschlossen, unten getrennt. Steckerabmessungen sind seit 1981 in ISO 5675 genormt. Abreißfunktion wird durch Festlegen der Schiebemuffe (Halterung) erreicht.

Bild 228 Aufbau eines doppelt wirkenden Längsschieberventils mit den drei Schaltstellungen S (Senken), N (Neutral: Zylinder blockiert, Pumpe drucklos), H (Heben). Anschluß A durch Sitzventil gedichtet (beim Senken aufgestoßen).

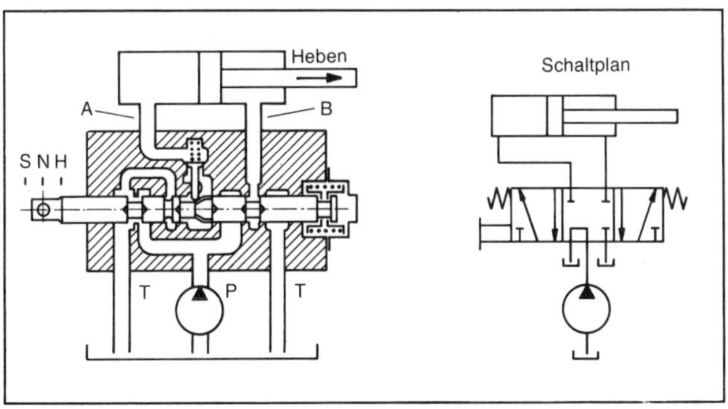

Bild 230 Fertig montierte Schneidring-Rohrverschraubung nach DIN 2353.

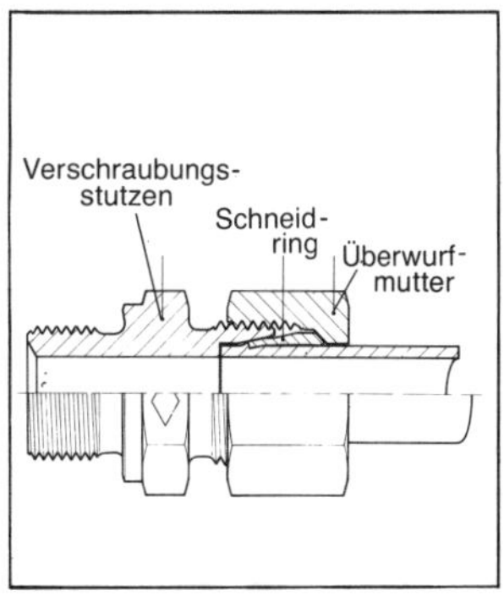

7.7 Die langlebige, sparsame Hydraulik

7.7.1 Zuverlässigkeit

Verschmutzung – Schmutzteilchen werden vielfach als häufigster Grund für unbefriedigende Lebensdauer von Hydraulikkomponenten, insbesondere Pumpen, genannt. Dabei treten im wesentlichen folgende **Störungen** auf:

- **Verschleiß durch Reibung:** Materialabtrag durch *Schmirgelwirkung*, Zusatzverschmutzung
- **Erosiver Verschleiß:** Schwimmende Schmutzteilchen schleifen mit der Zeit vor allem an Stellen hoher Strömungsgeschwindigkeit scharfe Kanten ab (z. B. Ventilsteuerkanten)
- **Funktionelle Störungen:** Klemmen z. B. von Ventilen, Verstopfen von kleinen Drosselbohrungen

Der **Verschleiß durch Reibung** hat meist die größte Bedeutung. Er hängt neben der Konstruktion von der Anzahl und Größenverteilung der Partikel ab [253]. Sehr kleine Teilchen sind dann weniger gefährlich, wenn sie durch alle Spalte frei hindurchschwimmen können. Relativ große Partikel haben geringere Chancen, in die Spalte hineinzukommen, können jedoch funktionell stören.

Wegen der großen Bedeutung der **Spaltweiten** zeigt **Tab. 39** einige Werte, wie sie etwa bei der Traktorhydraulik im Betrieb auftreten. Sie sind einerseits von der Art der Konstruktion – andererseits aber auch von der Art des praktischen Betriebes abhängig: Besonders kleine Spalte ergeben sich insbesondere bei hohen Belastungen und hohen Temperaturen. Die Zahnflanken sind trotz der kleinen Werte relativ wenig gefährdet, weil sie einerseits überwiegend abwälzen (nicht so stark gleiten), und andererseits eine sehr harte Oberfläche aufweisen. Die übrigen Spalte haben kleinste Weiten um 2 µm.

Aus diesen Überlegungen und vielen Erfahrungen ergibt sich bezüglich Verschleiß die Forderung nach einer besonders **wirksamen Filterung** bezüglich der Partikelgrößen von etwa 10–50 µm, erreichbar durch eine entsprechende Filterfeinheit. Der *Nominalwert* bei Filtern kennzeichnet diejenige Partikelgröße (etwa kugelförmig), die zu ca. 94–98 % abgeschieden wird (je nach Hersteller etwas unterschiedlich definiert). Die *Filterwirkung* kann man heute mit automatischen Partikelzählgeräten sehr gut bewerten – trotz der astronomischen Teilchenzahlen: Ein Liter Hydrauliköl enthält z. B. 5 Mio. Teilchen größer als 10 µm!

Der Landwirt kann der **Ölverschmutzung** durch die in **Tab. 40** zusammengefaßten Maßnahmen entgegenwirken.

Besonders wichtig ist neben einer guten Filterung das **Vermeiden hoher Dauertemperaturen.** Am wohlsten fühlt sich die Traktorhydraulik bei ca. 40–60° C. Ab etwa 75–80° C muß man bei Dauerbelastung mit Lebensdauereinbußen rechnen. Eine gute Hydraulik überschreitet diesen Wert bei normaler Betriebsweise selbst im Sommer nicht. Kritisch können sich jedoch Zusatzverbraucher hoher Leistungsaufnahmen auswirken, wenn man sie im Dauerbetrieb fährt. Bei Bedarf lohnt sich eine Anfrage beim Händler bzw. Hersteller.

Undichtigkeiten – Auch Dichtungen halten um so länger, je weniger sie thermisch belastet werden. Sollte einmal bei einer Rohrverschraubung trotz Nachziehens wieder Öl austreten, können Rohrschwingungen die Ursache sein. Schwingungsfestere Armaturen schaffen Abhilfe – manche Firmen bauen diese auch schon serienmäßig ein.

Allgemeine Hilfen zur **Störungssuche** findet man in [226].

7.7.2 Verlustarmer Betrieb

Die Verluste im Hydrauliksystem sind auf die Nutzarbeit bezogen groß. Nach [254] erzeugt die *Lenkung* im Jahresmittel bei einem gängigen System allein etwa 50 % des Gesamtverlustes. Einsparungen erscheinen vor allem durch noch ausgefeiltere Systeme möglich [254, 255], sowohl mit Konstantpumpen (Mehrfachkreise) wie auch mit Verstellpumpen (bedarfsgeregelt). Die *Mehrkosten* dürften sich noch am ehesten bei der Lenkung lohnen. Etwas kann auch der Traktorfahrer tun: Einige Regeln für einen sparsamen Betrieb der Traktorhydraulik enthält **Tab. 41.**

Tabelle 39: Anhaltswerte für Spalthöhen bzw. Schmierfilmdicken bei Komponenten der Traktorhydraulik im Betrieb

Bauteil		Spaltweite
Kolbenpumpen: Kolben-Zylinder	ohne Querkraft	5–15 µm
	mit Querkraft	5 µm
Zahnradpumpen und **-motoren:**	Kopfspalt	2–20 µm
	Seitenspalt	5–20 µm
	Lagerspalt	2–10 µm
	Zahnflanken	0,5–2 µm
Wegeventile:	Längsschieber in der Bohrung	2–10 µm

Tabelle 40: Praktische Maßnahmen gegen die Ölverschmutzung zur Steigerung der Zuverlässigkeit und Lebensdauer

- vorgeschriebene Filter guter Qualität verwenden
- Filter beim Ansprechen des Bypass-Ventils austauschen
- Steckkupplungen sauber halten
- einwandfreies Abstreifen des Schmutzes an den Arbeitszylindern sicherstellen
- wenn möglich, neues Öl über Filter nachfüllen
- bei älteren Traktoren gelegentlich Belüftungsfilter kontrollieren
- äußerste Sauberkeit bei Reparaturen walten lassen

Tabelle 41: Mögliche Maßnahmen des Anwenders, um Hydraulikverluste gering zu halten; hohe Verluste schaden zweifach: Mehr Spritverbrauch und weniger Lebensdauer

- wenn möglich, hohe Motordrehzahlen vermeiden
- vorgeschriebene Ölsorten verwenden
- System nicht längere Zeit gegen das Druckbegrenzungsventil fahren (Geräusch)
- Endabschalter und automatische Entrastung hinsichtlich einwandfreier Funktion beobachten
- Geräte eher über die Zapfwelle antreiben als über das Hydrauliksystem
- schadhafte Elemente austauschen (Leckströme erzeugen hohe Verluste)
- bei Dauerverbrauchern großzügige Schläuche und Leitungen bevorzugen

Anhang

Normen bei Traktoren

Bedeutung – Es besteht wohl kein Zweifel, daß ohne Normen die Entwicklung wirtschaftlicher Maschinen ganz allgemein eine Utopie wäre. Die Normung hat sich inzwischen zu einem so weit verzweigten Werk entwickelt, daß sie über ihre Hauptaufgabe der *Vereinheitlichung* und *Qualitätssicherung* hinaus zu einem bedeutenden Wissensspeicher geworden ist. Der Schatz an Grundwissen ist eine gute Entwicklungshilfe für aufstrebende Länder.

Normenarten und ihre Entwicklung – Früher war für uns nur die *DIN-Norm* (Deutsches Institut für Normung e.V.) wichtig. Über diese »nationale« Norm hinaus hat heute auch die *ISO-Norm* (International Organization for Standardization) Bedeutung.

In der Landtechnik wurde die Normungsarbeit bereits 1919 durch den damals gegründeten »Normen-Ausschuß der landwirtschaftlichen Maschinenindustrie« (NALMI) auf eine hervorgehobene Basis gestellt. Am 1. 10. 1949 gründete man in München als Nachfolgegremium die „Normengruppe Landmaschinen und Ackerschlepper" (NLA) als Untergruppe des am 11. 3. 1949 zuvor gebildeten »Normenausschuß Maschinenbau« (NAM). Zuerst ging es in der NLA nur um nationale Normen, ab 1952 arbeitete man auch in der ISO mit. Aus mühsamen Anfängen gelang es 1971, alle Aktivitäten bei Traktoren und Landmaschinen im »TC 23« (TC = Technical Committee) zusammenzufassen und das gesamte Fachgebiet in »Subcommittees« (SC's) zu strukturieren. Der Traktor wird im SC 4 behandelt – das entsprechende Sekretariat liegt derzeit in der Bundesrepublik Deutschland. Alle nationalen Normungsarbeiten sowie die Vorbereitung von ISO-Sitzungen laufen im sog. »Technischen Ausschuß 1 – Ackerschlepper« (TA 1). Die beabsichtigte Umbenennung des Begriffs »Ackerschlepper« in »Traktor« soll in den nächsten Jahren realisiert werden.

Etwa seit 1975 erhöhte sich die Anzahl des Bestandes an ISO-Normen sehr rasch bei stagnierendem DIN-Bestand (teilweise sogar etwas rückläufig). Diese Entwicklung ist im ganzen zu begrüßen, denn gute ISO-Normen lassen sich oft unverändert als »DIN ISO« national übernehmen bei entsprechend vermindertem Arbeitsaufwand. Alle Normen werden zunächst als Entwürfe herausgebracht – in der ISO in drei Stufen:

- DP: Draft Proposal (Normvorschlag)
- DIS: Draft International Standard (Entwurf einer internationalen Norm)
- ISO: International Standard

Wenn eine Norm nicht zustande kommt, der Inhalt des Entwurfs aber gewissen Normcharakter hat, erhält das Dokument zuweilen den Status »Technical Report« (TR).

Die Normung braucht tüchtige Fachleute – Die Entwicklung der Normen wird zu einem großen Teil durch die Initiative einzelner Personen – oft ehrenamtlich – getragen. Viel Übersicht, Weitblick, Idealismus, Sprachkenntnisse und Diplomatie sind für diese Tätigkeit notwendig. Man kann denjenigen nur dankbar sein, die sich hier für die Landtechnik einsetzen und oft im stillen wirken. Auch die nachfolgende vollständige Übersicht über Traktornormen (DIN und ISO) profitiert von dieser Arbeit, und der Verfasser dankt an dieser Stelle der Normengruppe Landmaschinen und Ackerschlepper (Frankfurt/Main) für die freundliche Unterstützung.

Bezug von Normen – Alle DIN-Normen sowie auch die Entwürfe sind erhältlich bei:
Beuth-Verlag GmbH, Postfach 1145,
D-1000 Berlin 30

ISO-Normen sind erhältlich bei:
DIN Deutsches Institut für Normung e. V.
– Auslandsnormenverkauf –
Burggrafenstr. 4–10, D-1000 Berlin 30

Auskünfte über sämtliche Normungsfragen der Landtechnik erteilt die:
Normengruppe Landmaschinen und Ackerschlepper (NLA)
Lyoner Str. 18, D-6000 Frankfurt/Main 71

Verzeichnis der DIN-Normen

→ ISO weist auf Zusammenhang mit entsprechender ISO-Norm hin. Das Datum bezieht sich auf die neueste Ausgabe (Klammern weisen auf einen Normentwurf hin).

Übergreifende Normen

DIN ISO 1219	8.78	– Fluidtechnische Systeme und Geräte; Schaltzeichen
DIN 1301	78/79	– Einheiten (Teil 1–3)
DIN 1311	12.74	– Schwingungslehre, Blatt 1–4
DIN 1320	10.69	– Akustik; Grundbegriffe
DIN 1946	62–83	– VDI-Lüftungsregeln, 5 Teile
DIN 11 000	08.80	– Landmaschinen und Ackerschlepper; Sicherheitstechnische Anforderungen (→ ISO/DIS 4254/1.2)
DIN 11 002	03.74	– Betriebsflüssigkeiten für Hydraulikanlagen und Getriebe
DIN 11 002	(10.83)	– Betriebsflüssigkeiten für Hydraulikanlagen, Getriebe und Motoren
DIN 11 023	10.79	– Klappstecker (→ ISO 7072)
DIN 11 024	01.73	– Federstecker
DIN 11 025	05.80	– Nichtselbsttätige Anhängekupplung (→ ISO 6489/II)
DIN 11 025	09.82	– Teil 2: Anordnung
DIN 11 027	12.74	– Abnehmbare Leuchteneinheiten an land- oder forstwirtschaftlichen Arbeitsgeräten; Freiräume, Befestigung und Form
DIN 11 030	02.76	– Warntafeln und Warnfolien
DIN 11 032	06.77	– Umsteckbare Handbremshebel; Maße
DIN 11 040	03.75	– Zusammengehörige Arbeitsgeräte, Begriffe
DIN 11 042	11.78	– Teil 1: Werkstatthandbücher; Begriffe, Bildzeichen
DIN 33 401	07.77	– Stellteile; Begriffe, Eignung, Gestaltungshinweise
DIN 33 402	01.78	– Körpermaße des Menschen, Teil 1
	06.81	Körpermaße des Menschen, Teil 2
DIN 33 408	09.81	– Körperumrißschablonen, Teil 1
DIN 45 633	03.70	– Präzisionsschallpegelmesser. Allgemeine Anforderungen, Blatt 1
DIN 45 645	04.77	– Einheitliche Ermittlung des Beurteilungspegels für Geräuschimmissionen, Teil 1
DIN 51 519	07.76	– ISO-Viskositätsklassifikation für flüssige Industrie-Schmierstoffe
DIN 51 524	06.85	– Hydrauliköle; Teil 1: HL, Teil 2: HLP
DIN 76 051	02.76	– Teil 2: Unterlegkeile für landwirtschaftliche Fahrzeuge; Funktionsmaße

Traktor-Normen

DIN ISO 3737	11.78	– Prüfung von Kabinen-Drucksystemen (→ ISO 3737)
DIN ISO 3965	07.80	– Bestimmung der maximalen Fahrgeschwindigkeit (→ ISO 3965)
DIN 7807	04.78	– Ackerschlepper-Treibradreifen in Diagonalbauart und in Radial-Gürtelbauart (→ ISO 4251)
DIN 7807	(01.85)	– Überarbeitung von Ausgabe 04.78
DIN 7808	04.78	– Ackerschlepper-Lenkradreifen (→ ISO 4251)
DIN 7823	01.80	– Breitfelgen für Ackerschlepper
DIN 7827	01.84	– Felgen für Arbeitskraftmaschinen, landwirtschaftliche Geräte, Ackerwagen, Mehrzweckfahrzeuge und Anhängefahrzeuge
DIN 9611	02.74	– Zapfwellen für den Geräteantrieb am Schlepperheck (→ ISO 500)
DIN 9615	12.76	– Radfreiheit für Treibräder
DIN 9616	12.77	– Zwischenachsanbau von Geräten bei Tragschleppern, Freiraum, Anschlußmaße, Lage und Bewegung der Kupplungspunkte
DIN 9618	02.58	– Zapfwellen-Schutz, Lage des Wellengelenks (→ ISO 500)
DIN 9618	(04.81)	– Schutzeinrichtung für Zapfwellen, Maße (→ ISO 500)
DIN 9620	05.68	– Freiraum am Dreipunktanbau (→ ISO 2332)
DIN 9674	07.83	– Dreipunktanbau von Geräten (→ ISO 730)
DIN 9675	05.68	– Schnellkuppler für Dreipunktanbau (praktisch überholt)
DIN 9676	04.77	– Anhängeschiene für Dreipunktanbau
DIN 9677	05.80	– Zugpendel zum Anhängen von Geräten (→ ISO 500)
DIN 9678	12.83	– Zughaken, Zugöse (→ ISO 5692, ISO 6489/I)
DIN 9685	12.77	– Mähwerksanbau, Anschlußmaße und Freiraum, Seitenmähwerk mit Antrieb zwischen den Achsen
DIN 9686	12.77	– Mähwerksanbau, Anschlußmaße und Freiraum, Seitenmähwerk mit Antrieb von vorn
DIN 11 001	05.85	– Teil I: Ackerschlepper, Besondere sicherheitstechnische Anforderungen und Prüfung (→ ISO DP 4254/3)

Verzeichnis der Internationalen Normen (ISO)

Das Datum bezieht sich auf die Ausgabe

Übergreifende Normen

ISO 2057	11.81	– Hydraulikzylinder für Fernbedienung, Anschlußmaße
ISO 2332	12.83	– Dreipunktanbau; Gerätefreiraum
ISO 2631	01.78	– Beurteilung der Einwirkung mechanischer Schwingungen auf den Menschen
ISO 3339/0	05.79	– Klassifizierung und Terminologie; Klassen und allgemeine Begriffe
ISO 3600	08.81	– Landwirtschaftliche Ausrüstung; Betriebsanleitung und technische Veröffentlichungen; Gestaltung
ISO 3767/I	10.82	– Allgemeine Bildzeichen für Landmaschinen, Ackerschlepper, Forstmaschinen und Rasen-Gartengeräte
DIS 3767/I/ ADD1	12.85	– Ergänzung zu Ausgabe 10.82
ISO 3767/II	09.82	– Besondere Bildzeichen für Landmaschinen und Ackerschlepper
DIS 3767/II/ ADD1	12.85	– Ergänzung zu Ausgabe 09.82
ISO 3789	09.76	– Landmaschinen und Ackerschlepper; Stellteile, Lage und Betätigungsrichtung
ISO 3789/I	08.82	– Allgemeine Stellteile, Lage und Betätigungsrichtung
ISO 3789/II	08.82	– Besondere Stellteile für Landmaschinen und Ackerschlepper, Lage und Betätigungsrichtung
ISO 4251	80-84	– Reifen und Felgen (existierende Serien) für Ackerschlepper und Landmaschinen (Teil 1–4)
ISO 4254/1	12.85	– Landmaschinen und Ackerschlepper; Sicherheitstechnische Anforderungen
ISO 5673	11.80	– Gelenkwellen; Maße; Anforderungen
ISO 5674	07.82	– Gelenkwellenschutz, Prüfung
ISO 5692	02.79	– Zugöse, Typ A und B, Maße
ISO 5697	09.82	– Land- oder Forstwirtschaftliche Fahrzeuge; Bremssysteme, Prüfung
DIS 5711.2	08.85	– Landmaschinen und Ackerschlepper; Radanschlußmaße
ISO 7072	02.82	– Klappstecker für den Dreipunktanbau, Maße
ISO 8016	06.85	– Landmaschinen; Räder mit integrierter Nabe

Traktor-Normen

ISO 500	02.79	– Ackerschlepper, Zapfwelle; Maße, Anordnung, Typen 1, 2, 3
DIS 500	08.85	– Revision ISO 500 Ausgabe 02.79
ISO 730/I	04.77	– Ackerschlepper, Dreipunktanbau; Kategorie 1, 2 und 3, Maße
ISO 730/II	05.79	– Ackerschlepper, Dreipunktanbau; Kategorie 1 N, Maße
ISO 730/III	06.82	– Ackerschlepper, Dreipunktanbau; Kategorie 4, Maße
ISO 789/I	07.81	– Ackerschlepper; Zugkraftprüfung
ISO 789/II	02.83	– Hydraulische Leistung und Hubkraft, Prüfung
ISO 789/III	09.82	– Wendekreis, Prüfung
ISO 789/IV	10.82	– Abgasmessung
ISO 789/V	12.83	– Zapfstelle, nicht mechanisch, Prüfung
ISO 789/VI	09.82	– Bestimmung des Schwerpunktes
DP 789/VIII		– Motor-Luftfilter, Prüfung
ISO 2288.3	02.79	– Landmaschinen und Ackerschlepper; Motor-Nettoleistung, Prüfung
ISO 2288 AM 1	11.83	– Ergänzung 1 zu ISO 2288
DIS 3339/I	01.76	– Klassifizierung und Terminologie; kraftbetriebene landwirtschaftliche Maschinen
ISO 3462	11.80	– Sitzbezugspunkt (SRP)
ISO 3463	06.84	– Schlepper, Umsturzvorrichtungen; dynamischer Test und Abnahmebedingungen
ISO 3737	04.76	– Kabinen-Drucksystem, Prüfung
ISO 3776	09.76	– Sitzgurte, Befestigung
TR 3778	12.78	– Bedienteile, Betätigungskraft
ISO 3965	03.77	– Ackerschlepper, Bestimmung der maximalen Fahrgeschwindigkeit (Revision geplant)
ISO 4004	09.83	– Spurweiten, Maße
ISO 4252	12.83	– Ackerschlepper, Kabinenmaße, Ein-/Ausstieg
ISO 4253	07.77	– Fahrersitz; Maße, Anordnung
ISO 4254/1	12.85	– Landmaschinen und Ackerschlepper, Sicherheitstechnische Anforderungen
TR 5007	11.80	– Fahrersitz, Prüfung der übertragenen Vibration
ISO 5008	05.79	– Fahrerplatz, Vibrationsmessung
ISO 5131	04.82	– Fahrerplatz, Geräuschmessung
ISO 5675	11.81	– Ackerschlepper, hydraulische Steckkupplungen, Maße

ISO 5700	07.84	– Ackerschlepper, Schutzkabinen und Schutzrahmen, Anforderungen, statischer Test
ISO 5721	08.81	– Sichtfeld, Prüfung
ISO 6094	04.81	– Ackerschlepper und forstwirtschaftliche Traktoren, Umsturz-Berichte, Form
ISO 6097	05.83	– Heizungs- und Ventilationssystem, Prüfung
ISO 6489/I	10.80	– Landwirtschaftliche Fahrzeuge, Anhängevorrichtungen, Maße, Teil 1: Hitch-Haken
ISO 6489/II	10.80	– Teil 2: Bolzenkupplung
ISO 7071	11.81	– Ackerschlepper, Frontballastgewichte, Maße für Befestigung
DIS 7216	05.84	– Geräusche, Messung während der Vorbeifahrt
DIS 7217	05.84	– Geräusche, Standmessung
ISO 7424	12.82	– Ackerschlepper und Heckanbaugeräte, Codierungssystem (wird aufgegeben)
ISO 8759/1	12.85	– Frontzapfwelle
ISO 8759/2	11.85	– Frontanbau

Vorschriften

Traktoren und Transportanhänger: Wichtige Führerscheinbestimmungen [256]

Traktoren bis 32 km/h	
 ≦ 32	Klasse 5 (früher Klasse 4)
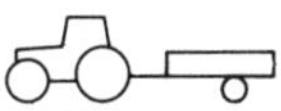 ≦ 32	Klasse 5 (für Einachsanhänger keine Geschwindigkeits-Beschränkung)
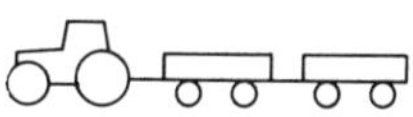 ≦ 32 ≦ 25 ≦ 25	Klasse 5 (Betriebsgeschwindigkeit ≦ 25 km/h)

Traktoren über 32 km/h	
 > 32	Klasse 3 (2*)
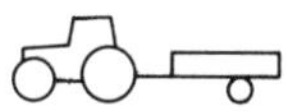 > 32 > 25	Klasse 3 (2*)
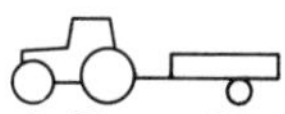 > 32 ≦ 25	Klasse 3 (2*)
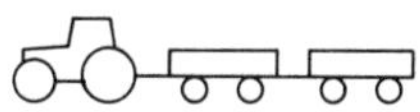 > 32 ≦ 25 ≦ 25	Klasse 3 (2*)
 > 32 > 25 > 25	Klasse 2

*) wenn zulässiges Gesamtgewicht der Zugmaschine > 7,5 t

Traktoren und Transportanhänger: Wichtige verkehrsrechtliche Vorschriften bei 25 und 40 km/h Anhänger – Höchstgeschwindigkeit [256, 257]

Kriterium	25 km/h – Anhänger	40 km/h – Anhänger
Zulassungspflicht	nein	ja
Betriebserlaubnispflicht	ja, wenn bauartbedingte Höchstgeschwindigkeit des Zugfahrzeuges > 6 km/h	
Kennzeichen	es genügt das Kennzeichen von einem der auf dem Betrieb laufenden Traktoren beim Mitführen von 2 Anhängern genügt ein Kennzeichen an der Rückseite des 2. Anhängers, Größe: 130 × 240 mm	eigenes Kennzeichen erforderlich, da zulassungspflichtig, Größe: 200 × 340 mm oder 110 × 520 mm
regelmäßige Untersuchung der Fahrzeuge	nein	Einachsanhänger: wenn zulässiges Gesamtgewicht ≤ 2 t: Hauptuntersuchung 24 Monate andere Anhänger: – mit zulässigem Gesamtgewicht ≤ 6 t: Hauptuntersuchung 12 Monate – mit zulässigem Gesamtgewicht 6–9 t: Hauptuntersuchung 12 Monate, Bremsensonderuntersuchung 12 Monate – mit zulässigem Gesamtgewicht > 9 t: Hauptuntersuchung 12 Monate, Zwischenuntersuchung 6 Monate, Bremsensonderuntersuchung 12 Monate
Fahrzeugfederung	nein	ja, Ausnahmen möglich; Nachweis straßenschonender Bauweise erforderlich
Unterfahrschutz	nein	ja
Bereifung	Reifentragfähigkeit: 120 %	Reifentragfähigkeit: 95 %
Radabdeckungen	nein	ja
Betriebsbremsanlage	bei einachsigen Anhängern ist keine eigene Bremse erforderlich, wenn der Zug die für das ziehende Fahrzeug vorgeschriebene Bremsverzögerung erreicht und die *Achslast des Anhängers* ≤ ½ Leergewicht des ziehenden Fahrzeuges, jedoch max. 3 t ist	
	die Bremsanlage muß mind. auf *beide Räder einer Achse* wirken mittlere Bremsverzögerung mind. 1,5 m/s² Auflaufbremsanlage *ohne* Bremskraftbegrenzer für Anhänger ≤ 8 t zulässig; hinter Traktoren mit bis zu 32 km/h Höchstgeschwindigkeit dürfen 2 auflaufgebremste Anhänger max. 25 km/h schnell gefahren werden (25-km-Schild!) bei 40-km/h-Traktoren darf nur 1 auflaufgebremster Anhänger der 25-km/h-Bauart eingesetzt und mit 25 km/h gefahren werden	die Bremsanlage muß auf *alle Räder* wirken mittlere Bremsverzögerung mind. 2,5 m/s² Auflaufbremsanlage *nur mit* Bremskraftbegrenzer für Anhänger ≤ 8 t zulässig; in einem Zug darf nur ein Anhänger mit Auflaufbremsanlage mitgeführt werden Druckluftbremsanlage muß als Zweileitungsbremsanlage mit Steuerung durch Druckanstieg ausgeführt sein; Drucköbremsanlage muß der Richtlinie über Bremsanlagen in Zügen mit durchgehender hydraulischer Kraftübertragung genügen
Feststellbremsanlage	Abbremsung mind. 20 %	
Abreißbremsanlage	Abbremsung mind. 25 % bei einachsigen Anhängern kann statt der Abreißbremsanlage ein Sicherungsseil verwendet werden (Ausnahmegenehmigung von § 41 StVZO erforderlich)	
Dauerbremsanlage	nein	ja, wenn zulässiges Gesamtgewicht > 9 t
Bremsleuchten	z. Z. ja, wenn für das ziehende Fahrzeug vorgeschrieben (bei Traktorhöchstgeschwindigkeit über 25 km/h); generell ja ab 1. 1. 1988 für alle erstmals in den Verkehr kommenden Fahrzeuge; bei Verwendung von 2 Anhängern genügen Bremsleuchten am 2. Anhänger	ja
Fahrtrichtungsanzeiger	bei Verwendung von 2 Anhängern genügen Fahrtrichtungsanzeiger am 2. Anhänger	ja

Woher bekommt man technische Daten?

Grunddaten wie z. B. Nennleistung, Gangzahl, Hubkräfte, Gewichte, Maße usw. können folgenden Quellen entnommen werden:

- Prospekten der Hersteller
- OECD-Testberichten
- Datenübersichten in Fachzeitschriften
- Betriebsanleitungen

Wer für einen Veteranen Grunddaten erfahren will, wende sich am besten an das
Deutsche Landwirtschaftsmuseum
Garbenstraße 9a
7000 Stuttgart 70 (Hohenheim)

Einstelldaten findet man am besten im Werkstatthandbuch des betreffenden Traktortyps. Ist ein solches auch nicht vom Hersteller zu bekommen, können oft auch im Buchhandel erhältliche Übersichten helfen. Bei Zulieferteilen lohnt sich gegebenenfalls eine Anfrage bei einem großen Hersteller.

Betriebsdaten wie z. B. Kraftstoffverbrauch, Zapfwellenleistung, Hubkraftverlauf, Geräuschpegel, Bremswirkung, Hydraulikleistung u. a. sind am besten den offiziellen OECD-Testberichten zu entnehmen, zu beziehen bei der DLG. Die folgende Übersicht zeigt deren Struktur.

OECD-Traktorprüfung (Übersicht)

Teil I OECD-Normen-Kodex für die amtliche Prüfung der Leistung von Traktoren

A Allgemeine Vorschriften

Der zur Prüfung vorgesehene Traktor wird durch den Hersteller in Vereinbarung mit der Prüfstelle aus der Serienproduktion entnommen.

Der Traktor muß in jeder Hinsicht serienmäßig sein und muß genau mit der vom Hersteller eingereichten Beschreibungs- und Ausrüstungsliste übereinstimmen. Diese Beschreibung muß das geprüfte Modell genau definieren.

Nach Beginn der Prüfung darf der Traktor nur entsprechend den vom Hersteller in der Betriebsanleitung veröffentlichten Anweisungen betrieben werden.

B Pflichtprüfungen

1. Leistung an der Hauptzapfwelle: Höchstleistung (2 Stunden), veränderliche Drehzahl bei voller Last, Teillast
2. Zugleistung: Bei Radtraktoren mit verschiedenen Reifen auf Beton- oder Asphaltbahnen, bei Kettentraktoren auf gemähtem Grasland (Reglerhebel auf Höchstleistung bei Motor-Nenndrehzahl)
3. Wende- und Spurkreis
4. Lage des Schwerpunktes
5. Bremswirkung (nur bei Radtraktoren): Wirkung der Betriebsbremse (kalt und heiß), Wirkung der Feststellbremse (mit zulässigem Gesamtgewicht auf Steigung und Gefälle)
6. Messung des Vorbeifahrt-Geräusches des Traktors (nur bei Radtraktoren): max. Schallpegel (dB(A)) in 7,5 m Abstand bei Vorbeifahrt mit konstant 75 % Höchstgeschwindigkeit
7. Geräuschmessungen am Ohr des Fahrers: max. Schallpegel mit und ohne Belastung in dem Gang, dessen nominale Fahrgeschwindigkeit 7,5 km/h am nächsten liegt (Reglerhebel und Höchstleistung bei Motor-Nenndrehzahl, unballastiert)
8. Kraftheber und Leistung der Hydraulikpumpe: verfügbare Hubkraft, hydraulische Leistung, Arbeitsdrücke und Förderstrom

C Wahlfreie Prüfungen

9. Wahlfreie Motorprüfung: Drehmoment, Leistung, spezifischer Kraftstoffverbrauch in Abhängigkeit von der Drehzahl
10. Riemenleistung oder Leistung an der Riemenscheibenwelle
11. Leistung an der Hauptzapfwelle in heißer Atmosphäre
12. Kaltstart

Teil II OECD-Normen-Kodex für die amtliche Prüfung von Sicherheitskabinen und -rahmen auf Traktoren (dynamische Prüfung)

A Allgemeine Vorschriften

Die Festigkeitsprüfung kann getrennt von der Geräuschmessung und der übrigen Traktorprüfung durchgeführt werden. Der Bericht besteht nur aus den Teilen der Beschreibung des Traktors und des Prüfberichts, die sich auf die Sicherheitskabine oder den -rahmen beziehen. Die Kabine oder der Rahmen kann entweder vom Traktorhersteller oder von einer unabhängigen Firma gefertigt werden. In jedem Fall ist eine Prüfung nur gültig für den Traktortyp, mit dem sie durchgeführt wird.

B Labor-Prüfungen, Schlag- und Druckprüfungen an einer Kabine oder einem Rahmen

1. Schlag von hinten (jeweils mit Pendelgewicht 2000 kg)
2. Druck von oben, hinten (jeweils mit doppeltem Traktorleergewicht)
3. Schlag von vorn
4. Schlag von der Seite
5. Druck von oben, vorn

C Umsturz-Prüfung

Prüfung des Weiterrollverhaltens eines umgestürzten Traktors am Hang, sofern der Hersteller behauptet, sein Rahmen verhindere fortgesetztes Weiterrollen

Quelle: Agrarpolitische Berichte der Organisation für Wirtschaftliche Zusammenarbeit und Entwicklung. Heft 8: OECD Traktornormen, 1981, Landwirtschaftsverlag Münster-Hiltrup

Neuzulassungen land- oder forstwirtschaftlicher Zugmaschinen in der Bundesrepublik Deutschland (Marktanteile in %)

Fabrikat	1956	1957	1958	1959	1960	1961	1962	1963	1964	1965	1966	1967	1968	1969	1970	1971	1972	1973	1974	1975	1976	1977	1978	1979	1980	1981	1982	1983	1984	1985
Brown-Case	–	–	–	–	–	–	–	–	–	–	0,9	1,1	1,1	1,1	1,0	0,9	1,0	1,1	1,1	0,9	0,9	0,7	0,5	0,5	–	0,5	–	–	–	–
Daiml.-Benz	2,7	2,7	2,4	2,0	2,6	2,4	2,9	3,3	3,7	3,3	3,3	3,0	3,4	3,8	6,2	5,8	4,9	5,4	4,8	4,2	4,7	5,0	5,8	6,6	7,1	6,8	6,4	7,7	7,8	8,4
Deere	–	6,3	4,3	3,0	2,4	3,4	3,1	4,8	6,1	5,4	4,8	6,2	5,2	6,2	5,0	6,3	6,5	7,8	7,9	7,7	8,1	7,7	8,1	8,2	8,4	7,4	8,9	8,8	9,9	9,0
Deutz-Fahr	12,7	13,9	14,7	15,3	15,6	15,6	17,1	20,3	20,8	20,8	19,5	18,8	19,1	19,7	19,8	19,9	18,8	20,3	19,6	19,5	18,9	16,5	16,4	17,1	17,1	17,8	18,9	19,1	18,8	17,6
Eicher	7,3	8,6	6,9	7,1	8,8	7,5	8,3	7,2	7,0	6,5	7,0	6,4	5,9	5,6	4,8	4,1	3,9	2,9	2,8	3,1	3,4	3,2	4,0	4,2	3,6	3,2	2,4	3,6	1,9	1,0
Fendt	8,9	8,6	8,3	9,0	10,8	9,6	11,1	10,7	11,1	12,3	13,0	11,7	12,7	12,8	13,1	13,5	13,4	13,2	14,1	14,7	15,6	18,5	17,8	15,4	16,0	17,5	18,9	17,7	17,3	18,4
MF	1,9	3,3	2,7	3,1	3,8	5,2	7,1	7,7	7,9	7,2	7,7	7,7	8,3	8,6	10,4	10,6	11,6	9,6	9,9	10,6	9,5	9,2	7,4	6,7	6,1	6,7	6,2	5,4	6,3	6,1
Fiat	–	–	–	–	–	–	–	0,2	0,3	0,9	1,7	1,6	1,6	2,1	2,7	3,3	2,3	2,0	2,2	2,2	2,1	2,3	2,6	3,7	3,7	3,3	3,8	4,2	4,6	5,5
Ford	0,4	0,7	0,9	2,0	2,3	3,2	3,4	4,1	4,3	4,6	5,0	3,9	3,8	3,6	2,8	3,2	3,5	3,0	2,8	2,7	2,9	2,3	1,9	1,5	1,1	0,8	0,9	1,0	1,0	0,9
Gutbrod	–	–	–	–	–	–	0,1	0,3	0,6	0,7	0,9	1,1	1,3	1,2	1,2	1,2	1,2	1,2	1,0	0,8	0,8	1,0	1,2	1,5	1,6	1,5	1,3	1,0	1,0	1,3
Hako	–	–	–	–	–	–	–	–	–	–	0,3	0,3	0,5	0,5	0,6	0,8	0,8	0,8	0,9	0,7	0,5	0,6	0,7	1,0	1,4	1,3	1,4	0,9	1,1	1,3
Holder	2,2	2,3	3,2	1,8	1,6	1,3	1,4	1,4	1,2	1,1	1,4	1,9	1,3	1,4	1,9	1,8	1,8	2,1	1,8	1,5	1,4	1,5	1,5	1,5	1,5	1,3	1,2	1,0	1,2	1,2
IHC[1])	7,4	9,1	10,1	11,2	11,5	11,2	12,5	12,3	12,2	12,0	12,7	14,7	15,9	15,8	17,4	19,4	21,6	21,1	21,9	22,2	21,2	21,0	20,6	20,6	20,0	19,8	17,0	17,0	15,5	16,2
Lamborghini	–	–	–	–	–	–	–	–	–	–	–	–	–	–	–	–	–	–	–	–	–	–	0,4	0,6	0,7	0,7	0,7	0,4	0,4	0,5
Renault	–	–	–	–	–	–	0,1	0,3	1,7	2,6	2,2	2,3	1,6	1,5	1,6	1,1	1,2	1,2	1,2	1,8	2,3	3,0	3,4	2,8	2,5	2,4	2,1	2,2	2,6	2,1
Same	–	–	–	–	–	–	–	–	–	–	–	–	–	–	0,4	0,6	0,9	1,4	1,6	1,4	1,6	1,4	1,5	1,8	1,9	2,1	2,5	2,3	2,4	2,2
Schlüter	1,9	1,6	1,3	1,3	1,3	1,4	1,4	1,7	1,7	1,7	1,4	1,4	1,2	1,1	0,9	0,9	0,9	1,0	1,1	0,9	1,0	0,9	1,1	1,1	1,1	1,2	1,1	1,1	0,9	0,7
Steyr	–	–	–	–	–	–	–	–	–	–	–	–	–	–	–	–	–	–	–	–	1,1	1,1	1,0	0,9	1,2	1,1	1,0	1,0	1,3	1,8
Zetor	–	–	–	–	–	–	–	–	–	–	0,6	0,8	0,8	0,7	0,7	0,7	0,8	0,8	0,7	1,1	1,3	1,2	1,0	1,1	1,0	0,8	1,0	1,1	1,1	1,3
Sonstige	54,6	42,9	45,2	44,2	39,3	39,2	31,5	25,7	21,4	20,9	17,6	17,1	16,3	14,3	9,5	5,9	4,9	5,1	4,6	4,0	2,7	2,9	3,1	3,2	4,0	3,8	4,3	3,5	3,9	3,6
Gesamt-Zulassungen in Stück	93007	80886	90177	92036	88975	95496	80542	77894	80755	84361	75713	67762	59705	71801	66064	58576	53822	55016	54389	64171	64325	64184	58788	55603	45477	41098	41380	45567	34773	34770

[1]) Ab 1985 Case-IH.

Zahlen für 1956 und 1957 einschließlich Sattelzugmaschinen – danach ohne.

Quelle: Kraftfahrt-Bundesamt

Verzeichnis gebräuchlicher Abkürzungen

ABE	Allgemeine Betriebserlaubnis
ABG	Allgemeine Bauartgenehmigung
AGREP	Agricultural Research Projects (Dokumentationsstelle der EG, Kirchberg, Luxemburg)
ASAE	American Society of Agricultural Engineers (St. Joseph/MI, USA)
ATSAF	Arbeitsgruppe Tropische und Subtropische Agrarforschung (Bonn)
BAU	Bundesanstalt für Arbeitsschutz (Dortmund)
BLB	Bundesverband der Landwirtschaftlichen Berufsgenossenschaften (Kassel)
BMA	Bundesministerium für Arbeit (Bonn)
BML	Bundesministerium für Landwirtschaft (Bonn)
BMWi	Bundesministerium für Wirtschaft (Bonn)
BSI	British Standards Institute (London)
CEMA	Comité Européen des Groupements de Constructeurs du Machinisme Agricole (Paris)
CEN	Comité Européen de Coordination des Normes (Brüssel), Euronorm
dB(A)	Dezibel(A), Einheit für bewertete Geräuschpegel (DIN 45 633)
DBV	Deutscher Bauernverband e. V. (Bonn)
DEULA	Deutsche Lehranstalten für Agrartechnik
DFG	Deutsche Forschungsgemeinschaft (Bonn-Bad Godesberg)
DIN	Deutsches Institut für Normung e. V. (Berlin)
DIS	Draft International Standard (ISO-Normentwurf)
DLG	Deutsche Landwirtschaftsgesellschaft (Frankfurt/Main)
ECE	Economic Commission for Europe, UN-Wirtschaftskommission für Europa (Genf)
EEC	European Economic Community
EG	Europäische Gemeinschaften
EHR	Elektrohydraulische Hubwerksregelung
ETRTO	The European Tyre und Rim Technical Organisation (Brüssel)
FAKRA	Fachnormenausschuß Kraftfahrzeuge (Frankfurt/Main)
FAL	Bundesforschungsanstalt für Landwirtschaft (Braunschweig-Völkenrode)
FAO	Food and Agriculture Organization of the United Nations (Rom)
FORTRAN	Verbreitete technische Rechnersprache
GSG	Gerätesicherheitsgesetz (24. 6. 1968)
GwO	Gewerbeordnung
GtA	Gesetz über technische Arbeitsmittel (auch GSG)
GTZ	Deutsche Gesellschaft für Technische Zusammenarbeit GmbH (Eschborn)
ILO	Internationales Arbeitsamt (Genf)
ISO	International Organization for Standardization (Genf)
ISTVS	International Society for Terrain-Vehicle Systems (Hanover, N. H., USA)
KBA	Kraftfahrt-Bundesamt (Flensburg)
KTBL	Kuratorium für Technik und Bauwesen in der Landwirtschaft (Darmstadt)
LAV	Landmaschinen- und Ackerschleppervereinigung (Frankfurt)
LI	Load Index (Reifen)
lof	land- oder forstwirtschaftlich
MAK	Maximale Arbeitsplatzkonzentration
MEG	Max-Eyth-Gesellschaft für Agrartechnik (Sitz Kirchheim/Teck, Geschäftsstelle Darmstadt)
MHR	Mechanisch-hydraulische Hubwerksregelung
MPT	Multi Purpose Tyres (Mehrzweckreifen)
NALMI	Normenausschuß der landwirtschaftlichen Maschinenindustrie (Vorläufer der NLA), 1919 gegründet
NAM	Normenausschuß Maschinenbau im DIN (Frankfurt/Main)
ND	Niederdruck (Hydraulik, Reifen)
NIAE	National Institute of Agricultural Engineering (Silsoe, England)
NLA	Normengruppe Landmaschinen und Ackerschlepper (Frankfurt/Main)
NRC	(auch NR) Noise Rating (Bewertungsverfahren für Geräuschpegel)
OECD	Organization for Economic Cooperation and Development (Paris)
OSHA	Occupational Safety and Health Administration (USA)
PPM	Part per Million, 1 Teil auf 1 Mio. Teile
PR	Ply Rating (Karkassenfestigkeit bei Reifen)
PSI	US-Druckeinheit, 1 PSI = 0,0689 bar
PTO	Power Take Off (Zapfstelle, insbesondere Zapfwelle)
RAL	Deutsches Institut für Gütesicherung und Kennzeichnung e. V. (Bonn)
RAM	Random Access Memory (freiverfügbarer Rechnerspeicher)
ROM	Read Only Memory (Festwertspeicher eines Rechners)
SAE	Society of Automotive Engineers (New York, N. Y., USA)
SC	Subcommittee (bei ISO gebräuchlich)
SHR	Servohydraulische Hubwerksregelung
SI	Système International d'Unités (SI-Einheiten), DIN 1301, ISO 31, ISO 1000
SIAE	Scottish Institute of Agricultural Engineering (Penicuik, Schottland)
SIP	Seat Index Point (Sitzbezugspunkt nach ISO)
SRP	Seat Reference Point (Sitzreferenzpunkt nach ISO)
StVG	Straßenverkehrsgesetz
StVO	Straßenverkehrsordnung
StVZO	Straßenverkehrszulassungsordnung
TC	Technical Committee (bei ISO gebräuchlich). Land- und Forstwirtschaft: ISO TC 23
TGL	Technische Normen, Gütevorschriften und Lieferbedingungen (DDR)
TR	Technical Report (ISO-Dokument, Vorstufe für eine ISO-Norm)
TÜV	Technischer Überwachungsverein e. V.
USV	Umsturzschutzvorrichtung
UVV	Unfallverhütungsvorschrift
VDI	Verein Deutscher Ingenieure (Düsseldorf)
VDE	Verband Deutscher Elektrotechniker e. V. (Frankfurt/Main)
VDMA	Verband Deutscher Maschinen- und Anlagenbau e. V. (Frankfurt/Main)
WdK	Wirtschaftsverband der deutschen Kautschukindustrie e. V. (Frankfurt/Main)
WG	Working Group (bei ISO gebräuchlich)
WHO	World Health Organization der UNO (Genf)

Literaturverzeichnis

1 SCHÖN, H.: Technik in der Landwirtschaft – Wegbereiter des Fortschritts. VDI-Berichte 407 (1981), S. 1–10. Düsseldorf, VDI-Verlag.

2 FRANKE, R.: Rückblick auf 200 Jahre Schlepperentwicklung. Landtechnik 26 (1971) Nr. 23/24, S. 599–605.

3 PERELS, E.: Handbuch des landwirtschaftlichen Maschinenwesens, Band 1. Jena: Verlag H. Costenoble, 1880.

4 VORMFELDE, K.: Landmaschinen. Berlin: Verlag P. Parey, 1930.

5 KUNTZ, A.: Der Dampfpflug. Marburg: Jonas Verlag, 1979.

6 HAUSHOFER, H.: Max Eyth und die technische Revolution auf dem Lande. Landtechnik 28 (1973) Nr. 18, S. 489–495.

7 KÜHNE, G.: Handbuch der Landmaschinentechnik, Band 1. Berlin: Springer-Verlag, 1930.

8 FRANZ, G.: Die Geschichte der Landtechnik im 20. Jahrhundert. Frankfurt/M: DLG-Verlag, 1969.

9 HUBER, F.: Schwerölschlepper der Maschinenfabrik Heinr. Lanz AG, Mannheim. Technik in d. Landw. 7 (1926) Nr. 4, S. 80–85.

10 FISCHER, G.: Landmaschinenkunde. Stuttgart: Verlag E. Ulmer, 1928.

11 RENIUS, K. Th. (Bearb.): 25 Jahre VDI-Fachgruppe Landtechnik (Festschrift). Düsseldorf: VDI Fachgruppe Landtechnik, 1983.

12 KIENE, W.: Die Entwicklung des Dieselmotors im Ackerschlepper. Landtechnik 23 (1968) Nr. 10, S. 302–318.

13 STREHLKE, E.-G., H. STERZIK und B. STREHLKE: Forstmaschinenkunde. Hamburg, Berlin: Verlag P. Parey, 1970.

14 MOSER, E.: Verfahrenstechnik Intensivkulturen. Hamburg, Berlin: Verlag P. Parey, 1984.

15 GEGO, A.: Probleme der Agrarmechanisierung in Entwicklungsländern. Landtechnik 39 (1984) Nr. 1, S. 23–29.

16 Multitrac. Studie der GTZ, Eschborn 1981.

17 OLFE, G. und H. SCHÖN: Einsatzzeiten von Schleppern bei unterschiedlichen betrieblichen Verhältnissen. Grundl. Landt. 34 (1984) Nr. 6, S. 236–243.

18 AUERNHAMMER, H.: Einsatzdaten größerer Ackerschlepper – Ergebnisse einer Erhebung. Landtechnik 38 (1983) Nr. 11, S. 458–463.

19 WELSCHOF, G.: Der Ackerschlepper – Mittelpunkt der Landtechnik. In [1] S. 11–17.

20 WENNER, H.-L. et al.: Angewandte Landtechnik (»Die Landwirtschaft«, Bd. 3) München: BLV, 1980.

21 KTBL-Taschenbuch für Arbeits- und Betriebswirtschaft. Hiltrup: Landwirtschaftsverlag, 1980.

22 RENIUS, K. Th.: Betriebsfestigkeitsberechnung und Laborerprobung von Zahnrädern in Ackerschleppergetrieben. VDI-Berichte 332 (1979), S. 225–234, Düsseldorf: VDI-Verlag.

23 SÖHNE, W.: Die Kraftübertragung zwischen Schlepperreifen und Ackerboden. Grundl. Landt. Heft 3 (1952), S. 75–87.

24 KUTZBACH, H.-D.: Ein Beitrag zur Fahrmechanik des Ackerschleppers – Reifenschlupf, Schleppermasse und Flächenleistung. Grundl. Landt. 32 (1982) Nr. 2, S. 41–48.

25 SÖHNE, W.: Allrad- oder Hinterradantrieb bei Ackerschleppern hoher Leistung. Grundl. Landt. H. 20 (1964), S. 44–52.

26 STEINKAMPF, H.: Ermittlung von Reifenkennlinien und Gerätezugleistungen für Ackerschlepper. Diss. TU Braunschweig 1974.

27 STEINKAMPF, H.: Problematik der Leistungsumwandlung über die Triebräder bei leistungsstarken Schleppern. Grundl. Landt. 27 (1977) Nr. 5, S. 168–172.

28 DWYER, M. S. et al.: Handbook of Agricultural Tyre Performance. Silsoe: NIAE Report 14 (1974).

29 RENIUS, K. Th.: Erhöhte Arbeitsgeschwindigkeiten und Schleppertechnik: Wo liegen die Grenzen? Landtechnik 38 (1983) Nr. 11, S. 466–469.

30 STEINKAMPF, H.: Probleme der effizienten Umwandlung der Motorleistung in Zugleistung bei leistungsstarken Schleppern. Grundl. Landt. 24 (1974) Nr. 1, S. 14–20.

31 SCHILLING, E.: Landmaschinen. 1. Band: Ackerschlepper. Köln: Eigenverlag, 1955.

32 HEYDE, H.: Mechanik des Schleppers. Deutsche Agrartechnik 8 (1957) Nr. 1–4.

33 SCHÜRING, D.: Zur Theorie des Geländerads. Forschung Ing. Wes. 34 (1968) Nr. 6, S. 165–176 (Teil I) und 35 (1969) Nr. 1, S. 7–12 (Teil II).

34 HOLM, I. Chr.: Das Verhalten von Reifen beim mehrmaligen Überfahren einer Spur auf nachgiebigem Boden. . . Diss. TU München, 1971.

35 BILLER, R. H.: Zum Reifenverschleiß bei Frontreifen allradgetriebener Schlepper. Grundl. Landt. 28 (1978) Nr. 3, S. 89–94.

36 BEKKER, M. G.: Theory of Land Locomotion. Ann Arbor: Univ. of Mich. Press, 1956.

37 SÖHNE, W.: Druckverteilung im Boden und Bodenverformung unter Schlepperreifen. Grundl. Landt. H. 5 (1953), S. 49–63.

38 SÖHNE, W.: Wechselbeziehungen zwischen Fahrzeuglaufwerk und Boden beim Fahren auf unbefestigter Fahrbahn. Grundl. Landt. Heft 13 (1961), S. 21–34.

39 BOLLING, I. und W. SÖHNE: Der Bodendruck schwerer Ackerschlepper und Fahrzeuge. Landtechnik 37 (1982) Nr. 2, S. 54–57.

40 SÖHNE, W.: Vorlesung »Mechanik des Systems: Geländefahrzeug-Boden«. TU München, 1985.

41 SÖHNE, W.: Die Verformbarkeit des Ackerbodens. Grundl. Landt. Heft 3 (1952), S. 51–59.

42 (Verschiedene): Compaction of Agricultural Soils. St. Joseph (USA): ASAE, 1971.

43 CHANCELLOR, W., R. SCHMIDT und W. SÖHNE: Laboratory Measurements of Soil Compaction and Plastic Flow. Transactions ASAE 5 (1962) Nr. 2, S. 235–239.

44 RAGHAVAN, G. S. V. et al.: Soil compaction pattern caused by off-road vehicles in eastern canadian agricultural soils. J. of Terramech. 13 (1976) No. 2, S. 107–115.

45 RAGHAVAN, G. S. V. et al.: Prediction of clay soil compaction. J. of Terramech. 14 (1977) No. 1, S. 31–38.

46 STAFFORD, J. V. und P. de CARVALHO MATTOS: The effect of forward speed on wheel-induced soil

compaction: Laboratory simulation and field experiments. J. of Agric. Engng. Res. 26 (1981) Nr. 4, S. 333–347.
47 RÜHMANN, H.: Anbauzonen am Hang. Landtechnik 12 (1957) H. 9, S. 257–262.
48 SCHWANGHART, H.: Kipp- und Umsturzverhalten eines Schleppers. Landtechnik 33 (1978) Nr. 11, S. 488–492.
49 SCHWANGHART, H.: Umsturzverhalten von Traktoren und Auswirkungen auf die Schutzvorrichtungen und die Sicherheit. Habil.schrift TU München, 1979.
50 STEINKAMPF, H.: Die Auswirkungen unterschiedlicher Umfangsgeschwindigkeiten der Räder eines Allradschleppers auf seine Zugfähigkeit. Grundl. Landt. 22 (1972) Nr. 6, S. 166–170.
51 STEINKAMPF, H.: Reifen für die Landwirtschaft – Entwicklungstendenzen, Einsatzmöglichkeiten. Landwirtschaftliches Unternehmer-Seminar Gut Schlüterhof, Heft 4 (1980), S. 93–110.
52 STEINKAMPF, H.: Ergebnisse aus Reifenvergleichsversuchen. Landtechnik 36 (1981) Nr. 10, S. 479–482.
53 SÖHNE, W.: Wechselbeziehungen zwischen Schlepperleistung, Reifenabmessungen und Ackerboden. Landtechnik 25 (1970) Nr. 10, S. 306–308 und 310–312.
54 SIMUTTIS, A. und B. BREUER: Das Bremsverhalten schneller Ackerschlepper. Grundl. Landt. 33 (1983) Nr. 2, S. 35–40.
55 SCHILLING, E.: Fehlereinflüsse auf die Lenkgeometrie der Ackerschlepper. Landt. Forschg. 10 (1960) Nr. 6, S. 158–160.
56 RENIUS, K. Th.: KHD-interne Grundlagenstudie TRV 105 (26. 4. 1976).
57 MAASS, H.: Gestaltung und Hauptabmessungen der Verbrennungskraftmaschine. Wien, New York: Springer-Verlag, 1979.
58 BEIER, R. et. al.: Verdrängermaschinen, Teil II: Hubkolbenmotoren. München: Techn. Verlag Resch, 1983.
59 KUTZBACH, H. D. und W. SÖHNE: Ackerschlepper-Motoren, in [11], S. 42–53.
60 ZÜRNER, J.: Entwicklung von aufgeladenen Fahrzeugdieselmotoren. Landwirtsch. Unternehmer-Seminar Gut Schlüterhof, Heft 4 (1980), S. 7–35.
61 HERSCHMANN, O.: 40 Jahre luftgekühlte Deutz-Dieselmotoren – eine technisch-wirtschaftliche Bilanz. MTZ 37 (1976) Nr. 4, S. 117–123.
62 STREICHER, K.: Schnellaufende MWM-Dieselmotoren in Lastkraftwagen. ATZ 85 (1983) Nr. 12, S. 723–729.
63 MISCHKE, A. und R. SPILLER: Die neue schwere Baureihe »Unimog« der Daimler-Benz AG. ATZ 80 (1978) Nr. 12, S. 565–574.
64 SCHUSTER, H. und U. SORGATZ: Zur Entwicklung des VW-Golf-Diesel-Personenwagens. ATZ 79 (1977) Nr. 4, S. 123–131.
65 STOJEK, D. et al.: Der Ford-1600-Dieselmotor. MTZ 44 (1983) Nr. 9, S. 347–351.
66 CONRAD, U. et al.: Der neue Mercedes-Benz 2,0-l-Vierzylinder-Dieselmotor im 190 D. ATZ 85 (1983) Nr. 11, S. 667-677.
67 THOLEN, P.: Aufgeladene Nutzfahrzeug-Dieselmotoren. Automobil-Ind. 25 (1980) Nr. 4, S. 23-32.
68 ZINNER, K. A.: Aufladung von Verbrennungsmotoren. Berlin: Springer-Verlag, 1980.
69 KORB, K.: Einfluß der Ansaugluftfilterung auf den Verschleiß der Dieselmotoren von selbstfahrenden Landmaschinen und Traktoren. Agrartechnik 34 (1984) Nr. 9, S. 414–416.
70 RENIUS, K. Th. und G. BUMCKE: KHD-interner Bericht 28. 5. 1980.
71 HAMMERLE, J. R.: Steam tractors? Impl. & Tractor 85 (1970) Nr. 2, S. 13–15.
72 Gas Turbines for Future Trucks. Mech. Engineering 87 (1965) Nr. 2, S. 28–31.
73 BENSINGER, W.: Rotationskolben-Verbrennungsmotoren. Berlin: Springer-Verlag, 1973.
74 KORP, D.: Protokoll einer Erfindung – Der Wankelmotor. Stuttgart: Motorbuch-Verlag, 1975.
75 ELSBETT, L.: Neue Dieselmotorenentwicklung für Pflanzenölbetrieb. Seminarvortrag am Institut für Landmaschinen der TU München 13. 12. 1984.
76 BATEL, W. et al.: Pflanzenöle für die Kraftstoff- und Energieversorgung. Grundl. Landt. 30 (1980) Nr. 2, S. 40–51.
77 BATEL, W. et al.: Äthanol aus nachwachsenden Rohstoffen als alternativer Kraftstoff für Fahrzeuge. Grundl. Landt. 31 (1981) Nr. 4, S. 125–137.
78 BATEL, W. et al.: Gasförmige Brenn- und Kraftstoffe aus nachwachsenden Rohstoffen – Herstellung und Verwendung. Grundl. Landt. 34 (1984) Nr. 5, S. 205–227.
79 Hydraulically propelled tractor. Farm. Mech. 6 (1954) Nr. 62, S. 224–225.
80 Farm tractor torque converter drive. Diesel Progress 24 (1958) Nr. 3, S. 44–45.
81 SCHNEIDER, O.: Stufenlos verstellbares Hochleistungsgetriebe für Ackerschlepper. Grundl. Landt. 16 (1966) Nr. 2, S. 60–65.
82 RENIUS, K. Th.: Stufenlose Drehzahl-Drehmoment-Wandler in Ackerschleppergetrieben. Grundl. Landt. 19 (1969) Nr. 4, S. 109–118.
83 BUCKINGHAM, F.: The shift in transmissions. Impl. & Tractor 76 (1962) May, S. 32–36 and 92–95.
84 ELFES, L. E.: Development of a hydraulically shifted tractor transmission. SAE-Paper Nr. 391 A (1962).
85 RENIUS, K. Th.: Grundkonzeptionen der Stufengetriebe moderner Ackerschlepper. Grundl. Landt. 18 (1968) Nr. 3, S. 97–106.
86 BEST, W. A.: John Deere power trains – Quad-Range and Perma-Clutch. SAE-Paper Nr. 720 795 (1972).
87 OLIVER, R. J. und R. N. BULLARD: Productive and reliable tractors for the 80's from International Harvester. SAE-Paper No. 810 912 (1981).
88 RONAYNE, R. J. und R. E. PRUNTY: Oliver over/under hydraul. drive. SAE-Paper Nr. 680 569 (1968).
89 RENIUS, K. Th.: Neuere Getriebeentwicklungen bei Ackerschleppern. Grundl. Landt. 34 (1984) Nr. 3, S. 132–142.
90 RENIUS, K. Th.: Die neueren Getriebeentwicklungen bei Ackerschleppern. Teil 1: Stufengetriebe, Teil 2: Stufenlose Getriebe VDI-Z. 115 (1973) Nr. 11, S. 930–936 und Nr. 13, S. 1067–1071.
91 HOEPFL, J. R. und M. BALLENDUX: Allis-Chalmers power shift transmission – a new option for the models 7040 and 7060. SAE-Paper No. 750 858 (1975).
92 STIEGLITZ, E.: T-150 K – ein neuer Traktor für die Landwirtschaft der DDR. Agrartechnik 27 (1977) Nr. 5, S. 217–219.
93 BLUMENTHAL, R. et al.: Technisches Handbuch Traktoren. Berlin: VEB-Verlag Technik, 1985.
94 CRADOCK, T. H.: The Ford Select-O-Speed gearbox. Farm Mechanization 17 (1965) Nr. 188, S. 27–30.

95 HARRIS, K. C. und J. K. JENSEN: John Deere power shift transmission. SAE-Paper No. 739 A (1963). Ref. in Grundl. Landt. 17 (1967) Nr. 2, S. 73.
96 RENIUS, K. Th.: European Tractor Transmission Design Concepts. ASAE-Paper No. 76-1526 (1976).
97 RENIUS, K. Th.: Festlegung der Getriebeabstufung von Ackerschleppern nach Fahrgeschwindigkeitskollektiven. Grundl. Landt. 30 (1980) Nr. 1, S. 7–15.
98 RENIUS, K. Th.: Ackerschleppergetriebe: Anforderungen und neuere Entwicklungen. Landtechnik 39 (1984) Nr. 10, S. 442–446.
99 MEYER, H.: Probleme der Schlepperentwicklung. Grundl. Landt. Heft 9 (1957), S. 10–19.
100 KÜHLBORN, H.: Fahrgeschwindigkeiten und Getriebestufungen der Ackerschlepper. Landtechnik 25 (1970) Nr. 7, S. 202–208.
101 BLUMENTHAL, R.: Getriebestufungen für Ackerschlepper. Deutsche Agrartechnik 7 (1957) Nr. 1, S. 7–13.
102 WENDEBORN, J. O.: Zur Stufung der Fahrgeschwindigkeiten der Ackerschlepper. Landt. Forschung 17 (1967) Nr. 5, S. 129–134.
103 RENIUS, K. Th.: Last- und Fahrgeschwindigkeitskollektive als Dimensionierungsgrundlagen für die Fahrgetriebe von Ackerschleppern. Fortschritt-Ber. VDI-Z. Reihe 1, Nr. 49, Düsseldorf: VDI-Verlag, 1976.
104 MEINERS, H.-H.: Der Einfluß der hydrodynamischen Kupplung auf die Belastungen in einem Ackerschlepper. Diss. TU Braunschweig 1982; Abdruck in Fortschritt-Ber. VDI-Z. Reihe 14, Nr. 24, Düsseldorf: VDI-Verlag, 1983.
105 SÖHNE, W. und K. Th. RENIUS: Ackerschlepper 1984. ATZ Automobiltechn. Z. 86 (1984) Nr. 12, S. 563–575.
106 Kolloquium Auslegung von KFZ-Kupplungen. LUK Lamellen- und Kupplungsbau GmbH Brühl. Seminar 19. 4. 1982 Baden-Baden.
107 KICKBUSCH, E.: Föttinger-Kupplungen und Föttinger-Getriebe. Berlin, Göttingen, Heidelberg: Springer-Verlag, 1963.
108 GÖRNER, F.: Zusammenarbeit Dieselmotor-Strömungskupplung im landwirtschaftlichen Schlepper. Vortrag VDI-Tagung Landtechnik 13./14. 11. 1980 Ulm.
109 ROLFE, G. H.: Research on the hydraulic coupling. Proc. Instn. Mech. Engrs. 183 (1968/69) Nr. 12, S. 219–232.
110 Planetengetriebe. Begriffe, Symbole, Berechnungsgrundlagen. VDI-Richtlinie 2157. Düsseldorf: VDI-Verlag, 1978.
111 LOOMANN, J.: Zahnradgetriebe. Berlin, Heidelberg, New York: Springer-Verlag, 1970.
112 KÖPF, P.: Planetengetriebe. Konstruktion und Anwendung. Antriebstechnik 12 (1973) Nr. 11, S. 323–328.
113 RENIUS, K. Th.: Neuere Getriebekonzeptionen für landwirtschaftliche Schlepper. Grundl. Landt. 24 (1974) Nr. 2, S. 41–46.
114 LOGOS, I. N.: Erfahrungen über hydrostatische Fahrgetriebe von Dowty in Eicher-Schleppern. Vortrag VDI-Tagung Landtechnik Stuttgart 25. 10. 1966.
115 MORRIS, W. H. M.: The IHC Hydrostatic. Farm Mechanization and Buildings 19 (1967) Nr. 215, S. 79. Ref. in Grundl. Landt. 17 (1967) Nr. 6, S. 224.
116 WADMAN, B.: Responder automatic transmission ready for market. Diesel and Gas Turb. Progr. 39 (1973) Nr. 6, S. 32–35.
117 DITTRICH, O.: Ein stufenloses Hochleistungsgetriebe mit »Stahlriemen«. VDI-Z. 108 (1966) Nr. 6, S. 227–232 (siehe hierzu auch Praxiserfahrungen von ZF-Reimers in Traktor-Prototypen).
118 Farm tractor torque converter drive. Diesel Progress 24 (1958) Nr. 3, S. 44–45.
119 GÖHLICH, H.: Der mobile Arbeitsplatz – menschengerecht gestaltet. VDI-Berichte 407 (1981), S. 27–36. Düsseldorf, VDI-Verlag.
120 BATEL, W.: Arbeitsplatzgestaltung auf fahrenden Arbeitsmaschinen. In [11], S. 80–89.
121 GEGO, A. und B. BREUER: Neuer, allradgetriebener Systemtraktor ... Vortrag B-3-2 FISITA, Paris 1974.
122 ROHMERT, W. und Th. HETTINGER: Arbeitsgestaltung und Muskelermüdung. Berlin, Köln, Frankfurt: Beuth-Verlag, 1963.
123 SCHMIDTKE, H. (Hrsg.): Lehrbuch der Ergonomie. München, Wien: C. Hanser Verlag, 1981.
124 DUPUIS, H.: Ergonomische Gestaltung von Schleppern und landwirtschaftlichen Arbeitsmaschinen. Köln: Verlag TÜV Rheinland, 1981.
125 PURCELL, W. F. H.: The human factor in farm and industrial equipment design. ASAE Lecture Series »Tractor Design« No. 6; St. Joseph/MI (USA), 1980.
126 LANGE, W. und K. H. E. KROEMER: Kleine ergonomische Datensammlung. Dortmund: BAU, 1976.
127 THOMÉ, F. J.: Beurteilung des Arbeitsplatzes beim Kauf von Landmaschinen. DLG-Merkblatt 191. Frankfurt, 1981.
128 DIN 33 402, Teil 1 (s. Anhang).
129 ISO 4252 (s. Anhang).
130 ISO 4253 (s. Anhang).
131 DIN 33 408 Teil 1 (s. Anhang).
132 DIN 33 401 (s. Anhang).
133 JAHNS, G.: Gesichtspunkte der Informationsverarbeitung bei der Gestaltung von Fahrerkabinen. Grundl. Landt. 26 (1976) Nr. 2, S. 64–69.
134 ISO 5721 (s. Anhang).
135 MAGNUS, L.: Der Einfluß der Sitzanordnung und Sichtverhältnisse auf die Lenkabweichungen an Traktoren... Diss. TU Berlin 1980.
136 SCHÜNKE, U.: Fahrgeschwindigkeit und Beanspruchung des Menschen bei Ein- und Zweimannarbeit mit Schlepperanbaugeräten. Grundl. Landt. Heft 19 (1964), S. 11–18.
137 HESSE, H.: Über den Regelkreis Mensch-Maschine. Grundl. Landt. 17 (1967) Nr. 2, S. 41–47.
138 MERTINS, K.-H.: Zum Stand der Entwicklung von Fahrerinformationssystemen bei Ackerschleppern. Grundl. Landt. 34 (1984) Nr. 4, S. 163–169.
139 VEIL, W.: Lüften, Heizen und Kühlen in Personenfahrzeugen. Düsseldorf: VDI-Verlag, 1965.
140 FANGER, P. O.: Thermal comfort. New York: McCraw-Hill Book Co., 1973.
141 VIG, M. A. und P. K. TURNQUIST: Design and evaluation of air distribution systems in agricultural tractor cabs for summer environmental control. ASAE-Paper No. 73-1554 (1973).
142 JANSSEN, J.: Klimatechnische Gesichtspunkte bei der Konstruktion von Fahrerkabinen. Grundl. Landt. 26 (1976) Nr. 2, S. 35–43.
143 BATEL, W. et al.: Klimabelastung auf Schleppern und Mähdreschern und Maßnahmen zur Klimagestaltung. Landbauforsch. Völkenrode, Sonderh. 52 (1980), S. 157–170.

144 NORÉN, O. und Th. LINDVALL: Heat relief in tractor cabs. ASAE-Paper No. 81-1539 (1981).
145 JANSSEN, J.: Luftführung in Fahrerkabinen unter dem Gesichtspunkt der thermischen Behaglichkeit. Grundl. Landt. 34 (1984) Nr. 5, S. 198–205.
146 DIN 1946 (s. Anhang).
147 MITSCHKE, M.: Messung von Straßenunebenheiten und deren Einfluß auf Fahrzeug und Fahrbahn. Diss. TH Braunschweig, 1957.
148 ROSEGGER, S.: Arbeitsphysiologische Probleme in der Landtechnik, insbesondere beim Schlepperfahren. Grundl. Landt. Heft 13 (1961), S. 62–66.
149 KOESSLER, T. und D. THOMAS: Zulässige Höchstgeschwindigkeit ungefederter landwirtschaftlicher Fahrzeuge. Dt. Kraftfahrtforsch. u. Straßenverkehrstechnik H. 159. Düsseldorf: VDI-Verlag, 1962.
150 SÖHNE, W.: Stand des Wissens auf dem Gebiet der Fahrzeugschwingungen unter besonderer Berücksichtigung landwirtschaftlicher Fahrzeuge. Grundl. Landt. 15 (1965) Nr. 1, S. 11–22.
151 WENDEBORN, J. O.: Ein Beitrag zur Verbesserung des Fahrkomforts an Ackerschleppern. Fortschritt-Ber. VDI-Z. Reihe 14, Nr. 8. Düsseldorf: VDI-Verlag, 1968.
152 DUPUIS, H.: Zur physiologischen Beanspruchung des Menschen durch mechanische Schwingungen. Fortschritt-Ber. VDI-Z. Reihe 11, Nr. 7. Düsseldorf: VDI-Verlag, 1969.
153 CLAASSEN, C.-D.: Über die Schwingungsbelastung und die Schwingungsbeanspruchung von Schlepperfahrern und ihre Verminderung. Diss. TH München, 1970.
154 CHRIST, E.: Beanspruchung und Leistungsfähigkeit des Menschen bei unterbrochener und Langzeit-Exposition mit stochastischen Schwingungen. Fortschritt-Ber. VDI-Z. Reihe 11, Nr. 17. Düsseldorf: VDI-Verlag, 1973.
155 SCHROTTMAIER, J.: Schutz des Menschen vor vertikalen Schwingungen bei Traktoren und Motorkarren. Forsch.-Ber. Bundesanstalt Wieselburg (Österreich) H. 3, 1974.
156 OWZAR, A.: Ein Beitrag zur Untersuchung des Schwingungsverhaltens von ungefederten, luftbereiften Fahrzeugen. Diss. TU Berlin, 1975.
157 GRAEF, M.: Technische Möglichkeiten zum Senken der Schwingungsbelastung auf fahrenden Arbeitsmaschinen. Grundl. Landt. 26 (1976) Nr. 2, S. 56–63.
158 GRAEF, M.: Schwingungsbelastung von Fahrern landwirtschaftlicher Fahrzeuge und ihre Bewertung. Grundl. Landt. 29 (1979) Nr. 3, S. 84–91.
159 DUPUIS, H.: Stand der arbeitsmedizinischen Bewertung mechanischer Schwingungen am Arbeitsplatz. Arbeits-, Sozial-, Präv.-Med. 15 (1980) Nr. 10, S. 236–243.
160 STIKELEATHER, L. F.: Operator seats for agricultural equipment. ASAE Lecture Series »Tractor Design« No. 7. St. Joseph/MI (USA), 1981.
161 JUNGERBERG, H.: Ein Beitrag zur experimentellen und numerischen Simulation von Traktorschwingungen. Diss. TU Berlin, 1983.
162 DIN 1311 (s. Anhang).
163 ISO 2631 (s. Anhang).
164 Beurteilung der Einwirkung mechanischer Schwingungen auf den Menschen. VDI-Richtlinie 2057, Blatt 2. Düsseldorf: VDI-Verlag, 1981.
165 STIKELEATHER, L. F. und C. W. SUGGS: An active seat suspension system for off-road-vehicles. Transactions ASAE 13 (1970) Nr. 1, S. 99–106.
166 COERMANN, R. R. und W. LANGE: Untersuchung der Möglichkeit einer aktiven Dämpfung für Fahrzeugsitze. Grundl. Landt. 21 (1971) Nr. 1, S. 6–10.
167 KÖPPER, R.: Zur Bestimmung des erforderlichen Schwingungskomforts geländegängiger Fahrzeuge und seiner Verwirklichung durch die aktive Federung. Diss. TU Berlin, 1973.
168 HILTON, D. J. und P. MORAN: Experiments in improving tractor operators ride by means of a cab suspension. J. Agric. Engng. Res. 20 (1975) Nr. 4, S. 433-448.
169 HART, J.: Abgefederte Kabine für ungefederte Geländefahrzeuge. ATZ 79 (1977) Nr. 7/8, S. 317–319.
170 KAUSS, W.: Aktive hydraulische Schwingungsisolierung des Fahrerplatzes ungefederter, geländegängiger Fahrzeuge. Diss. TU Berlin, 1981, siehe auch ATZ 84 (1982) Nr. 9, S. 425–434.
171 ULRICH, A.: Untersuchungen zur Fahrdynamik von Traktoren mit und ohne Anbaugeräte. Diss. TU Berlin, 1983.
172 ULRICH, A. und H. GÖHLICH: Fahrdynamik von Schleppern mit und ohne Anbaugeräte bei höheren Fahrgeschwindigkeiten. Grundl. Landt. 33 (1983) Nr. 4, S. 108–115.
173 FREIDANK, K. A.: Ergebnisse von Geräuschmessungen an landwirtschaftlichen Maschinen. Kampf dem Lärm 9 (1962) Nr. 4, S. 105–108.
174 MATTHEWS, J.: Measurements of Environmental Noise in Agriculture. J. Agric. Engng. Res. 13 (1968) Nr. 2, S. 157–167.
175 VEIT, I.: Technische Akustik, Würzburg: Vogel-Verlag, 1974.
176 MATTHEWS, J. und J. D. C. TALAMO: A study of tractor noise control. London 1970, Institution Mech. Engineers.
177 MEIER, N. H. und G. W. STEINBRUEGGE: Tractor noise measurement at University of Nebraska. Transactions ASAE 15 (1972) Nr. 3, S. 595–597 und 603.
178 DIEBOLD, D. H. et al.: An experimental study of tractor cab noise. ASAE-Paper No. 73-528 (1973).
179 BATEL, W.: Messungen zur Staub-, Lärm- und Geruchsbelastung an Arbeitsplätzen in der landwirtschaftlichen Produktion und Wege zur Entlastung – 1. Bericht. Grundl. Landt. 25 (1975) Nr. 5, S. 135–157.
180 HOFFMANN, H. und A. v. LÜPKE: 0 Dezibel + 0 Dezibel = 3 Dezibel. Berlin: E. Schmidt Verlag, 1975.
181 WITTE, E.: Schalltechnische Gesichtspunkte bei der Konstruktion von Fahrerkabinen. Grundl. Landt. 26 (1976) Nr. 2, S. 43–50.
182 ENGSTROM, St. P.: Silencing noisy machines. Machine Design 50 (1978) Nr. 2, S. 84–89.
183 WITTE, E.: Stand und Entwicklung der Lärmbelastung von Schlepper- und Mähdrescherfahrern. Grundl. Landt. 29 (1979) Nr. 3, S. 92–99.
184 BACHER, R.: Möglichkeiten zur Minderung des Schlepperlärms durch Anwendung von Schallschutzkapseln. Grundl. Landt. 30 (1980) Nr. 2, S. 51–58.
185 BACHER, R.: Möglichkeiten zur Lärmreduzierung an Ackerschleppern. Diss. TU München, 1981.
186 WITTE, E.: Lärmentwicklung von Schlepperanbau- und -anhängegeräten bei praktischem Einsatz. Grundl. Landt. 32 (1982) Nr. 5, S. 172–176.
187 STRASSER, H. und K.-P. SCHMID: Lärm am Arbeitsplatz und Möglichkeiten des technischen Schallschutzes. REFA-Nachr. 36 (1983) Nr. 4, S. 8–19.

188 DIN 45 633, Bl. 1 (s. Anhang).
189 DIN 45 645, Teil 1 (s. Anhang).
190 DIN 1320 (s. Anhang).
191 Besondere Grundsätze für die Beurteilung des Lärms am Ohr des Führers von Ackerschleppern und selbstfahrenden Mähdreschern. BLB Kassel, 1974.
192 EG-Richtlinie 77/311/EWG (1977, Geräuschpegel Fahrerohr).
193 BATEL, W.: Technische Möglichkeiten zur Erleichterung der Arbeit der Fahrer von Schleppern, Mähdreschern und anderen selbstfahrenden Arbeitsmaschinen. Grundl. Landt. 24 (1974) Nr. 1, S. 21–30.
194 BATEL, W.: Staubbekämpfung am Arbeitsplatz auf fahrenden Arbeitsmaschinen. Grundl. Landt. 26 (1976) Nr. 2, S. 50–55.
195 BATEL, W. Staubbelastung und Staubzusammensetzung an Arbeitsplätzen der landwirtschaftlichen Produktion und daraus abzuleitende Belastungsgrenzen und Staubschutzmaßnahmen. Grundl. Landt. 29 (1979) Nr. 2, S. 41–54.
196 MILLER, M. L. et al.: Tractor operator enclosure environment during pesticide application operations. ASAE-Paper No. 79-1009 (1979).
197 BATEL, W.: Belastung des Arbeitsplatzes durch Wirkstoffe beim Ausbringen von Pflanzenbehandlungsmitteln. Grundl. Landt. 31 (1981) Nr. 3, S. 94–108.
198 BATEL, W.: Belastung des Arbeitsplatzes beim Ausbringen von Pflanzenbehandlungsmitteln durch Spritzen und Sprühen. Grundl. Landt. 32 (1982) Nr. 4, S. 113–124.
199 BATEL, W.: Schutzwirkung der Fahrerkabine beim Ausbringen von Pflanzenbehandlungsmitteln. Grundl. Landt. 33 (1983) Nr. 1, S. 1–5.
200 BATEL, W.: Zur Anwenderexposition beim Ausbringen von Pflanzenbehandlungsmitteln durch Spritzen und Sprühen – eine Zusammenfassung der seitherigen Ergebnisse. Grundl. Landt. 34 (1984) Nr. 2, S. 33–53.
201 HARDEGEN, B.: Senken der Anwenderexposition durch Fahrerkabinen und Schutzkleidung. Grundl. Landt. 34 (1984). Nr. 2, S. 82–89.
202 Maximale Arbeitsplatzkonzentrationen. DFG (XVI Senatskomm.). Neueste Fassung jeweils im Verlag H. Boldt, Boppard.
203 HEIDT, H.: Schwerpunkte landwirtschaftlicher Arbeitsunfälle und Möglichkeiten zu ihrer Verhütung. Landtechnik 39 (1984) Nr. 1, S. 35–40.
204 HEIDT, H.: Die Arbeitsunfälle mit Landmaschinen und ihre Verhütung. Grundl. Landt. 32 (1982) Nr. 3, S. 78–85.
205 SÖHNE, W. und H. SCHWANGHART: Rechnerischer Festigkeitsnachweis von Umsturzsicherheitsrahmen zur Schleppernachrüstung. Gutachten 20. 1. 1974 für den BLB, auch Landtechnik 30 (1975) Nr. 10, S. 441–445.
206 MOBERG, H. A.: Tractor safety cabs. Test methods and experiences gained during ordinary farm work in Sweden. Bericht aus dem Nationalen Schwedischen Testinstitut für Landmaschinen, Uppsala, 1964.
207 NORDSTRÖM, O.: Safety and comfort test program. Swedish approach. ASAE-Paper No. 70-105 (1970).
208 BUCHER, D. H.: A protective canopy for the farm tractor. Agric. Engng. 48 (1967) Nr. 9, S. 496–499 und 506.
209 Protective frame for agricultural tractors – test procedures and performance requirements. USA-Norm ASAE S. 306 (1967).
210 OECD-Standard Code. . ., Nachtrag. Paris, 1967.
211 OECD-Standard Code for the Official Testing of Agricultural Tractors. Neufassung. Paris, 1970.
212 WISCHHOF, H.-J.: Sicherheitstechnische Anforderungen an Ackerschlepper aus der Sicht der Industrie. Landtechnik 33 (1978) Nr. 11, S. 476–477.
213 MANBY, T. C. D.: Energy absorbed by protective frames for drivers when tractor overturns rearward. Departmental Note DN/TMPD/25/70. NIAE, Silsoe, 1970.
214 BOYER, F.; C. J. CHISHOLM und H. SCHWANGHART: Umsturzschutzvorrichtungen für landwirtschaftliche oder forstwirtschaftliche Zugmaschinen auf Rädern. Studie für die EG-Kommission XI/1036/76-D, Brüssel, 1976.
215 Umsturzschutzvorrichtungen für land- und forstwirtschaftliche Zugmaschinen auf Rädern. EG-Richtlinien: 77/536/EWG (1977, dyn. Prüfungen), 79/622/EWG (1979, stat. Prüfungen), 82/953/EWG (1982, stat. Prüfungen, Ergänzungen).
216 ISO 3463 (s. Anhang).
217 ISO 5700 (s. Anhang).
218 CHISHOLM, C. J. und P. C. SEWARD: The Correlation between Damage to Rollover Protective Structures in Tractor Overturning Accidents and in Standard Tests. Departmental Note DN/E/674/4600. NIAE, Silsoe, 1975.
219 SCHWANGHART, H.: Berechnungsmethode für das Umsturzverhalten eines Ackerschleppers am Hang. Grundl. Landt. 23 (1973) Nr. 6, S. 170–176.
220 BOTTOMS et al.: Improving Access to the Tractor Cab: an Experimental Study. J. Agric. Engng. Res. 24 (1979) Nr. 3, S. 267–284.
221 Unfallverhütungsvorschriften der landwirtschaftlichen Berufsgenossenschaften. Herausgeber: BLB Kassel, 1981.
222 DIN 11 000 (s. Anhang).
223 DIN 11 001, Teil 1 (s. Anhang).
224 ISO/DIS 4254/1.2 und DP 4254/3 (s. Anhang).
225 MATTHIES, H. J.: Einführung in die Ölhydraulik. Stuttgart: B. G. Teubner-Verlag, 1984.
226 LIFT, H.: Hydraulik in der Landtechnik. Grundlagen – Anwendungen – Feldversuche. Würzburg: Vogel-Verlag, 1983.
227 HLAWITSCHKA, E. (Hrsg.): Hydraulik für die Landtechnik. Berlin: VEB-Verlag Technik, 1983.
228 Ölhydraulik-Trainingsmaterial der Firmen ATE, Bosch, Danfoss, Hydac, Linde, Rexroth, Sauer, Vickers
229 SEIFERT, A.: Ölhydraulische Antriebe für den Ackerschlepper. Grundl. Landt. Heft 1 (1951), S. 45–60.
230 MATTHIES, H. J.: Entwicklungslinien auf dem Gebiet der Schlepperhydraulik. Grundl. Landt. 24 (1974) Nr. 1, S. 31–40.
231 KAHRS, M.: Die Grundlagen der hydrostatischen Leistungsübertragung. Landt. Forschg. 14 (1964) Nr. 6, S. 168–180.
232 GARBERS, H. und B. SCHEUFLER: Selbstfahrende Erntemaschinen leichter lenken. Landtechnik 36 (1981) Nr. 6, S. 278–282.
233 HAIN, K.: Das Übersetzungsverhältnis in periodischen Getrieben von Landmaschinen. Landt. Forschg. 3 (1953) Nr. 4, S. 97–108.
234 HAVE, H. und S. S. KOFOED: Die Hubkraft-Kennlinien des Dreipunkt-Systems. Grundl. Landt. 22 (1972) Nr. 1, S. 16–20.

235 LOBER, M.: Stimmen die Hubkraftangaben beim Schlepper? Mitt. DLG 99 (1984) Nr. 10, S. 598–600.
236 LOBER, M.: Sind unsere Schlepper überlastet? Mitt. DLG 99 (1984) Nr. 17, S. 946–948.
237 ELKJOER, K.: Kupplungssysteme im Vergleich. Agrartechnik int. 63 (1984) Nr. 1, S. 24–25.
238 SEIFERT, A.: Die Regelsysteme bei hydraulischen Kraftheber für Ackerschlepper aus der Sicht der Regeltechnik. Landt. Forschg. 11 (1961) Nr. 4, S. 97–100.
239 HESSE, H.: Signalverarbeitung in Pflugregelsystemen. Grundl. Landt. 32 (1982) Nr. 2, S. 54–59.
240 KOENIG, W.: Die Gestaltung einer neuen Reihe regelnder Kraftheber und ihrer Steuergeräte. Grundl. Landt. 18 (1968) Nr. 5, S. 165–171.
241 HENNINGHAUS, F.: Regelung eines Krafthebers in einem Ackerschlepper mit servohydraulischen Elementen. o+p 27 (1983) Nr. 2, S. 103–107.
242 FLETCHER, E. H.: Closed Center Hydraulic System with a Variable-Displacement Pump. ASAE-Paper No. 61-644 (1961). Ref. in Agric. Engng. 6 (1963) Nr. 1, S. 18–21.
243 GARBERS, H. und H.-H. HARMS: Überlegungen zu zukünftigen Hydrauliksystemen in Ackerschleppern. Grundl. Landt. 30 (1980) Nr. 6, S. 199–205.
244 HARMS, H.-H.: Energieeinsparung durch Systemwahl in der Mobilhydraulik. VDI-Z. 122 (1980) Nr. 22, S. 1006-1010.
245 GARBERS, H. und D. WILKENS: Die Anwendung der Hydrostatik in Landmaschinen und Ackerschleppern. o+p 28 (1984) Nr. 9, S. 541–547.
246 WILKENS, D. und K. SCHWANK: Antriebe für Siloblockschneider. Agrartechnik int. 62 (1983) Nr. 10, S. 18–24.
247 KÖTTER, W.: Anforderungen an hydraulische Zusatzventile für Ackerschlepper. o+p 28 (1984) Nr. 5, S. 325–329.
248 SCHEUFLER, B. und S. REKER: Anforderungen an die Schlepperhydraulik seitens angekoppelter Landmaschinen und Geräte. Grundl. Landt. 30 (1980) Nr. 6, S. 195–198.
249 KÖLLER, K.: Geräte im Frontanbau – eine elegante, oft aber teure Lösung. Mitt. DLG 98 (1983) Nr. 23, S. 1281–1282.
250 HOFFMANN, D.: Die Dämpfung von Flüssigkeitsschwingungen in Ölhydraulikleitungen. VDI-Forsch.-Heft 575 (1976). Düsseldorf: VDI-Verlag.
251 HOFFMANN, D.: Betriebsverhalten und Einsatzmöglichkeiten verschiedener Zahnradpumpenbauarten. Grundl. Landt. 24 (1974) Nr. 2, S. 51–55.
252 AUER, S. und W. KLETZL: Handbuch für Reparaturen an Landmaschinen und Traktoren. München: BLV 1985.
253 BÖINGHOFF, O.: Ursachen und Folgen der Verschmutzung von Hydraulikflüssigkeiten. Grundl. Landt. 24 (1974) Nr. 2, S. 46–50.
254 KLOTZBÜCHER, W.: Energieverluste in Hydrauliksystemen von Ackerschleppern. Grundl. Landt. 34 (1984) Nr. 8, S. 247–254.
255 BACKÉ, W.: Konstruktive und schaltungstechnische Maßnahmen zur Energieeinsparung. o+p 26 (1982) Nr. 10, S. 695–707.
256 Unterlagen der LAV, Stand 1985
257 HEITMANN, G.: Einige wichtige Hinweise, die der Landwirt vom Straßenverkehrsrecht und von der Unfallverhütung wissen sollte. Merkblatt der LK Hannover, 6. Auflage. Hannover: 1985

Stichwortverzeichnis

Weitere Ratgeber der VUA

St. Auer/W. Kletzl

Handbuch für Reparaturen an Landmaschinen und Traktoren
Praktische Selbsthilfe für Wartung, Einstellung, Instandsetzung

2., durchgesehene Auflage 1985; 499 Seiten, 1012 Abbildungen; fest geb.

Hier wird gezeigt, wie man ohne allzu großen Aufwand seine Geräte und Maschinen immer betriebsbereit halten kann. Anhand von zahlreichen Abbildungen werden Maschinenbaugruppen im Detail erklärt, Einstellarbeiten, Prüfungen und Kontrollen bei der gesamten Maschine leicht verständlich dargestellt.

G. Koller/G. Hammer/B. Mittrach/M. Süss

Rindviehställe
Handbuch für landwirtschaftliches Bauen 1

2., durchgesehene Auflage 1981; 174 Seiten, 165 Fotos, 87 zweifarbige Zeichnungen, 27 Übersichten; fest geb.

Spezialisten auf dem Gebiet der modernen Tierproduktion sowie ein Architekt und ein Verhaltensforscher geben ausführlich Rat über den Bau von Ställen für Milchvieh, Kälber, Jung- und Mastrinder. Auch die technischen Möglichkeiten der Milchgewinnung, Fütterung und Entmistung werden ausführlich behandelt.

G. Koller/G. Hammer/B. Mittrach/M. Süss

Schweineställe
Handbuch für landwirtschaftliches Bauen 2

1981; 194 Seiten, 181 Fotos, 100 zweifarbige Zeichnungen, 32 Übersichten; fest geb.

Umfassende Beschreibung der verschiedenen Betriebsformen, des Stallbaues für Zuchtsauen oder Mastschweine und der Aufstallungsformen sowie des Tierverhaltens.
Die Themen: Stalleinrichtungen, Lagerung und Transport von Futter und Dung werden ebenso behandelt wie Fragen des Stallklimas, der Emission oder des Managements.

VERLAGSUNION AGRAR

BLV Verlagsgesellschaft München
DLG Verlag Frankfurt (Main)
Landwirtschaftsverlag Münster-Hiltrup
Österreichischer Agrarverlag Wien
Agrarverlag Wirz-Grafino Bern